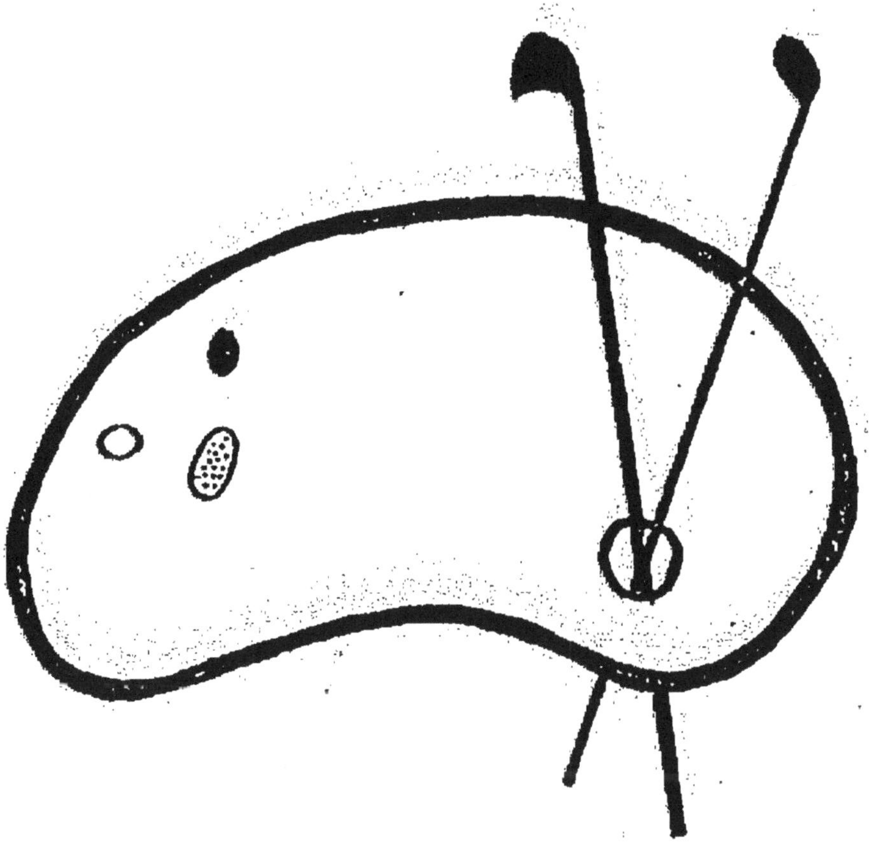

AF475422

GUIDES MUREI
(MANUELS PRATIQUES DES VOYAGEURS)

15 JOURS A PARIS POUR 110 FR.

LE

MENTOR DE L'ÉTRANGER
DANS PARIS

ET SES ENVIRONS

GUIDE ESSENTIELLEMENT PRATIQUE

Par P. ET C. MUREI

AVEC ITINÉRAIRES EN 1, 2, 3, 5, 8, 15, 20 et 30 JOURS

« ..... Voir vite, bien et à bon marché. »

DESCRIPTION PRATIQUE
RENSEIGNEMENTS DÉTAILLÉS
INDICATIONS PRÉCISES DE TOUTE NATURE

Promenades, Monuments, Musées, Plaisirs, Administrations, etc.
Jours d'entrée, Degré de curiosité, Moyens de transport, Distances, Prix, etc.

EXPOSITION UNIVERSELLE

PRIX : 50 CENT. — AVEC PLAN : 1 FR. 50 CENT.

PARIS
FIRMIN MARCHAND, LIBRAIRE-ÉDITEUR
24, PASSAGE JOUFFROY

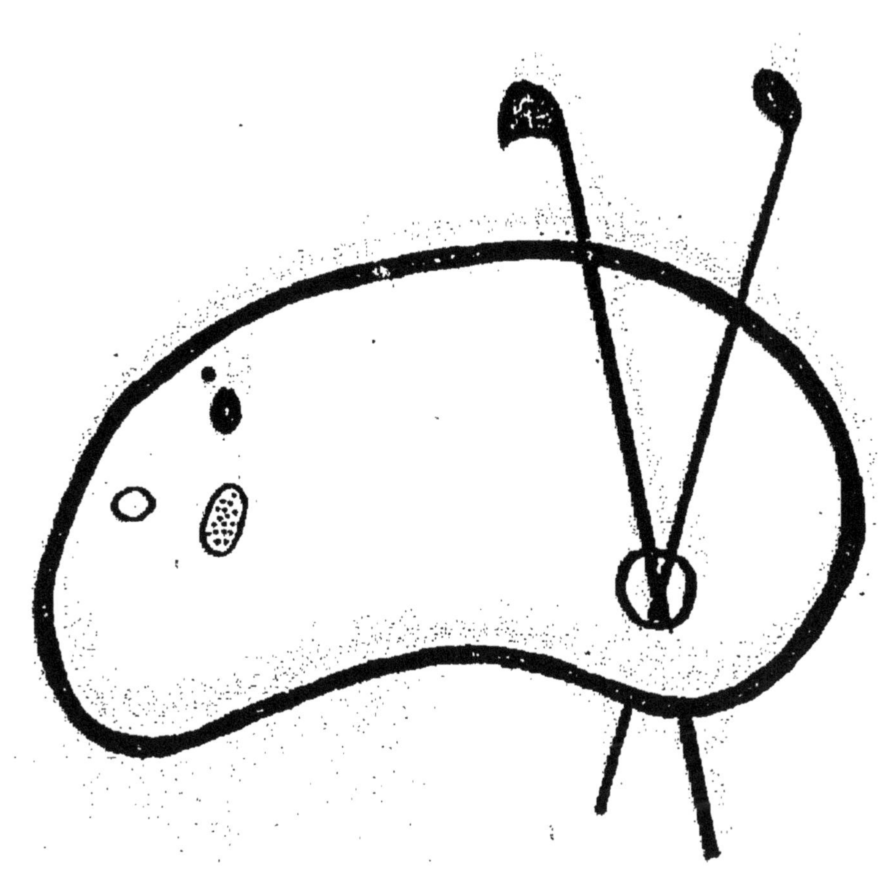

FIN D'UNE SERIE DE DOCUMENTS
EN COULEUR

GUIDES-MUREI

(MANUELS PRATIQUES DES VOYAGEURS)

15 JOURS A PARIS POUR 110 FR.

LE

MENTOR DE L'ÉTRANGER DANS PARIS

ET SES ENVIRONS

GUIDE ESSENTIELLEMENT PRATIQUE

PAR

P. ET C. MUREI

AVEC

ITINÉRAIRES EN 1, 2, 3, 5, 8, 15, 20 et 30 JOURS

« ..... Voir vite
bien et à bon marché. »

DESCRIPTION PRATIQUE
RENSEIGNEMENTS DÉTAILLÉS. — INDICATIONS PRÉCISES
DE TOUTE NATURE

Promenades, Monuments, Musées, Plaisirs, Administrations, etc.
Jours d'entrée, Degré de curiosité, Moyens de transport, Distances, Prix, etc.

EXPOSITION UNIVERSELLE

PARIS
FIRMIN MARCHAND, LIBRAIRE-ÉDITEUR
24, PASSAGE JOUFFROY

NOTRE BUT.

Indiquer jour par jour à l'étranger, heure par heure, pour ainsi dire, la meilleure manière de visiter Paris, selon le temps et l'argent qu'il veut dépenser, tel est le but que nous nous sommes proposé en publiant ce nouveau GUIDE, écrit surtout pour les personnes désireuses de voir le plus possible, dans le moins de temps possible, et au meilleur marché possible. De là, le soin que nous avons apporté à exclure toutes les indications dont l'utilité pouvait être contestable, afin d'accorder une plus large place aux renseignements pratiques qui font généralement défaut dans la plupart des ouvrages semblables.

La concision de notre GUIDE a permis de le rendre complet, malgré son prix modique et son petit format qui lui ouvrent toutes les bourses et toutes les poches, et nous avons la conviction que, dirigés par lui, les voyageurs réaliseront partout de notables économies de temps et d'argent, sans négliger une seule curiosité de notre belle capitale.

LIVRET

DE

L'ÉTRANGER DANS PARIS

SOMMAIRE :

F. Marchand, éditeur, 24, passage Jouffroy.

15 JOURS A PARIS POUR 110 FRANCS

BUDGET MOYEN

(Voir ci-après, *la Vie à Paris* et les adresses).

DÉJEUNERS à 1 fr. 25 c.. 18 fr. 75

DINERS à 1 fr. 60 c.. 24 fr. »

CHAMBRES à 2 fr. et 2 fr. 50 c., soit..... 30 fr. ou...... 37 fr. 50

Voitures : Pour les 11 jours à passer dans l'intérieur de Paris, 30 omnibus et bateaux à 15, 20, 25 et 30 cent. — Chemin de fer (2me cl.) pour les environs (Versailles, Vincennes, Saint-Cloud, Saint-Denis, Enghien, et Montmorency ou Saint-Germain et Fontainebleau). — 17 fr. 50

Curiosités et pourboires : Rétributions volontaires pour 11 monuments, entrée au Panorama, au Jardin d'acclimatation, etc. — Pourboires des restaurants et autres, à 10 et 15 c. — 11 fr. »

} 28 fr. 50

(La dépense des places de théâtres, variant pour chaque voyageur, est *la seule* que nous n'ayons pas évaluée.)

Total.......... 108 fr. 75

Soit.......... **110 fr.**

NOTA. — Les voyageurs vivant en commun pourront aisément réduire certaines des dépenses ci-dessus : Chambres, visites de monuments, etc.

Avis important — Plus de 800 hôtels donnent leurs *chambres*, à 2 francs par jour et leurs *cabinets* à 1 ou 1 fr. 50 c.; dans beaucoup de maisons modestes, mais bien tenues, on trouve même des chambres très-convenables pour ce dernier prix.

L'Agence générale des logements, rue Royale-Saint-Honoré, 19, *assure* aux voyageurs, pendant la durée de l'Exposition, vingt mille chambres à 1 fr. et 2 fr., dans tous les quartiers de Paris.

LISTE DES MONUMENTS

dont l'entrée n'est pas complètement libre,

C'est-à-dire qui ne peuvent être visités que certains jours, à certaines heures, moyennant un droit fixe, ou bien encore avec des billets.

Arts et Métiers (galeries). — Jeudi, dimanche, jours fériés, 10 à 4 heures, gratis. — Lundi, mardi, samedi, 1 à 3 h., 1 fr.

Asiles du Vésinet et **de Vincennes.** — Mercredi, vendredi, samedi, midi à 4 h. Libre.

Banque de France. — 9 à 4 h. — Fermée dimanches et fêtes.

Beaux-Arts. — Tous les jours, 10 à 4 h. — Permission du Directeur ou du Ministre de la maison de l'Empereur.

Bibliothèque de l'Arsenal. — 10 à 3 h. — Fermée dimanches et fêtes.

— **Impériale.** — 10 à 4h. — Tous les jours (dimanches et fêtes exceptés) aux lecteurs. — Mardi et vendredi aux visiteurs.

— **du Louvre** — Fermée au public.

— **Mazarine.** — 10 à 3 h. — Fermée dimanches et fêtes.

— **du Muséum.** — 10 à 3 h. — Fermée dimanches et fêtes.

— **Sainte-Geneviève.** — 10 à 3 h. et 6 à 10 heures du soir. — Fermée dimanches et fêtes.

— **de la Sorbonne** — 10 à 3 h. — Fermée dimanche et fêtes.

— **de la Ville de Paris.** — 10 à 3 h. — Fermée dimanches et fêtes.

Bourse. — 1 à 3 h. — Fermée dimanches et fêtes.

Catacombes. — Visibles avec une autorisation du préfet de la Seine.

Compiègne (château). — Tous les jours (lundi excepté), 12 à 4 h. — N'est pas visible quand la cour y réside.

Eglise russe. — Tous les jours (sauf aux heures des offices, les dimanches et fêtes).

Elysée. — S'adresser au concierge.

Exposition permanente des **Produits coloniaux.** — 12 à 5 h.

Fontainebleau (château). — Tous les jours (lundi excepté), 12 à 4 heures. N'est pas visible quand la cour y réside.

Gobelins. — Lundi, mercredi et samedi, 2 à 4 h.

Hôpitaux. — Jeudi et dimanche, 1 à 3 h.

Hôtel de Ville. — Jeudi, 12 à 4 h. — Permission du Préfet.

Imprimerie Impériale. — Jeudi. — Permission du Directeur.

Invalides. — Tous les jours, 11 à 5 heures (dimanches et fêtes exceptés), avec passeport ou autorisation du gouverneur.

Institut. — S'adresser au concierge, 11 à 1 heure. — Fermé dimanches et fêtes.

Jardin d'acclimatation. — Toute la journée. — Semaine 1 fr. — Dimanches et fêtes : Entrée, 50 c., et Serres, 50 c.

Jardin des Plantes. — Jardin et ménagerie : toute la journée. — Galeries : Mardi, jeudi, dimanche. 2 à 5 h. — Mêmes j. (plus le samedi) 11 à 2 heures, avec billet ou passeport.

Jardin fleuriste de la Ville de Paris. — 1 à 5 h.

La Malmaison (château). — Mardi, jeudi, dim. — 12 à 4 h.

Manufacture de Sèvres. — Lundi, jeudi, samedi. — 11 à 3 h.

Monnaie. — Musée : mardi, vendr. 12 à 3 h. — Ateliers : mêmes jours et heures, avec autorisation du Directeur.

Mont-Valérien (les *forts détachés* et le). — Billet du ministre de la guerre.

Musée d'artillerie. — 12 à 4 h. — Jeudi, mardi, samedi.

— **Celte et Gallo-romain** ou des Antiquités de France. — V. à Saint-Germain.

— **du Louvre.** — 12 à 4 h. Fermé le lundi.

— **du Luxembourg.** — 10 à 4 h. Fermé le lundi.

— **des Mines.** — Mardi, jeudi, samedi, 11 à 3 h.

— **Plans-Reliefs.** — 12 à 4 h. (du 1er mai au 15 juin seulement) avec autoris. du Direct. des fortifications.

— **des Thermes et de Cluny.** — 11 à 5 h.

Notre-Dame. — Trésor, 12 à 4 h. ; 50 c.

Observatoire. — Autorisation du Directeur. (Difficile à obtenir.)

Palais des Beaux-Arts — 10 à 4 h. — (S'ad. au concierge.)

— **du Corps législatif.** — 8 à 5 h. — S'ad. au concierge.

— **de Fontainebleau.** Tous les jours (sauf les lundis), de midi à 4 h. — N'est pas visible quand la Cour y réside.

— **de l'Industrie.** — Permission du Ministre de la maison de l'Empereur ou passeport.

— **de Justice.** — Fermé le dimanche.

— **d'Orsay.** — 10 à 2 h. — id.

— **de Saint-Cloud.** — id. — les mardis, jeudis et dimanches, de midi à 4 h.

— **du Sénat.** — 10 à 4 h. — id.

— **des Tuileries.** — Visible, en l'absence de la Cour, les lundis, mercredis et vendredis, de 12 à 3 h.

Sainte-Chapelle. — Mardi, jeudi, samedi, dimanche, 11 à 5 h.

Saint-Denis (la basilique de). — Lundi, mercredi, vendredi et dimanche, 11 à 4 h.

Saint-Germain (*Château et Musée*). — Mardi, jeudi, dimanche, public de 11 h. 1/2 à 5 h. — Mercredi et vendredi, billets de l'Administration.

Sorbonne (église). — Tous les jours jusqu'à 9 h. du matin.

Tombeau de Napoléon. — Lundi, jeudi, 12 à 3 h. Les autres jours 1 à 4 h., avec autorisation du Gouverneur des Invalides.

Vincennes (château). — Samedi, 12 à 4 h. Billet du Ministre de la Guerre.

Versailles (château et musée). Tous les jours (lundi excepté), 11 à 4 h. — *Les Trianons.* — Mardi, jeudi, dimanche, 12 à 5 h.

ITINÉRAIRES

POUR VISITER PARIS ET LES ENVIRONS

EN 1, 2, 3, 5, 8, 15, 20 OU 30 JOURS.

Nos itinéraires. — Le soin scrupuleux avec lequel nous les avons tracés et les nombreuses difficultés que nous avons rencontrées dans ce travail, malgré notre ancienne connaissance de Paris, nous donnent la certitude que nos itinéraires seront d'une extrême utilité pour toute personne qui voudra bien voir Paris en peu de temps.

Chacune de nos promenades correspond à un jour de la semaine, non pas désigné arbitrairement, mais toujours choisi, au contraire, afin de concorder parfaitement avec les entrées dans les monuments. Pour cette raison, tenir bien compte du jour, lorsqu'on changera l'ordre de ces promenades; par exemple, ne jamais faire qu'un lundi, celles indiquées pour un lundi, etc.

Avant de visiter en détail une grande ville comme Paris, il est indispensable d'en connaître la physionomie et les lignes principales.

Tout voyageur de 8 jours, ou de plus, devra donc consacrer ses premiers moments à la visite générale que nous indiquons ci-dessous et qui, extrêmement intéressante d'ailleurs, lui fera connaître de suite la situation et la physionomie des principaux quartiers de Paris, ainsi qu'une notable partie des monuments curieux.

L'examen spécial des curiosités viendra aussitôt après cette promenade générale, qui peut être faite sans distinction de jour.

Des voitures qu'on peut prendre. — Le meilleur moyen de bien voir est d'aller à pied; cependant nous indiquons, en tête de chaque journée, les trajets qui peuvent être faits en voiture, sans enlever d'intérêt à la visite, les curiosités situées sur ces trajets étant éloignées ou n'exigeant que peu de temps.

Emploi des soirées : Voir à la fin des itinéraires.

L'Exposition n'est pas comprise dans nos journées; c'est une curiosité toute spéciale dont la visite exige un temps qui varie pour chaque visiteur. V. le chapitre Exposition universelle.

PARIS

EN 8 JOURS ET EN 15 JOURS.

Avis important. — Nous commençons par ces itinéraires, parce qu'ils répondent aux besoins du plus grand nombre des voyageurs et qu'ils servent de base à nos autres itinéraires.

L'itinéraire de 8 jours est formé des 8 premières promenades de celui de 15 jours, avec les modifications qni y sont spécialement indiquées.

Notre point de départ de chaque jour sera le Palais-Royal, centre ordinairement fréquenté par les étrangers.

—

PREMIÈRE JOURNÉE.

Visite générale de Paris.

(Peut être faite un jour quelconque.)

SOMMAIRE : Le Palais-Royal, — le Louvre, — les Tuileries, — les Champs-Elysées, — le Faubourg-Saint-Honoré, — les Boulevards, — la place de la Bastille, — la rue de Rivoli, etc.

Voiture facultative. — Du rond point des Champs-Elysées jusqu'à la fin, soit 9 k. sur 13 k. pour les voyageurs de 15 jours, et 12 k. sur 16 k., pour ceux de 8 jours.

ITINÉRAIRE.

Suivre à gauche la rue de Rivoli ; remarquer à gauche le *Grand Hôtel du Louvre*, superbe établissement industriel (600 chambres et 60 salons), puis l'*Oratoire*, temple protestant (sans intérêt, sermons en anglais le dimanche à 3 heures).

Traversez la rue, longez la grille du jardin, et vous arrivez *Place du Louvre :* à gauche, la mairie du 1er arrondissement et St-Germain-l'Auxerrois; à droite, le **Louvre**, que vous visitez dans l'ordre suivant :

La *colonnade*, — entrer dans la *cour carrée*, — sortir du côté du pont des Arts, et suivre le quai à droite, jusqu'au *port S. Nicolas*. Arrivé en face du pont du Carrousel, gagner, par le guichet du pavillon Lesdiguières, la *Place du Carrousel ;* puis, à droite la *Place Napoléon III*, entre les bâtiments du **Nouveau Louvre**.

Visitez ensuite le **Palais des Tuileries** (*les appartements ne sont visibles qu'en l'absence de la Cour*), puis, l'*Arc de triomphe du Carrousel*, et aussitôt après, vous gagnez le *Jardin des Tuileries*, par la rue de Rivoli.

A la sortie du jardin, la **Place de la Concorde** vous montre son magnifique ensemble, que complète la belle *avenue des* **Champs-Elysées**, terminée par l'**Arc de triomphe de l'Etoile**. A l'entrée de cette avenue, remarquez les *Chevaux de Marly* (Coustou).

Suivez les Champs-Elysées pour arriver au **Palais de l'Industrie** où se font, en mai et juin de chaque année, les expositions de peinture. — *L'exposition permanente des produits coloniaux* y est visible tous les jours de midi à 5 heures (*entrée gratuite*).

Plus loin, près du rond-point, se trouve le *Diorama* auquel fait pendant le Cirque de l'Impératrice.

Du rond-point, nous indiquons 2 itinéraires pour aller à la Madeleine :

1° **Itinéraire de 8 jours.** — Aller à l'Arc de Triomphe et, de là, gagner la Madeleine, par le *Parc de Monceaux* et le *boulevard Malesherbes* (V. l'itinéraire du 1er lundi des voyageurs de quinze jours).

2° **Itinéraire de quinze jours.** — Aller du Cirque au *Palais de l'Elysée*, par l'avenue de Marigny, qui fait face au palais de l'Industrie. Ensuite, tournez à droite et passez devant les hôtels *Borghèse* (ambassade d'Angleterre) ; *Castellane* ; *A. Fould* ; *Marbeuf* ; *Péreire* ; *Pontalba*. — Sur la gauche, à 5 minutes, St-Philippe du Roule seul offre un peu d'intérêt.

Prenez la rue Royale à gauche.

Suite de l'itinéraire commun. — Visiter la **Madeleine** et, après la sortie, suivre la ligne des **Boulevards** jusqu'à la **Place de la Bastille** où s'élève la *Colonne de Juillet* (*y monter, prix 10 centimes*).

Suivre la rue St-Antoine, et, en passant devant la rue Biragne, la 3e à droite, aller visiter la *Place des Vosges*. Revenir rue St-Antoine et prendre, devant l'église *St-Louis et St-Paul*, l'omnibus **I** allant au Palais-Royal par la rue de Rivoli (2 k. 1/2).

Emploi de la soirée : Voir à la fin des itinéraires.

1er Lundi.

SOMMAIRE : Saint-Roch, — la place Vendôme, — l'Opéra, — le boulevard Malesherbes, — le parc de Monceaux, — l'Arc de Triomphe, — le Bois de Boulogne et le Jardin d'acclimatation, etc. ; — En plus, le Palais du Corps Législatif et les Invalides, pour l'itinéraire de 8 j.

Voiture facultative : pour les voy. de 15 j. : à partir de la colonne Vendôme, mais surtout de l'Arc-de Triomphe (11 ou 7 k. sur 13) ; — pour ceux de 8 j. : Après la visite du tombeau de l'Empereur (10 k. sur 13.) — En plus, le bois de Boulogne, à pied ou en voiture 10 k.

ITINÉRAIRE.

Monter la r. Saint-Honoré (en passant visiter *Saint-Roch*) jusqu'à la r. Castiglione — (5 m. au delà, l'égl. de l'*Assomption*) — Prenez cette rue à dr. pour atteindre aussitôt la place et la colonne Vendôme.

D'ici, deux itinéraires pour aller à l'arc de triomphe de l'Etoile :

1° **Itinéraire de 8 jours.** — Aller directement au Palais du quai d'Orsay par la r. Castiglione, les Tuileries, le pont Solférino. — Puis suivre la route du deuxième lundi jusqu'au pont de l'Alma, que vous traversez pour monter le boulv. Joséphine.

2° **Itinéraire de 15 jours.** — Suivre la r. de la Paix jusqu'au boulevard, puis gagner la place de la Madeleine et monter le *boulv. Malesherbes,* établi en 1860 par la société Péreire. — En passant, visiter *Saint-Augustin.*

Traverser le *Parc de Monceaux* (20 minutes plus loin), et gagner l'*Arc de triomphe de l'Etoile* par l'avenue de la reine Hortense, mais en faisant toutefois un léger détour à dr., à la sortie du parc, pour visiter l'*église Russe,* r. de la Croix-du-Roule.

Suite de l'itinéraire commun. — Monter sur l'Arc-de-Triomphe et se rendre ensuite, par l'*avenue de l'Impératrice,* au **Bois de Boulogne,** où l'on visite successivement les lacs, la butte de Mortemart, le Pré Catelan, la mare aux Biches, la grande cascade avec la plaine de Longchamps, la mare de Saint-James et le *Jardin d'acclimatation.*

Rentrer (*à pied ou par l'omn.* C. — 5 k.) par les Champs-Élysées et les Tuileries où se fait entendre la musique militaire de 5 à 6 h. (*chaises* 25 *c.*).

1er Mardi.

SOMMAIRE : Le Pont-Neuf, — le Palais-de-Justice et la sainte Chapelle, — Notre-Dame, — le Musée de Cluny, — la Tour Saint-Jacques-la-Boucherie, etc.; En plus, la Monnaie, pour l'itinéraire de 8 jours.

Voiture facultative. — De Cluny jusqu'à la fin de la journée, soit 2 k. 3/4 sur 7 k.

ITINÉRAIRE.

Se rendre place du Louvre et visiter l'église *St-Germain-l'Auxerrois.*

En sortant de l'église, prendre à gauche le quai de l'Ecole et gagner l'île de *la Cité* par le pont Neuf. Remarquer en passant la statue équestre de Henry IV, sur le môle du pont. En face, devant la *Préfecture de police,* se trouve la *Place Dauphine* ; au milieu une *fontaine* élevée à la mémoire du général *Desaix.*

Prendre, à gauche, le quai de l'Horloge, qui conduit aux bâtiments du **Palais de Justice,** dans lequel est enclavée la **Sainte Chapelle.**

En quittant le Palais prendre la rue de Constantine, qui passe entre la nouvelle caserne de la garde de Paris et le *Palais du Tribunal de Commerce.*

Derrière ce monument se tient le *Marché aux fleurs* (mercredis et samedis).

Remarquer les constructions du nouvel *Hôtel Dieu,* de l'autre côté de la rue de la Cité, que vous suivez à droite jusqu'à la rue *St-Christophe,* par laquelle on arrive place du *Parvis.* Visiter l'**Eglise Notre-Dame,** le *Trésor,* et monter sur les *tours.*

C'est derrière le chevet de Notre-Dame, *place de l'Archevêché,* que se trouve la *Morgue.*
Traverser le pont de l'Archevêché, et, par les quais (à droite) Montebello et St-Michel, gagner la *place du pont St-Michel,* à côté de laquelle se trouve l'église St-Séverin.

NOTA. — Les voyageurs de 8 jours peuvent, de cet endroit, aller à la *Monnaie,* à 500 mètres, par le quai des Augustins (Voy. au 2e vendredi).

Montez le *Boulevard St-Michel,* et vous arrivez (à gauche), au **Palais des Thermes** et au curieux **Musée de Cluny.**

En sortant, continuez le boulevard St-Michel jusqu'à la rue de l'Ecole de Médecine, à droite, où la Faculté de médecine occupe un édifice construit (1770-1776) dans le style grec. — Dans la cour, statue en bronze de *Bichat.*

C'est tout près, dans la maison portant le no 18, et dont l'ancienne entrée a été transformée en petite boutique de cordonnier, que *Marat* fut poignardé dans son bain par Charlotte Corday.

Redescendez le boulevard St-Michel, traversez la Seine au pont St-Michel, puis au pont au Change, et vous arrivez à la **Place du Châtelet,** à côté de laquelle se trouve le **Square St-Jacques-la-Boucherie.** — Faire l'ascension de le **Tour**; vue magnifique sur *Paris tout entier.* (S'adresser au gardien, 10 cent.)

1er Mercredi.

SOMMAIRE : Le Luxembourg, — le Panthéon, — Bibliothèque sainte Geneviève, — le Val-de-Grâce, — l'Observatoire, etc.; — En plus, le palais des Beaux-Arts, pour l'itinéraire de 8 jours.

Voitures : Sur 9 k., les omnibus font 5 k. pour les voyageurs de 15 jours, et 3 k. 1/2 pour ceux de 8 jours.

ITINÉRAIRE.

Itinéraire de 8 jours. — Se rendre directement par le pont des Saints-Pères au *Palais des Beaux-Arts;* le visiter, puis continuer la rue Bonaparte jusqu'à l'église *St-Germain-des-Prés.* — En sortant, suivre encore la rue Bonaparte pour arriver place St-Sulpice et reprendre l'itinéraire commun.

Itinéraire de 15 jours. — Prendre au Palais-Royal l'omnibus H, qui conduit directement place St-Sulpice. En descendant de voiture, vous avez, à gauche, l'église, à droite, la *Mairie* du VIe arrondissement; en face, le *séminaire de St-Sulpice*; au milieu, une fontaine monumentale. (Visconti.)

Itinéraire commun. — Visitez l'église **St-Sulpice** — suivez ensuite la rue St-Sulpice, le long de l'église; prenez à droite la rue de Tournon et vous apercevez en face le **Palais du Luxembourg.**

En sortant du palais, puis du jardin du Luxembourg, par la grille qui fait face à la rue Soufflot, suivez, à gauche, le boulevard St-Michel, jusqu'à la place de la *Sorbonne*, dont vous contournez les bâtiments pour prendre, à droite, la rue St-Jacques, conduisant au **Panthéon** par la rue Soufflot.

Sur la place du Panthéon se trouvent la *Mairie du Ve arrondissement*, la *Faculté de droit* et la *Bibliothèque Ste-Geneviève.*

Au delà, on aperçoit, place *Ste-Geneviève*, l'église **St-Etienne-du-Mont.** Le long de l'église, passe la rue Clovis, où s'élève, au milieu des bâtiments du *Lycée Napoléon*, la *tour* de l'ancienne abbaye de Ste-Geneviève.

Regagnez la place du Panthéon, et prenez, à gauche, la rue St-Jacques, où vous trouvez, à droite, l'église *St-Jacques du Haut-Pas.* — Passant ensuite devant l'Institution des *Sourds-Muets*, on arrive au *Val-de-Grâce*, ancienne abbaye transformée en hôpital militaire.

Revenez, par la rue du Val-de-Grâce, au boulevard St-Michel, à l'extrémité duquel se trouve la statue du maréchal Ney (Rude), fusillé à cet endroit le 15 novembre 1815. Un peu plus loin, s'élève l'*Observatoire* (1672), dont les quatre façades correspondent aux quatre points cardinaux. On ne le visite qu'avec une autorisation du Directeur (difficile à obtenir). Le portier est autorisé à faire visiter la plate-forme des Tours. — (Pourboire).

Rentrer par l'omnibus **AG**, qui descend le boulevard St-Michel et se rend place du Châtelet.

1er Jeudi.

SOMMAIRE : Les Arts et Métiers, — le Temple, — l'Hôtel-de-Ville, — le Musée d'artillerie, etc.; — En plus, l'Imprimerie Impériale et les Halles, pour l'itinéraire de 8 jours.

Voitures : Celles indiquées ci-après font 6 k. sur 9 k. Les voyageurs de 8 jours font 8 k. sur 11 k.

ITINÉRAIRE.

Vers 10 heures, prenez rue St-Honoré l'omnibus **D** qui conduit au **Conservatoire des Arts et-Métiers** et visitez en détail cet intéressant musée.

En sortant du Conservatoire, donnez un coup d'œil au square qui s'étend devant ce monument, puis rendez-vous, par la rue *Réaumur*, au *Marché* et au *Square du Temple.*

Descendez ensuite la rue du Temple jusqu'à la rue de Rivoli

(l'omnibus AD fait ce trajet), que vous suivez à gauche, et, passant, à droite, entre l'Hôtel-de-Ville, la *Caserne-Napoléon* et la *Caserne Lobeau*, vous atteignez l'église *St-Gervais*.

Regagnez la place de l'**Hôtel-de-Ville**, et visitez en détail ce beau monument.

(NOTA. — De l'Hôtel-de-Ville on peut, si on a le temps, aller visiter l'*Imprimerie Impériale*, rue Vieille-du-Temple, 87.)

Prenez à l'Hôtel-de-Ville le bateau à vapeur pour le Pont-Royal, ou l'omnibus AD (voiture verte), qui conduit rue St-Dominique, près la place *St-Thomas-d'Aquin*, où se trouve l'église de ce nom et le **Musée d'artillerie**.

Itinéraire de 15 jours. — Regagnez le Carrousel et le Palais-Royal par la rue du Bac, qui aboutit sur le quai d'Orsay, près de la *Caisse des Dépôts et Consignations* en face du *Pont-Royal*, où se trouve amarrée la *Frégate-Ecole* (établissement hydrothérapique). Vous pourrez ainsi examiner à loisir la galerie des Tuileries nouvellement reconstruite (1867).

Itinéraire de 8 j. — Prendre *rue du Bac*, l'omn. Y conduisant aux *Halles centrales* (2 k), et parcourir ce magnifique marché. (Voyez itinér. du 2e mardi); puis regagner le Palais-Royal par la rue Saint-Honoré.

1er Vendredi.

SOMMAIRE : Les Musées du Louvre, — la Banque, — la Bourse, — le Père La Chaise, remplacé par la Bibliothèque impériale et le parc des Buttes-Chaumont, pour l'itinéraire de 8 jours.

Voitures : Les omnibus indiqués ci-après réduisent ce trajet de 8 k. sur 14 k.; et pour les voy. de 8 j., de 10 k. sur 19 k.

ITINÉRAIRE.

Traverser la place du Palais-Royal, passer sous la voûte de la **Bibliothèque du Louvre**, et se rendre directement aux **Musées du Louvre**. Entrée sous le pavillon de l'Horloge.

En sortant du Louvre, suivez les rues de Marengo et Croix-des-Petits-Champs; vous arrivez, à g., rue de la Vrillière, où se trouve la **Banque**. En face, la rue Catinat conduit *place des Victoires*, ornée de la statue de Louis XIV.

La rue Vide-Gousset mène à la *place des Petits-Pères*, sur laquelle s'élève l'*Eglise Notre-Dame-des Victoires*.

En sortant de l'église, prenez, à dr., la rue de la Banque; passez devant l'*Administration du Timbre*, à g., la belle *caserne de la Garde de Paris*, à dr., et vous arrivez à la **Bourse**.

Itinéraire de 8 j. — De la place de la Bourse, aller visiter la

Bibliothèque Impériale (Voyez au 2e vendredi), en suivant la rue des Filles-Saint-Thomas, puis la rue Richelieu, à g.

Prendre ensuite rue Vivienne, l'omnibus **I** (voiture verte), correspondant rue Lafayette, 79, avec la ligne **AC**, qui conduit au **Parc des Buttes Chaumont.** — 5 k. (V. itin. du 2e mardi).

Itinéraire de 15 j. — De la place de la Bourse, se rendre au *boul. Montmartre* par la rue Vivienne et visiter, près du *théâtre des Variétés*, le *passage des Panoramas*, et, de l'autre côté du boulevard, le *bazar Européen*, qui communique avec le *passage Jouffroy* et le *passage Verdeau*.

Prendre ensuite, sur le boulevard, l'omnibus **E** (voit. jaune), qui correspond à la Bastille, avec la ligne **P**, conduisant (5 k.) au **Cimetière du Père Lachaise.**

En sortant du cimetière, descendez la rue de la Roquette jusqu'au *boulevard du Prince-Eugène*, que vous tournez à droite, devant la statue de ce prince et la mairie du 11e arrond., pour gagner la *place du Château-d'Eau*, en partie limitée par les vastes bâtiments des *Magasins Réunis*, ouverts en 1867, et par la *caserne du Prince-Eugène*.

Au Château-d'Eau, prendre l'omnibus **N** (2 k.), qui se rend à la place des Victoires, ou, si l'on veut aller à pied, suivre la rue du Temple, puis la rue Turbigo, conduisant aux Halles. Visiter, en passant, les églises Ste-Elisabeth et St-Leu.

1er Samedi.

Sommaire : Le Jardin des Plantes, — les Gobelins, — le chemin de fer d'Orléans; — En plus, le Père Lachaise, pour l'itinéraire de 8 jours.

Voitures : Les omnibus et bateaux à vapeur réduisent le trajet de 6 k. sur 10 k., et pour les voy. de 8 j., de 10 k. sur 15.

ITINÉRAIRE.

Prendre le bateau à vapeur qui conduit à la *Halle* ou *Entrepôt aux vins*, auquel vous accordez une courte visite. (L'omnibus **O**, correspondant avec la ligne **T**, y conduit également). Continuez le quai St-Bernard jusqu'à la *place Walhubert* où s'élève la gare du *chemin de fer d'Orléans*. En face du *pont d'Austerlitz* s'ouvre l'entrée principale du **Jardin des Plantes**, dont la visite est extrêmement intéressante.

Vous sortirez du jardin par la grille de la *rue Geoffroy-St-Hilaire*, pour suivre à g., jusqu'à la rue du Fer-à-Moulin qui, s'ouvrant à droite, vous conduira rue Mouffetard, où se trouve, no 254, la **manufacture des Gobelins**.

En quittant cet établissement, continuez la rue Mouffetard jusqu'à la *place d'Italie*, à deux pas de laquelle se trouve, route d'Italie, la chapelle commémorative de l'assassinat du général de Bréa (juin 1848).

Itinéraire de 15 j. — Regagnez le pont d'Austerlitz par le *boulev. de l'Hôpital*, en passant devant l'**Hospice de la Salpêtrière** à dr. (Omn. P — 1 k. 1/2).

Au delà du pont, se trouvent la gare du ch. de fer de Lyon et la **prison Mazas**, d'où vous atteignez la **Bastille par la rue de Lyon**.

Itinéraire de 8 j. — Prendre, place d'Italie, l'omn. P (voit. jaune), conduisant directement (4 k. 1/2) au *cimetière du Père La-chaise*. (Voy. au 1er vendredi, itinér. de 15 jours.)

—

1er Dimanche.

VERSAILLES ET LES TRIANONS.

Les voyageurs de 8 jours y ajouteront une visite à Sèvres et à St-Cloud. (V. le 2e jeudi.)

(Nota. — Se mettre en route de bonne heure, la journée étant bien remplie).

Voitures facultatives : pour Trianon, aller et retour (4 k.); et pour la ville.

MOYENS DE TRANSPORT.

Plusieurs moyens de transport s'offrent à votre choix pour aller à Versailles :

1° Le chemin de fer de la *rive droite* (gare St-Lazare), départs toutes les heures, à la demie, depuis 7 heures 30 minutes. — Prix : 1 fr. 50 et 1 fr. 25 — jours de grandes eaux : 2 fr. et 1 fr. 50.

2° Le chemin de fer de la *rive gauche* (gare Montparnasse), départs toutes les heures, à l'heure, depuis 8 heures; mêmes prix.

3° L'omnibus de la voie ferrée, place du Louvre; départ toutes les heures; prix : intérieur, 1 fr, impériale, 90 cent.; 25 cent. en plus les dimanches et fêtes.

4° Le chemin de fer de ceinture qui donne correspondance avec les trains de Versailles.

(Les voyageurs de 8 jours devront prendre la rive droite jusqu'à S. Cloud,—qu'ils visiteront comm nous l'indiquons au 2e jeudi,— puis continuer leur route par le même chemin de fer jusqu'à Versailles.)

ITINÉRAIRE.

En arrivant à Versailles, gagner immédiatement la *Place d'armes* et visiter tout d'abord l'*extérieur du* **Château**; se rendre ensuite au *Grand* et au *Petit Trianon* (appartements très-intéressants, galerie de voitures historiques, beau parc).

Rentrer à Versailles et visiter en détail l'*intérieur* du château et le *Musée* (ouvert de 11 heures du matin à 5 heures du soir pendant la belle saison).

Ensuite, promenade dans le **Parc** ; visite aux bassins du Dragon, de Latone, d'Apollon, etc.; au *Tapis vert*, aux bosquets du Roi et de la Reine, etc.

Employer le reste de la journée à parcourir la ville ; voir les belles avenues, l'église Notre-Dame, la statue du général Hoche, etc.

Dîner, et rentrer autant que possible par la *rive gauche*, pour faire une visite au *Prado* ou *Closerie des Lilas* (carrefour de l'Observatoire), bal fréquenté surtout par les étudiants, et où l'observateur peut faire des études de mœurs intéressantes.

Pour rentrer, prendre l'omnibus **AG**, qui passe devant le Prado et donne correspondance à la Tour St-Jacques, pour le Palais-Royal.

NOTA. — Cette journée est la dernière de l'itinéraire de 8 jours.

2e Lundi.

SOMMAIRE : Palais du quai d'Orsay et du Corps Législatif, — Sainte-Clotilde, — les Invalides et le tombeau de l'Empereur, — l'École militaire, — le Champ de Mars, etc.

Voiture facultative : du tombeau Napoléon aux Champs-Elysées ou au Palais-Royal. 5 ou 7 k. sur 12 k.

ITINÉRAIRE.

Traverser le Carrousel, puis la Seine, au Pont-Royal, et visiter le *Palais du quai d'Orsay*. (Le *Palais de la Légion d'honneur*, à côté, n'est pas ouvert au public.)

Prendre la rue de Belle-Chasse, jusqu'à la rue Saint-Dominique, et visiter l'**église Sainte-Clotilde.** Continuer la rue Saint-Dominique jusqu'à la rue de Bourgogne pour gagner le **Palais du Corps législatif** qui a deux façades, l'une sur le quai d'Orsay, l'autre sur la rue de l'Université, où elle occupe tout le côté nord de la *place* dite *du Palais-Bourbon*, décorée d'une statue en marbre de *la Loi*.

Suivez ensuite la rue de l'Université, qui passe derrière le *Ministère des Affaires étrangères*, et conduit à l'*Esplanade des Invalides* (500 m. de long sur 250 m. de large), limitée au nord par la Seine, au sud, par l'**Hôtel des Invalides.** — Dans les combles se trouve la galerie des *Plans-reliefs* (V. la liste des entrées). Le **Tombeau de Napoléon Ier** est sous le *Dôme*, place Vauban.

De la *place Vauban*, en face le dôme, partent cinq larges avenues; à l'extrémité de celle du milieu (*avenue de Breteuil*), on aperçoit l'élégante tour du *Puits artésien de Grenelle*.

Les avenues de Tourville et de Saxe, à dr., conduisent à l'*Ecole militaire* et au **Champ de Mars**, d'où l'avenue Bosquet, à dr., ramène au quai d'Orsay où sont situés les bâtiments de la *Manufacture des tabacs*, du *Magasin central des Hôpitaux militaires* et du *Garde-meubles de la Couronne.*

Traversez la Seine au *pont de l'Alma* — construit presque en face de la *Pompe à feu de Chaillot* et de la *Manutention militaire* — et suivez, à dr., l'*avenue Montaigne* qui conduit au rond-point des Champs-Elysées — Au nº 18 de cette avenue se trouve le **palais Pompéïen.**

Le vaste triangle circonscrit par la Seine et par les *avenues d'Antin* et *Montaigne*, est connu sous le nom de *quartier François* 1er. On y remarque (au coin de la rue Bayard et du Cours-la-Reine) une maison de style renaissance, dite *maison de François* 1er, dont les sculptures sont *attribuées* à Jean Goujon.

Regagner le Palais-Royal par les Champs-Elysées et la rue de Rivoli.

—

2e Mardi.

SOMMAIRE : Les Halles et Saint-Eustache, — Square des Innocents, — Chemins de fer de l'Est et du Nord, — Saint-Vincent-de-Paul, — les abattoirs et le parc des Buttes-Chaumont, etc.

Voiture facultative: toute la journée, 14 k. (Les omnibus AC et N en font faire 7).

ITINÉRAIRE.

Suivre la rue Saint-Honoré jusqu'à la rue de Grenelle-Saint-Honoré, qui passe devant le *passage Véro-Dodat*, à g., puis, à dr., devant la **Halle au blé.**

A deux pas sont les **Halles centrales**, devant lesquelles s'élève, à l'angle de la rue Montmartre, l'église **Saint-Eustache.**

Suivez la rue de Rambuteau, puis, à dr., la rue Saint-Denis, pour arriver à la **Fontaine des Innocents** au centre du square de ce nom.

Continuez la rue Saint-Denis jusqu'à la *rue des Lombards* (à g.), qui traverse le boulevard de Sébastopol et vous conduit rue Saint-Martin en face de l'*église Saint-Merry*, remarquable par son pur style gothique.

Après avoir visité cette église, revenez boulevard de Sébastopol que vous suivez à dr.; vous atteignez bientôt, à g., l'*église Saint-Leu*, puis la *rue de Turbigo*, que vous tournez, à g., pour aller voir la **Tour de Bourgogne.**

Revenez Boulev. Sébastopol et visitez, *rue Saint-Martin*, l'église *Saint-Nicolas-des-Champs*, qui date du quinzième siècle.

Regagnez le boulevard de Sébastopol, qui vous conduit d'abord au boulevard Saint-Denis, puis au delà, sous le nom de *boulevard de Strasbourg*, devant la *gare du chemin de fer de l'Est.*

Avant d'y arriver, vous avez, à dr., l'*église Saint-Laurent*, en face de laquelle vous revenez prendre le *boulevard Magenta* qui passe successivement auprès de la *prison Saint-Lazare*, puis, de l'embarcadère du chemin de fer du Nord, que vous visitez, et enfin, devant l'*hôpital Lariboisière*.

Revenez rue Lafayette, que vous avez croisée. Elle vous conduit à dr., à l'**Eglise Saint-Vincent-de-Paul**, puis au *square Montholon*, d'où vous pouvez facilement vous rendre au **Parc des Buttes-Chaumont**, par l'omnibus **AC**, qui va route d'Allemagne (3 k. 1/2).

(Au delà du pont du chemin de fer de ceinture, on aperçoit, à g., les bâtiments du nouveau **Marché aux bestiaux**, derrière lesquels,— au delà du canal de l'Ourcq, — s'étendent les immenses **Abattoirs** construits récemment pour remplacer ceux de Montmartre, de Ménilmontant, etc.)

De la route d'Allemagne, la rue d'Hautpoul conduit à la rue de Crimée, où se trouve une des principales entrées du parc.

Votre promenade terminée, montez la rue de Puébla qui vous conduit à la *grande rue de Paris* (Belleville), où vous prendrez l'omnibus **N** qui ramène à la Banque (3 k. 1|2).

—

3e Mercredi.

FONTAINEBLEAU

(La ville, le parc, le jardin, la forêt.)

MOYENS DE TRANSPORT.

59 k. de Paris. — Train de plaisir tous les dimanches, aller et retour : 2e cl., 4 fr, 50 c. — 3e cl., 3 fr. 50. Mais on ne peut prendre que le train spécial, qui part de Paris vers 9 h. du matin, et de Fontainebleau vers 9 h. du soir. Il vaut bien mieux prendre un aller et retour : 1re cl., 8 fr. 50 c. — 2e cl., 6 fr. 20 c. — 3e cl., 4 fr. 50, qui est valable 2 jours ou du samedi au lundi (par tous les trains).

ITINÉRAIRE.

Se rendre à la gare à Paris, soit par les omnibus **O, R, S**, soit par un omnibus du chemin de fer.

A Fontainebleau, omnibus de la gare à la ville (2 k., 30 c.).

Les bons marcheurs se rendront à la ville par la route de la Princesse Amélie et le *Calvaire* situés à dr. de la route directe (1 h. au moins).

Déjeunez à l'hôtel.

Visitez les *jardins* avec l'étang aux carpes, et le *parc* avec le grand canal.

A 11 heures le **Château** (en l'absence de la cour). — Un gardien cicerone conduit les visiteurs par groupes.

A midi partez, *sans retard*, pour la **Forêt**.

Plusieurs moyens s'offrent pour cette excursion:
1° L'omnibus qui conduit à *Franchard* (aller et retour, 3 fr.); — visite à pied des roches de cette gorge.

2° Une voiture particulière que vous avez retenue au moment du déjeuner. — Excellent moyen, évitant la fatigue et laissant toute liberté, mais plus coûteux, surtout si vous n'êtes pas 4 ou 6 personnes (débattre le prix d'avance : 12 et 15 fr. pour la 1/2 journée; 20 et 25 fr. pour la journée — à 2 chevaux). — En ce cas, allez voir plutôt *Apremont*, ou mieux, joignez les gorges d'Apremont à celles de *Franchard* (elles sont assez voisines.)

3° Enfin, à pied, et si vous êtes excellent marcheur, allez à *Apremont* par la futaie de la Tillaie (total 5 lieues environ).
Ou à *Franchard* (même distance), par la gorge du Houx.

NOTA. — Il n'y a pas à craindre de s'égarer dans la forêt : des flèches bleues indiquent les promenades et de longues marques rouges font face, dans tous les carrefours, au chemin *le plus court* pour rentrer à Fontainebleau.

Des **Courses** ont lieu chaque année, en été. — La foule des visiteurs indique suffisamment la route à suivre pour gagner l'hypodrome, qui est situé au milieu de la *Vallée de la Sole*, c'est-à-dire dans la forêt, à l'est de la ville, entre les routes de Paris et de Melun.

Rentrez dîner.
Après dîner, visitez la ville à votre aise, ou, si les jours sont très-longs et que la forêt vous tente, vous pouvez encore faire la charmante promenade du *Rocher d'Avon* (2 heures) bordant, à droite, la vallée qui mène au chemin de fer.
Retour à Paris.

2e Jeudi.

SAINT-CLOUD, SÈVRES,

Meudon, Mont-Valérien.

Voitures et chemins de fer, comme il est indiqué ci après.

ITINÉRAIRE.

Rendez-vous à la gare Saint-Lazare par l'omnibus X et prenez le train pour Suresnes (ligne de Versailles). Se placer à gauche dans le wagon, pour profiter de la vue.

De la station de Suresnes montez directement à la citadelle du **Mont-Valérien**.

(NOTA. — Si vous craignez la fatigue abandonnez le mont Valérien.)

Reprenez le train suivant pour aller de Suresnes à **Saint-Cloud** (4 k.), que vous visitez de la manière suivante:

Descendez dans la ville, soit par la route à gauche, soit par le sentier longeant le chemin de fer et les escaliers. C'est ici que se place la visite du **Château** (entrée : v. la liste p. 3.).

Le **Parc** doit être parcouru dans l'ordre suivant pour éviter tout chemin inutile :

Le bas-parc (longeant la Seine de Saint-Cloud à Sèvres) avec la cascade, le grand jet d'eau voisin et la *manufacture de Sèvres*, transférée dans le parc même depuis le 15 mars 1867.

Gagner la partie haute par l'esplanade étagée qui fait face au château et conduit au point de vue de la lanterne de Démosthènes, appelée à tort, par un grand nombre de personnes, lanterne de Diogène.

Et revenir par l'allée de la Carrière, l'avenue et le pavillon de Breteuil, à la porte de Bellevue, d'où la route qui fait face monte à la commune de ce nom.

Arrivé à *Bellevue*, rendez-vous, en traversant tout ce pays, à la magnifique *Terrasse de Meudon* que vous atteignez par la grande avenue du château.

Revenez à Bellevue prendre e rain pour Paris, gare Montparnasse. (Omnibus du chemin de fer pour le Palais-Royal.)

NOTA. — Les personnes fatiguées n'iront pas à Bellevue et rentreront à Paris par l'omnibus américain.

9e Vendredi.

SOMMAIRE : Bibliothèque impériale, — Institut, — Monnaie, — Palais des Beaux-Arts, — Notre-Dame-de-Lorette, — la Trinité, — la Chaussée-d'Antin, Chapelle expiatoire, etc.

Voiture facultative : de Saint-Germain-des-Prés à la fin de la journée, 7 k. sur 11 k.

ITINÉRAIRE.

Se rendre par la rue de Richelieu à la **Bibliothèque Impériale.** L'entrée se trouve en face de la *place Louvois*, que décore une élégante fontaine. Visiter la Bibliothèque.

Regagner le Palais-Royal, puis, traversant le Louvre, se rendre par le *pont des Arts* au **Palais de l'Institut** qui occupe, — quai Conti, — l'emplacement de la fameuse tour de Nesle. Pour le visiter, s'adresser au concierge. — Visiter en même temps la **Bibliothèque Mazarine** qui est attenante.

A quelques pas de l'Institut se trouve, également quai Conti, l'**Hôtel des Monnaies**, où l'on devra visiter, outre le *Musée monétaire*, les *ateliers* et les *laboratoires*.

Descendre ensuite le quai Conti jusqu'à la rue Bonaparte, conduisant, à g., au **Palais des Beaux-Arts** où vous entrez.

Continuant la rue Bonaparte, vous arrivez à l'**Eglise Saint-Germain-des-Prés**, la plus ancienne de Paris, puis à la *place Saint-Sulpice*, où passe l'omnibus **E**, qui conduit directement (3 k. 1|2) à l'église *Notre-Dame de Lorette*.

De cette église on se rend, en 10 minutes, par la rue Ollivier, à la nouvelle **Eglise de la Trinité,** construite dans l'axe de la rue de la *Chaussée-d'Antin.*

Prenez ensuite la rue Saint-Lazare et, passant devant l'embarcadère des chemins de fer de l'Ouest (r. dr.), vous arrivez à la rue d'Anjou-Saint-Honoré (à g.) où se trouve la **Chapelle expiatoire,** élevée à la mémoire de Louis XVI et de Marie-Antoinette.

Regagnez le Palais-Royal par la rue Neuve-des-Mathurins, la rue Auber (qui aboutit place du nouvel Opéra sur le boulevard des Capucines), puis par la *rue de la Paix,* la *place Vendôme* et la rue de Rivoli.

2e Samedi.

SOMMAIRE : Excursion à Vincennes et aux environs (Citadelle, Donjon, le Bois et toutes ses curiosités).

Voiture facultative : soit comme nous indiquons ci-dessous, soit pour toute la journée : Reste 10 k. de promenade dans le bois.

ITINÉRAIRE.

Prenez l'omnibus **R**, place du Palais-Royal, pour la porte de Charenton (5 k. 1/2), ou une petite voiture avec laquelle vous pouvez visiter le bois. — Les autres moyens de transport sont le chemin de fer de Vincennes (gare de la Bastille) et le chemin de fer de ceinture : prix 15 c. à 30 c. et 50 c.

Entrez dans la nouvelle partie du **Bois de Vincennes** et, prenant la 1re avenue de gauche, vous arrivez au *grand lac* et à la grotte de stalactites.

En vous éloignant des fortifications, vous atteignez sous bois le joli *lac de Saint-Mandé,* et plus loin, dans la même direction, le donjon de Vincennes.

(NOTA. — Du Palais-Royal on peut venir droit au donjon par les omnibus **Q** et **Y** donnant correspondance avec l'**AE** (9 k.); mais alors on néglige de voir ce qui précède.)

Visitez la **Citadelle,** l'**Arsenal** et le **Donjon** sur lequel vous montez. (Billet pour visiter et pourboire; v. la liste des entrées.)

En sortant rendez vous au *lac des Minimes* par la route de Nogent, à dr., d'où vous gagnez ensuite, par la ferme impériale, le splendide **Point de vue** de Gravelle, situé à l'extrémité du champ de courses et de manœuvres.

(On peut s'y rendre du lac des Minimes par le chemin de fer, station de Fontenay.)

Pour rentrer à Paris, prenez à la station de Joinville (à dix minutes sur votre gauche, quand vous regardez la vue) le chemin de fer de Vincennes (gare de la Bastille), trains toutes les 1/2 h.

Si vous n'avez rien omis de visiter à Paris dans vos journées précédentes et que vous ayez quelques heures à vous, descendez soit vers Joinville, Saint-Maur et la Varennes (station de la ligne de

Vincennes), soit par le Fonds-de-Beauté vers Nogent et son beau viaduc, sur lequel passe la ligne de Mulhouse, qui ramène à Paris, gare de Strasbourg.

2e Dimanche.

SAINT-DENIS

Enghien et Montmorency ou Saint-Germain.

MOYENS DE TRANSPORT.

Toutes les heures des trains vont à Saint-Denis en 10 minutes (7 k.) (Ligne d'Enghien et de Pontoise): 1re cl., 80 c., 2e cl., 60 c., 3e cl., 40 c. — Billets d'aller et retour à prix réduits.

En outre, des omnibus partent toutes les 1/2 heures du faubourg Saint-Denis, no 41; prix 40 c.

Enfin des omnibus correspondant avec ceux de Paris vont des Batignolles à Saint-Denis, par Saint-Ouen.

ITINÉRAIRE.

Prendre rue Croix-des-Petits-Champs ou devant la Banque, l'omnibus V, pour aller au chemin de fer du Nord.

Saint-Denis :

De la gare aller à l'église, en omnibus (10 c.) ou à pied, en visitant *Saint-Martin-de-l'Estrée*.

Visite de la *Basilique* et des *Tombeaux* avec un gardien (pourboire). — Monter au clocher (pourboire).

L'*Abbaye* (aujourd'hui *maison de la Légion d'honneur*), touche à l'église (on ne la visite pas).

Donner un coup d'œil à la ville, bien qu'elle soit sans véritable intérêt. (Grande rue, boulevards, casernes).

Après avoir visité Saint-Denis, vous irez à votre choix :

1o Soit à **Enghien** (2e station au delà, 6 k.); jolie vallée, lac, campagne élégante dans toute l'acception du mot.

Et à **Montmorency** (petit embranchement, 4 k.; trains toutes les heures au moins); beaux points de vue, forêt, souvenirs de J. J. Rousseau.

2o Soit à **Saint-Germain**, pour voir la magnifique terrasse, le château, le musée et la forêt — On s'y rend de Saint-Denis par le service mixte des chemins de fer du Nord et de l'Ouest. La ligne au delà d'Enghien revient sur Paris, par Asnières, où l'on prend en correspondance le train de Paris à Saint-Germain. Billets directs de Saint-Denis à Saint-Germain.

Rentrer de Montmorency à Paris (gare du Nord).

Rentrer de Saint-Germain à Paris (gare Saint-Lazare).

TRACÉS D'ITINÉRAIRES
EN 1, 2, 3, 5, 20 ET 30 JOURS.

Paris en 1 jour.

Visite en voiture (longueur du trajet 21 k., dont 15 sur la rive droite et 6 sur la rive gauche de la Seine) :

Louvre.— Carrousel.— Tuileries.— Colonne Vendôme.— Pl. de la Concorde. — Ch. des Députés.— Invalides.— Rond-point des Champs-Elysées. — Palais de l'Industrie. — Diorama. — Arc-de-Triomphe. — (*Lacs du bois de Boulogne et retour, de 7 à 8 k. en plus*). — Parc de Monceaux. — Boulevard Malesherbes. — Eglise de la Madeleine. — Boulevards (Bourse). — Colonne de la Bastille.— (*Jardin des Plantes, si on a le temps*, 3 *k. en plus*). — Hôtel-de-Ville. — Tour Saint-Jacques. — Palais de Justice. — Notre-Dame. — Pont Saint-Michel. — Cluny et le Palais des Thermes. — Panthéon (caveaux).— Saint-Etienne-du-Mont. — Luxembourg. — Saint-Sulpice. — Saint-Germain-des-Prés. — Institut. — Monnaie. — Pont-Neuf. — Halles.— Saint-Eustache.— Palais-Royal. — Théâtre-Français ou Opéra.

Paris en 2 jours.

(Voir l'avis, page 5.)

1er jour. — Faire la visite générale des voyageurs de 8 jours, en y ajoutant la colonne Vendôme, l'Hôtel-de-Ville (extérieur) l'ascension de la tour Saint-Jacques et la visite des galeries du Palais-Royal. Le soir, théâtre.

(NOTA. — On peut réserver l'examen de l'extérieur du Louvre, pour le lendemain lors de la visite du musée.)

2me jour. — Musée du Louvre. — Aller à Notre-Dame par la route indiquée au 1er mardi, puis gagner le Panthéon par le boulevard Saint-Michel, passant devant l'Hôtel de Cluny et les ruines du palais des Thermes.

Après le Panthéon, visiter le Luxembourg, Saint-Sulpice, et de là, omnibus pour les Invalides. Au sortir de l'Hôtel monter à l'Arc de triomphe de l'Etoile par le pont de l'Alma et le boulevard Joséphine (voiture).

Aller ensuite au bois de Boulogne par l'avenue de l'Impératrice et retour. à 5 h., au jardin des Tuileries, pour la musique.

Le soir, théâtre.

Paris en 3 jours.

(Voir l'avis, page 5.)

1er jour. — Faire la Visite générale du voyageur de 8 j. en la commençant aux Tuileries et en y ajoutant : la colonne Vendôme, après la Madeleine, l'Hôtel-de-Ville (extérieur), l'ascension de la tour Saint-Jacques et, le soir, la visite des galeries du Palais-Royal. — Théâtre-Français.

2me jour. — Voir les Halles et Saint-Eustache. — Le Louvre (extérieur et musée). — Aller ensuite à Notre-Dame, à Cluny et aux Thermes comme au 1er mardi. — Puis, au Jardin-des-Plantes, par le boulevard Saint-Germain. — Opéra le soir.

3me jour. — Suivre, jusqu'au Luxembourg et au Panthéon, l'itinéraire du mercredi des voyageurs de 8 j. — Omnibus pour les Invalides et terminer la journée comme les voyageurs de 8 jours (1er lundi).

Paris en 5 jours.

(Voir l'avis, page 5.)

1er jour. — Faire la visite générale absolument comme les voyageurs de 3 jours.

2me jour. — Voir les Halles et Saint-Eustache. — Le Louvre (extérieur et musée) et terminer la journée comme les voyageurs de 8 j. (1er vendredi).

3me jour. — La Monnaie, l'Institut. — Puis, suivre l'itinéraire de 8 j. (1er vendredi), depuis les Beaux-Arts jusqu'au Luxembourg, au Panthéon et à Saint-Étienne-du-Mont.

Omnibus pour les Invalides, et terminer la journée comme les voyag. de 8 j. (1er lundi).

4me jour.—Aller à Notre-Dame et à Cluny, comme au 1er mardi. Puis le Jardin-des-Plantes par le boulv. Saint-Germain et l'omnibus P pour le Père La Chaise.

Spectacles des Français, de l'Opéra, etc., à chacune des soirées.

5me jour. — Versailles et les Trianons, comme au 1er dimanche.

Paris en 20 jours.

(Voir l'avis, page 5.)

1er jour. — Faire la visite générale de l'itinéraire de Paris en 15 jours.

2me au 10me j. — Comme les jours 3 à 11 de Paris en 30 j.

11me j. — Comme le 2me mercredi de Paris en 15 j.

12me j. — Comme le 2me jeudi de Paris en 15 j.

13me j. — Comme le 2me vendredi de Paris en 30 j.

14me j. — Comme le 2me samedi de Paris en 15 jours.

15me j. — Comme le 2me dimanche de Paris en 15 j.

16me j. — Comme le 3e lundi ou le 3e mercredi de Paris en 30 j.

17me j. — Comme le 3me mardi de Paris en 30 j.

18me j. — Comme le 4me mardi de Paris en 30 j.

19me j. — Comme le 3me jeudi de Paris en 30 j.

20me j. — Comme le 3me vendredi de Paris en 30 j.

—

Paris en 30 jours.

(Voir l'avis, page 5.)

1er jour. — Visite générale. — (Peut se faire tous les jours.) — Faire la visite générale de l'itinéraire de Paris vu en 15 j.; mais en montant à l'arc de triomphe de l'Etoile pour revenir par le Faub.-Saint-Honoré à la Madeleine. Arrivé au nouvel Opéra, cesser l'itinéraire général pour prendre la rue de la Paix, la colonne Vendôme, l'Assomption et Saint-Roch suivant le départ du 1er lundi.

2me j. — Visite générale, suite. — La continuer à partir de la rue de la Paix comme dans l'itinéraire en 15 j.

3me j. — 1er lundi. — Aller à la Madeleine pour suivre, de là, l'itinéraire du 1er lundi.

4me j. — 1er mardi. — Comme le 1er mardi, jusqu'à Cluny.

5me j. — 1er mercredi. — Comme le 1er mercredi, depuis le Sénat jusqu'à la fin de l'itinéraire.

6me j. — 1er jeudi. — Tour de Jean-sans-Peur, Arts-et-Métiers, Saint-Nicolas (2me mardi), Temple, Maison de Béranger, Saint-Louis-au-Marais, Imprimerie Impériale.

7me j. — 1er vendredi. — Musée du Louvre.

8me j. — 1er samedi. — Comme le 1er samedi de 15 j.

9me j. — 1er dimanche. — Trianon, Versailles (ville, parc, château, musée). — Prado le lundi soir.

10me j. — 2me lundi. — Comme le 2me lundi de 15 j. en finissant par l'Ecole-Militaire et le pont de l'Alma.

11me j. — 2me mardi. — Comme au 2me mardi à partir de Saint-Laurent; puis les Buttes-Chaumont et faire le tour de Paris en ch. de fer de ceinture.

12me j. — 2me mercredi. — Saint-Denis et rentrer à Paris.

13me j. — 2me jeudi. — Saint-Cloud et la manufacture de Sèvres.

14me j. — 2me vendredi. — Comme le 2me vendredi de 15 j.

en retranchant l'Institut, la Bibliothèque Mazarine et Notre-Dame-de-Lorette.

15me j. — 2me samedi. — Vincennes comme le 2me samedi de 15 j.

16me j. — 2me dimanche. — Promenade sur les boulevards, les Champs-Elysées, le bois de Boulogne, pour en voir la physionomie le dimanche. — Les courses.

17me j. — 3me lundi. — Enghien et Montmorency.

18me j. — 3me mardi. — Saint-Germain et les Loges (pris au 2me dimanche de Paris en 15 j.)

19me j. — 3me mercredi.— Institut et Bibliothèque Mazarine pris au 2me vendredi. — Saint-Sulpice, du 1er mercredi. — Hôtel de Cluny et la fin du 1er mardi.

20me j. — 3me jeudi. — Halles, Saint-Eustache, Fontaine des Innocents et Saint-Merry, du 2me mardi. — Saint-Gervais, Hôtel-de-Ville, Saint-Thomas-d'Aquin, Musée d'artillerie et la Fontaine de Grenelle, du 1er jeudi.

21me j. — 3me vendredi. — Bibliothèque Impériale et place Louvois, du 2me vendredi. — Banque, Bourse et Père-Lachaise, du 1er vendredi de 15 j.

22me et 23me j. — 3me samedi et 3me dimanche. — Fontainebleau (ville, château, parc, forêt). — Voyez le 2e mercredi de l'itinér. de 15 j.

24me j. — 4me lundi. — Quartier François Ier et la maison romaine, du 2me lundi. — Cours-la-Reine, Champ de Mars, Trocadéro, Passy, Auteuil, Pont-viaduc du Point-du-Jour. — Retour par Chaillot ou le ch. de fer et les Champs-Elysées.

25me j. — 4me mardi. — 2me excursion à Versailles et aux Trianons.

26me j. — 4me mercredi. — Sceaux et Robinson.

27me j. — 4me jeudi. — Meudon (parc, château, terrasse) et Bellevue.

28me j. — 4me vendredi. — Nouvelle visite au bois de Boulogne, en s'y rendant par le Mont-Valérien et Suresnes.

29me et 30me j. — 4me samedi et 4me dimanche. — Compiègne (ville, château, parc, forêt) et le château féodal de Pierrefonds.

Nota. — Nous avons affecté plus spécialement la 4me semaine à la visite des environs de Paris. Grâce à cette disposition, les voyageurs qui auraient négligé momentanément certaines promenades des trois premières semaines, pourront les substituer à celles de cette dernière semaine.

EMPLOI DES SOIRÉES.

—

Les soirées seront consacrées principalement à la visite des théâtres, dont le spectacle est affiché chaque jour dans tous les quartiers de Paris, dans les hôtels, sous les galeries du Palais-Royal, etc. Faire son choix dans la journée et, si la pièce a du succès, retenir les places par avance. (Supplément de prix : 50 c. à 1 fr. 50.)

Les Affiches indiquent les prix des places, les heures de l'ouverture des bureaux et du lever du rideau.

Les concerts, les cafés-concerts, les bals, etc., offrent aussi des distractions le soir.

Enfin, il est également indispensable de voir à la lumière les boulevards, les passages et les galeries des quartiers élégants.

(Voir pour toutes ces curiosités, l'article des plaisirs et distractions du soir, dans la partie descriptive de notre Guide à Paris.)

Avis important. — Nous ne saurions trop recommander aux voyageurs de faire l'acquisition d'un *Carnet économique*, qu'on trouvera rue Scribe, 5, et dans tout Paris. — Prix : 2 fr. — Grâce à une série de bons, nommés chèques, tout porteur de ce carnet obtient sur le prix de chaque plaisir un rabais qui peut s'élever jusqu'à 2 fr. Le montant total de ces réductions est de 102 fr.

POSTE. — TÉLÉGRAPHIE.

—

RENSEIGNEMENTS UTILES

I

POSTE.

Bureau central rue J.-J. Rousseau, 9. C'est là que sont conservées les lettres adressées *bureau restant* (au fond de la cour d'entrée, sous l'horloge ; ouvert. de 8 h. à 8 h, en semaine; de 8 h. à 5 h. les dim. et fêtes).

En outre, il existe 50 bureaux ouverts dans les divers quartiers et plus de 500 boîtes réparties dans Paris, surtout chez les marchands de tabac et aux administrations.

On fait 7 levées par jour, et 7 distributions, de 7 h. du matin à 9 h. du soir.

Levées :

Les *levées* pour les courriers de province, ont lieu, pour la presque totalité des destinations, à 5 h. aux boîtes, à 5 h. 1/2 aux bureaux (pour quelques-uns du centre de Paris, à 5 h. 3/4 et 6 h.) et à 6 h. à la grande poste. — Dans les quartiers annexés, les levées sont faites ordinairement une 1/2 h. plus tôt.

Tarif pour les Lettres :

10 c. pour Paris (15 gr.)
20 c. pour les départements et les colonies (10 gr.)
Avec un supplément de 20 c. et de 40 c. on peut profiter de levées tardives faites dans quelques grands bureaux (15 et 30 minutes après l'heure).

Pour les imprimés, les cartes de visite, les envois d'argent, etc., ne pas les jeter dans les boîtes, mais les présenter à l'un des bureaux.

II

TÉLÉGRAPHIE.

45 bureaux disséminés dans tout Paris.

Ils sont ouverts de 7 h. du matin en été, de 8 h. en hiver, à 9 h. du soir. — (Ceux de : Ministère de l'Intérieur, — Place de la Bourse, 12 — Champs-Elysées, 67—Rue de Lyon, 57, sont ouverts toute la nuit).

Tarif par 20 mots :

Pour Paris, 50 c.
Pour le départ. de la Seine, 1 fr. (par 10 mots en plus, 50 c.).
Pour les autres départements, 2 fr. (par 10 mots en plus, 1 fr.).
L'adresse et *la signature comptent.*

NOTA. — Les boîtes à lettres, les bureaux de Poste et ceux de Télégraphie changeant assez fréquemment d'emplacement, nous n'en donnons pas les adresses, dans la crainte d'induire parfois en erreur. — Le moyen le plus sûr et le plus rapide d'être renseigné exactement, est de s'adresser à un sergent de ville.

III

Water-closets. — Il existe à Paris des *cabinets d'aisance gratuits et publics.* Ils sont principalement installés dans les établissements publics et les administrations, et aux abords des ponts, sur les contre-quais.

On trouve aussi dans les quartiers les plus fréquentés des *cabinets inodores* parfaitements tenus, et dont le prix est de 5, 10 ou 15 centimes ; tels sont :

Au *Palais-Royal*, galerie de Beaujolais, sous la voûte près du Théâtre-Français ; dans les *passages Jouffroy, Delorme, Véro-Dodat, Choiseul*, des *Panoramas* et de l'*Opéra ;* dans les *Jardins des Plantes,* des *Tuileries* et du *Luxembourg*, et sur les *places Saint-Sulpice* et de la *Bastille.*

MOYENS DE TRANSPORT

VOITURES DE PLACE ET DE REMISE. — OMNIBUS GÉNÉRAUX ET SPÉCIAUX. — CHEMINS DE FER. — BATEAUX.

I

PETITES VOITURES.

Voitures de place dites **fiacres** (numéros dorés). — Elles stationnent dans les principales rues et en dehors de toutes les gares de chemins de fer.

Voitures de remise (numéros rouges). — Plus rapides suivant le règlement. Stationnent dans des remises spéciales, dans l'intérieur des gares de chemin de fer et même sur les places de fiacres.

VOITURES DE PLACE et DE REMISE.		TARIF MAXIMUM. DANS PARIS. EN ÉTÉ de 6 h. du mat. EN HIVER de 7 h. du mat. à minuit 1/2.		De minuit 1/2 à 6 h. du mat. EN ÉTÉ. A 7 h. du mat. EN HIVER.		HORS FORTIFICATIONS de 6 h. à 10 h. en hiver à min. en été.	
		la course	l'heure	la course	l'heure	Course et heure	indemn. de retour quand on ne rentre pas à Paris
		fr.	fr.	fr.	fr.	fr.	fr.
Voitures de place.	2 ou 3 pl.	1 50	2 »	2 25	2 50	2 75	1 »
	4 ou 5 pl.	1 70	2 25	2 50	2 75		
Voitures de remise	2 ou 3 pl.	1 80	2 25	3 »	3 »	3 »	2 »
	4 ou 5 pl.	2 »	2 50				

Les voitures de remise prises sur la *voie publique* coûtent le prix des voitures de place.

Débattre les prix pour aller au delà des bois de Boulogne et de Vincennes et des communes touchant aux fortifications.

Colis, 25 c., 50 c., 75 c. pour 1, 2, 3 colis ou au delà. — Les objets, paquets, etc., portés à la main ne comptent pas.

Avis important. — Spécifier, en montant, si l'on prend la voiture *à l'heure* ou *à la course,* et exiger du cocher un numéro qui sert aux réclamations, s'il y a lieu. Adresser ces réclamations à l'administration. A chaque station de fiacres, se tient d'ailleurs, dans un petit pavillon-bureau, un surveillant auquel on peut s'adresser tout d'abord, quand on a à se plaindre d'un cocher.

II

OMNIBUS DE LA COMPAGNIE GÉNÉRALE.

Renseignements pratiques. — Départs toutes les 2, 5 ou 7 minutes, suivant les lignes. — Impériale, 15 c., intérieur, 30 c. — Le voyageur peut passer *une fois* d'une ligne à une autre, au moyen d'un *cachet de correspondance,* sans augmentation de prix, s'il était à l'intérieur, en payant au contraire 15 c., s'il était sur l'impériale, mais avec la liberté de rentrer dans l'intérieur. Réclamer ce cachet *en payant* sa place ; le conserver et le donner *en montant* au bureau de correspondance, pour ne pas perdre son droit.

(Le voyageur ne peut avoir que des objets peu embarrassants).

Les lignes d'omnibus sont désignées par les différentes lettres de l'alphabet; en outre, un écriteau fait connaître le point de départ et celui d'arrivée. Néanmoins, le mouvement est tellement grand dans les bureaux, que l'étranger devra toujours se renseigner auprès des employés pour éviter toute erreur. Si l'on ne connait pas du tout Paris, prévenir le conducteur que l'on désire descendre à tel endroit.

Avis important sur **la direction des lignes d'omnibus.** — L'étranger éprouve souvent une extrême difficulté à choisir l'omnibus dont il a besoin, la simple indication des points de départ et d'arrivée de chaque ligne ne lui donnant aucune idée de la direction générale du parcours.

Nous avons remédié à ce grave inconvénient, en faisant connaître, outre les points principaux du trajet, **la situation dans Paris des extrémités de chaque ligne.**

Le procédé est simple :

Paris, que la Seine coupe en deux grandes parties nord et sud (rive droite et rive gauche), est un cercle à peu près régulier, de 6 à 7 kilom. de rayon, et dont le point central est occupé par la *Tour St-Jacques.*

Ceci connu, nous indiquons successivement que les *points de départ et d'arrivée* sont situés :

1° Sur la *rive droite* ou sur la *rive gauche* (r. dr., — r. g).

2° A telle *orientation du centre,* c'est-à-dire de la Tour Saint-Jacques, sur chacune de ces mêmes rives: c'est-à-dire à l'O., N.—O.,

N., N.—E., E., S.—E., S., S.—O. de ce centre; ou bien encore la partie dans centrale même de Paris.

3° A *tant de kilom. du centre* de la ville.

NOTA.— Le cercle de deux k. de *rayon* forme la partie centrale; celui de 4 k. figure le Paris moyen, c'est-à-dire tel qu'il était avant 1860, et celui de 6 à 7 k. comprend les quartiers annexés jusqu'aux fortifications, c'est-à-dire tout le Paris actuel.

—

LIGNES D'OMNIBUS

Avec indication de leur direction, des principaux points desservis et des correspondances.

(Les voitures de correspondance sont indiquées dans l'ordre où elles sont rencontrées.)

A — *Voit. jaune.* —**D'Auteuil** (r. dr. — **O.** — 7 k.)] au **Palais-Royal** (centre).

Dessert : Bois de Boulogne, Champ de Mars, Champs-Elysées, Tuileries.

Corresp. : AB, AC, AF, D, G, H, Q, R, X, Y, et les omnibus américains pour St-Cloud, Sèvres et Versailles (supplément de 15 cent.).

B — *jaune.* — **Chaillot-Exposition** (r. dr. — **O** — 5 k.). au **ch. de fer de l'Est** (r. dr. —**N.**— 3 k.),

Dessert : Champs-Elysées, Madeleine, ch. de fer du Havre.

Corresp. : C, AB, AC, AF, D, R, E, F, X, G, H,I, J, T, V, AG, L.

C — *jaune.* — **Courbevoie** (village à l'**O.** de Paris, — 9 k.), au **Louvre** (centre).—Toute la course 40 c. et 25 c. en semaine; 50 c. et 25 c. les dimanches.

Dessert : Jardin d'acclimatation, Neuilly, Champs-Elysées.

Corresp. : B, G, Q, R, S, V, I.

D — *jaune.* — **Ternes** (r. dr. — **O.-N.-O.** — 6 k.). au **boul. des Filles-du-Calvaire** (r. dr. — **N.-E.** — 2 k., près la Bastille).

Dessert : rue St-Honoré, Madeleine, Halles, Temple.

Corresp. : M, AB, R. AC, AF, B, E, F, A, G, H, Q, R, X, Y, I, L, S, V, J, U, O.

E — *jaune* — **Madeleine** (r. dr. — **O.** — 2 k.) à la **Bastille** (r. dr. — **E.** — 2 k.) par les boulevards.

Corresp. : AC, AF, B, D, F, AB, H, N, K, L, T, Y, AD, AE, D, O, P, Q, R, S, Z.

F — *Brune.* — **Batignolles-Monceaux** (r. dr. — **N.-O.** — 5 k.), à la **Bastille** (r. dr. — **E.** — 2 k.).

Dessert : Ch. de fer du Havre, Madeleine, rue de la Paix, Bourse, Banque, Halles.

Corresp. : B, X, AB, AC, AF, D, E, I, V, N, D, J, U, T, E, P, Q, R, S, Z.

G — *rouge.* — **Batignolles** (r. dr. — **N.-O.** — 6 k.). au **Jardin des plantes** (r. g. — **E.** — 3 k.).

Dessert : Ch. de fer du Havre, Chaussée-d'Antin, Palais-Royal, Louvre, Hôtel de Ville, Notre-Dame.

Corresp. : H, M, B, A, D, R, Q, X, Y, C, V, S, AG, J, O, AD, U, K, I, T, Z.

H — *jaune.* — **Clichy** (r. dr. — **N.-O.** — 7 k.), à l'**Odéon** (r. g. — **S.** — 3 k.).

Dessert : Cimetière Montmartre, Bourse, Palais-Royal, Institut, St-Sulpice, Luxembourg.

Corresp. : G, M, B, J, AB, E, A, D, R, Q, X, Y, V, AE, Z, L, O, AB.

I — *verte.* — **Montmartre** (r. dr. — **N.** — 6 k.), à la **Halle aux vins** (r. g. — **E.** — 2 k.).

Dessert : Notre-Dame-de-Lorette, Bourse, Banque, Palais de justice, Cluny.

Corresp. : AC, B, T, AB, F, V, N, C, D, Q, G, R, S, AD, O, V, AG, J, L, K, U, Z.

J — *jaune.* — **Place Pigalle** (r. dr. — **N.** — 4 k.), à **la Glacière** (r. g. — **S.** — 4 k.).

Dessert : Quartier Montmartre, Halles, Châtelet, Cité, Cluny, Panthéon, Val-de-Grâce.

Corresp. : M, B, H, D, F, U, AD, AG, G, K, O, Q, R, S, I, L, Z, AF.

K — *jaune.* — **La Chapelle** (R. dr. — **N.** — 5 k.), au **Collége de France** (r. g. — **S.** — 3 k.).

Dessert : Ch. de fer du Nord, quartier St-Denis, Halles, Cité, Cluny.

Corresp. : M, AC, V, E, N, T, AD, AG, G, J, O, Q, R, S, U, I, L, Z.

L — *jaune.* — **Villette** (r. dr. — **N.** 6 k.), à **St-Sulpice** (r. g. — **S.** — 3 k.).

Dessert : Ch. de fer de l'Est, quartier St-Martin, Hôtel de Ville, Châtelet, Cité.

Corresp. : M, AC, AG, B, E, AE, N, T, Y, I, J, K, O, AF, H, Z.

M — *jaune.* — **Ternes** — r. dr. — **O.** — 5 k.), à **Belleville** (r. dr. — **N.-E.** — 5 k.).

Dessert : Boulevards extérieurs et cimetière du Nord.

Corresp. : D, AF, H, G, J, K, AC, L.

N — *verte*. — **Belleville** (r. dr. — N.-E. — 5 k.), à la **place des Victoires** (r. dr.—Centre N. — 1 k.).

Dessert : Portes St-Denis et St-Martin, la Banque.

Corresp. : M, AE, AD, L, T, Y, E, K, F, I, V.

O — *verte*. — **Ménilmontant** (r. dr. — N.-E. — 4 k.), à la **Chaussée du Maine** (r. g. — S.-S.-O. — 4 k.).

Dessert : Cirque Napoléon, Imprimerie Impériale, Hôtel de Ville, Châtelet, St-Sulpice, ch. de fer de Brest.

Corresp. : E, D, T, AG, G, J, K, Q, R, S, U, AD, I, V, AF, H, L, Z.

P — *jaune*. — **Charonne** (r. dr. — E. — 5 k.), à la **place d'Italie** (r. g. — S.-E. — 4 k.).

Dessert : Père-Lachaise, Bastille, ch. de fer de Vincennes, de Lyon, d'Orléans, Jardin des Plantes.

Corresp. : AE, E, F, Q, R, S, Z, T, U.

Q — *jaune*. — **Place du Trône** (r. dr. — E. — 4 k.), au **Palais-Royal** (r.dr. — centre.— 1 k.).

Dessert : Bastille, Hôtel de Ville, rue de Rivoli, Louvre.

Corresp. : AE, E, F, P, R, S, Z, AG, G, AD, J, K, O, U, V, I, C, A, D, H, X, Y.

R — *verte*. — **Barrière Charenton** (r. dr. — E. — 4 k.), à **St-Philippe-du-Roule** (r. dr. — O. — 4 k.).

Dessert : Bastille, Hôtel de Ville, Châtelet, Louvre, Tuileries, Champs-Elysées, quartier St-Honoré.

Corresp. : E, P, Q, F, S, Z, T, AD, AG, G, J, K, O, U C, I, V, A, D, H, Q, X, Y, AB, AF, B, AC, D.

S — *jaune*. — **Bercy** (r. dr. — E. — 6 k.), au **Louvre** (r. d. — centre. — 1 k.

Dessert : Chemin de fer de Lyon, Bastille, Hôtel de Ville, Châtelet.

Corresp. : E, F, P, Q, R, Z, T, AD, AG, G, J, K, O, U, C, D, I, R, V.

T — *jaune*. — **Gare d'Ivry** (r. g.— E. — 6 k.), au **sq. Montholon** (r. dr. — N. — 3 k.).

Dessert : Jardin des Plantes, Hôtel de Ville, portes Saint-Martin et St-Denis.

Corresp. : P, U, I, Z, G, O, R, S, F, AE, E, L, N, Y, K, N, 1, B, AC

U — *jaune*. — **Bicêtre** (r. g. — S.-E. — 7 k.), à la **Pointe Ste-Eustache** (r. dr. — centre. — 1 k.).

Dessert : Bicêtre, Gobelins, Jardin des Plantes, Hôtel de Ville, Châtelet, Halles.

Corresp. : P, G, I, Z, T, AD, AG, G, J, K, O, Q, R, S, D, F.

V — *rouge.* — **Chaussée du Maine** (r. g. — S.-S.-O. — 5 k.), au **ch. de fer du Nord** (r. dr.—N.—3 k.).

Dessert : Ch. de fer de Brest, Beaux-Arts, Cité, Louvre, Banque, Bourse.

Corresp. : X, AF, H, Z, AD, I, O, C, G, D, I, S, Q, R, N, F, AB, B, F, AC, K.

X — *jaune.* — **Vaugirard** (r. g. — S.-O. — 6 k.), à la **place du Havre** (r. dr. — N.-O. — 3 k.).

Dessert : Ministères, Tuileries, Palais-Royal, Opéra.

Corresp. : V, AF, Z, A, D, H, G, Q, R, Y, B, F.

Y — *rouge.* — **Grenelle** (r. g. — O. — 5 k.), à la **Porte St-Martin** (r. dr.— N. — 3 k.).

Dessert : Champ de Mars, Invalides, Ministères, Palais-Royal, la grande Poste.

Corresp. : Z, AF, AD, A, D, G, H, R, Q, X, AE, E, L, N, T.

Z — *rouge.* — **Grenelle-Exposition** (r. g. — O, — 5 k.), à la **Bastille** (r. dr. — centre E. — 2 k.).

Dessert : Champ de Mars, Invalides, Ministères, Cluny.

Corresp. : Y, X, H, V, AF, O, L, AG, J, K, U, I, T, G, E, F, P, Q, R, S.

AB — *verte.* — **Passy** (r. dr. — O. — 6 k.), à la **Bourse** (r. dr. — centre N.-O. — 2 k.).

Dessert : Bois de Boulogne, Arc de l'Etoile, Champs-Elysées, Madeleine.

Corresp. : A, D, R, B, AF, AC, E, F, H, I, V.

AC — *verte.* — **Petite-Villette** (r. dr. — N. — 6 k.), aux **Champs-Elysées-Exposition** (r. dr. — O. — 3 k.).

Dessert : Buttes-Chaumont, ch. de fer du Nord, ue Lafayette, Opéra, rue de la Paix, Tuileries.

Corresp. : M, L, V, K, B, T, I, AB, AF, D, R, A, E.

Chemin de fer américain avec supplément de 15 c.

AD — *verte.* — **Château-d'Eau** (r. dr. — N. — 2 k.), au **Pont de l'Alma-Exposition** (r. dr. — O. — 4 k.).

Dessert : Quartier du Temple, Hôtel de Ville, Châtelet, Cité, Ministères, Invalides, Champ de Mars.

Corresp. : AE, E, N, AG, G, J, K, O, Q, R, S, U, I, V, Y, AF, A.

Chemin de fer Américain, avec supplément de 15 c.

AE — *verte.* — **Vincennes** (Ville à l'**E.** de Paris. — 8 k.), aux **Arts-et-Métiers** (r. dr. — centre **N.** — 2 k).

Dessert: Place du Trône, boul. du Prince-Eugène, Château d'Eau, Porte St-Martin.

Corresp.: Q, P, E, AD, N, L, T, Y, AG.

AF — *verte.* — **Panthéon** (r. g. — **S.** — 3 k.), à **Courcelles** (r. dr. — **N.-O.** 5 k.).

Dessert: Ecoles, Luxembourg, Ministères, Chambre des députés, place de la Concorde, Madeleine, boul. Malesherbes.

Corresp.: J, H, O, L, Z, V, X, Z, Y, AD, A, AC, AB, D, B, R, E, F, M. Chemin de fer américain avec 15 c. de supplément.

AG — *brune.* — **Montrouge** (r. g. — **S.** — 5 k.), au **ch. de fer de l'Est** (r. d. —**N.**—3 k.).

Dessert : Luxembourg, Cluny, Cité, Châtelet, boul. Sébastopol.

Corresp.: J, Z, K, I, J, L, AD, G, O, R, Q, S, U, AE, B, L.

* *

Service spécial pour l'Exposition universelle.

I. — De la **Madeleine** au **Pont d'Iéna** (4 k.),—30 et 15 cent.
Corresp.: AB, AF, B, E, F, A, AC, C, R.

II. — De l'**Avenue Rapp** au **Palais-Royal** (Rive dr.),—30 c.

III. — De l'**Avenue Rapp** à la **Place Saint-Sulpice** (Rive gauche), — 30 cent.

Ces deux lignes ne marchent que le soir pour le retour de l'Exposition.

III

OMNIBUS SUR RAILS

dits Chemins de fer américains.

Les dames montent sur l'impériale.— Les prix varient suivant la distance.

1. — De la **Place de la Concorde** au pont de **Saint-Cloud** (10 k.) *Voit. vertes.*

Semaine : Int., 20 à 55 c.; imp., 20 à 45 c. — Dimanches. 25 à 60 c.

Dessert : Champ de Mars, Passy, bois de Boulogne, Auteuil, Point-du-Jour, Boulogne.

Corresp. pour 15 c. (pas les dimanches), avec : A, AC, AD, AF.

2. — Des **Places du Louvre** et de la **Concorde** à **Sèvres** (12 k.) *Voit. jaunes.*
Semaine : 30 à 60 c — Dimanches : 35 à 75 c.
Dessert : Champ de Mars, Passy, bois de Boulogne, Auteuil, Point-du-Jour, Billancourt, Sèvres.
Corresp. comme ci-dessus.

3. — De la **Place du Louvre** à **Saint-Cloud.** *Voit. bleues* (ne sont pas sur rails).
Semaine : 60 c.—Dimanches : 75 c.—Corresp. pour 15 c., avec : AB, AC, AD, AF, D, G, H, Q, R, S, X, Y.

4. — Des **Places du Louvre** et de la **Concorde** à **Versailles** devant le château (18 k.), par Sèvres, Chaville et Viroflay. *Voit. jaunes.* — Prix pour Versailles : 90 c. et 1 fr. la semaine. — 1 fr. 15 et 1 fr. 25 le dimanche.

Ces différentes voitures partent toutes les 20 ou 30 minutes (celles de Versailles aux heures seulement) ; départs beaucoup plus fréquents les dimanches et fêtes.

* *

Service spécial pour l'Exposition universelle.

5. — Du **Palais-Royal** au **Pont d'Iéna** (4 k.). Voit. vertes à 50 places.
Semaine : Trajet total, 30 c. — Partiel, 20 c. — Dimanches : 35 et 25 c.
Corresp. pour 15 c. (sauf les dimanches et fêtes) avec AC, AF (à la place de la Concorde), D, G, H, Q, R, X, Y (au Palais-Royal). Départs toutes les 5 et 10 minutes, selon l'heure.

IV

CHEMINS DE FER

Omnibus spéciaux des chemins de fer : — Impériale, 30 c. ; intérieur, 30 c. ; bagages, 25 c. Prix doubles après minuit.— Ces omnibus relient les gares de chemins de fer à de nombreux bureaux placés dans l'intérieur de Paris.— A l'aller, les voyageurs peuvent monter en route à destination de la gare. Au retour, ils ne peuvent monter qu'à la gare, mais ils descendent à leur volonté. — Avoir soin de demander si l'omnibus passe devant le domicile du voyageur pour éviter les frais d'un commissionnaire ; s'il n'en était pas ainsi, un fiacre devrait être préféré, lorsqu'on a des bagages.

En outre il y a des *omnibus de famille,* de 6 à 8 places, qui passent à domicile sur demande.

*

Les 8 **gares de chemin de fer** et les **bureaux de ville** sont :

Ouest (St-Lazare). — Rue Saint-Lazare sur la rive droite. — Omnibus de la Compagnie générale B, F, X.

Bureaux de ville : Bonne-Nouvelle; pointe St-Eustache, place Saint-André-des-Arts; place du Châtelet; place de la Bourse. (omnibus spéciaux, 20 c. et 0,25 c.).

Ouest (Montparnasse). — Boulevard Montparnasse sur la rive gauche. — Omnibus de la Compagnie générale O, V. — (Omnibus spéciaux, 0,30 c.)

Bureaux de ville : Place de la Bourse; place du Palais-Royal; rue Saint-Martin, 326; rue Bourtibourg, 4; place St-André-des-Arts, 9; rue Royale-St-Honoré.

Orléans. — Quai de la Grève sur la rive gauche. — Omnibus de la Compagnie générale : P, T.

Bureaux : Rue St-Honoré, 130*; Rue Notre-Dame-des-Victoires, 28*; rue de Londres, 8*; rue Lepeletier, 5; rue Notre-Dame-de Nazareth, 30; rue de Babylone, 7*; place St-Sulpice, 6*; place de la Madeleine, 7.

Sceaux. — Barrière d'Enfer, sur la rive gauche. — Omnibus de la Compagnie générale : AG, J.

Les omnibus spéciaux partent des bureaux de la ligne d'Orléans marqués de *.

Lyon. — Boulevard Mazas, sur la rive droite. — Omnibus de la Compagnie générale : P, S.

Bureaux : Rue Rambuteau, 6; rue Coq-Héron, 6; rue Bonaparte, 59; rue Neuve-des-Mathurins, 44; rue Rossini, 1; boulevard de Strasbourg, 5;

Est. — Place de Strasbourg, sur la rive droite. — Omnibus de la Compagnie générale : AG, B, L.

Bureaux : Rue du Bouloi, 9; boulevard Sébastopol, 34; place de la Bastille; place St-Sulpice, 6; rue Basse-du-Rempart, 50.

Vincennes. — Place de la Bourse.

Nord. — Place Roubaix, sur la rive droite. — Omnibus de la Compagnie générale : AC, K, V.

Bureaux : Boulevard Sébastopol, 33; place de la Bourse; rue St-Martin, 326; rue Bonaparte, 59; rue Rivoli, 66, 170 et 228; rue St-Honoré, 211 et 223; rue de l'Arcade, 17; Grand Hôtel.

**

Chemin de fer de ceinture. Il fait le tour de Paris à l'intérieur et auprès des fortifications, sous les noms de : ligne d'Auteuil, Ceinture rive gauche (inauguré le 25 février 1867) et Ceinture rive droite. Il dessert ainsi, par 25 stations, dans un parcours total de 35 k., les quartiers excentriques, le parc des Buttes-Chaumont et les bois de Boulogne et de Vincennes.

Service. — Un train par heure au moins circule sur toute la ligne. — Les billets sont délivrés directement pour le trajet entier.

Les prix varient, suivant la distance parcourue, de 30 à 70 c. en 1re cl. et de 15 à 60 c. en seconde (10 et 15 c. d'augmentation les dimanches et fêtes). — Voir les affiches du service dans les gares et dans les indicateurs de chemins de fer.

Les trains de ceinture correspondent, pour les environs de Paris, avec les différents chemins de fer.

Un embranchement pour l'Exposition, part de la station de Grenelle — 1500 mèt. — Correspondance avec tous les trains de ceinture.

V

BATEAUX A VAPEUR OMNIBUS.

Renseignements. — La Compagnie des bateaux à vapeur omnibus a commencé son service en avril 1867, avec 6 bateaux, portés au nombre de 30 dès le commencement de juin.

La contenance fixe et réglementaire des bateaux est de 150 places.

Le prix est uniforme pour l'avant, l'arrière et l'intérieur. — On paye pendant le trajet, et l'on reçoit un jeton qui doit être rendu au pontonnier du lieu du débarquement.

Service régulier de Paris, pour toute la traversée du pont Napoléon (amont) au *pont d'Auteuil* (aval). — Plus de 12 k.

Stations : Pont Napoléon ; — pont de Bercy ; — pont d'Austerlitz ; — pont de la Tournelle ; — quai de la Grève (Hôtel de Ville) ; — pont du Carrousel ; — pont Royal ; — pont de la Concorde ; — pont d'Iéna ; — pont de Grenelle ; — pont viaduc d'Auteuil.

Départs : Toutes les 10 minutes de 7 h. du matin à la nuit com plète.

Prix : 25 centimes pour toutes les places et toutes les distances.

Service des environs de Paris, en vigueur dès l'été de 1867, pour les divers points importants de la Seine, sur une distance de 10 à 12 k.

Supplément de prix, non fixe (quelques centimes), pour ces trajets de banlieue.

Service spécial pour l'Exposition, du *quai de la Mégisserie* (Châtelet) au *pont d'Iéna* avec escale, au pont du Carrousel et au pont de la Concorde. — Prix : 25 centimes.

LA VIE A PARIS

—

HÔTELS ET MAISONS MEUBLÉES

RESTAURANTS, — BOUILLONS, — CRÈMERIES, — CAFÉS.

—

Paris offre aux étrangers d'immenses ressources au point de vue des hôtels et des restaurants, dont il existe un nombre considérable et pour toutes les bourses.

Les hôtels. — Leurs prix varient suivant le quartier, et le rang de la maison. — De plus, l'époque, l'affluence ou l'absence de voyageurs, l'étage de la chambre, son ameublement et son exposition sont autant de causes de modifications incessantes en plus ou en moins, dans une certaine mesure.

Nous ne saurions trop vous engager, si vous voulez fixer exactement votre dépense par avance, à convenir des prix en entrant. — N'oubliez pas de régler les conditions du *service* et de la *bougie*. Le service se compte habituellement par journée. Quant à la bougie, l'usage est, dans un grand nombre de maisons, lorsque les voyageurs restent plus d'un jour, de ne porter sur la note que la bougie *réellement consommée*. Toute autre prétention ne saurait se justifier. — On n'est jamais tenu de prendre ses repas à la table d'hôte de son hôtel. En général la cuisine y est abondante et bonne.

Les hôtels de premier ordre ont un luxe princier, un service irréprochable, mais aussi un tarif élevé. Tels sont le *Grand-Hôtel*, le *Grand-Hôtel du Louvre*, l'*Hôtel Bristol*, etc. Mais quantité d'établissements moins somptueux ont des prix beaucoup plus doux, et plus de 800 hôtels donnent leurs *chambres* à 2 fr. par jour et leurs *cabinets* à 1 fr. ou 1 fr. 50; dans beaucoup de maisons modestes, mais bien tenues, on trouve même des chambres très-convenables pour ce dernier prix.

Dans le quartier du Palais-Royal, centre habituel des étrangers à Paris, le prix des chambres est ordinairement de 2 fr. à 2 fr. 50.

Parmi les hôtels de cet ordre, situés dans les divers quartiers de Paris, nous citerons :

PALAIS-ROYAL.

HÔTELS :

De la Place du Palais-Royal, rue de Rivoli, 170.
de Normandie, rue Neuve-des-Bons-Enfants, 13.
de Bruges, rue Neuve-des-Bons-Enfants, 13.
de Hambourg, rue Neuve-des-Bons-Enfants, 15.
du Dauphin, rue Neuve-des-Bons-Enfants, 23.
des Empereurs, rue de Grenelle-St-Honoré, 20.
de Bordeaux, rue de Grenelle-St-Honoré, 33.
du Rhône, rue de Grenelle-St-Honoré, 5.
Tamisier, rue de Grenelle-St-Honoré, 7.
de Boulogne, rue de Grenelle-Saint-Honoré, 3 (maison anglaise).
de Francfort, rue des Vieux-Augustins, 12.
Coq-Héron, rue du Coq-Héron, 13.

—

du Plat d'Etain, rue St-Martin, 326 (restaurant).
de Tours, rue de Lancry, 29.
International, boul. du Temple, 59.

—

RIVE GAUCHE.

HÔTELS :

des Etrangers, rue Racine, 2.
d'Angleterre, rue Jacob, 22.
Jacob, rue Jacob, 44.
de Hambourg, rue Jacob, 15.
de Suez, boulev. St-Michel, 31.
du Musée de Cluny, boulevard St-Michel, 16.
des Principautés-Unies, boulev. St-Michel, 6.

CHATELET, HALLES, ETC.

HÔTELS :

du Mans, rue de Vannes, 2.
du Centre, rue des Halles, 7.
de Genève, rue des Halles, 4. (Restaurant).
de Sébastopol, rue Aubry-le-Boucher, 29.
de Saint-Denis, rue St-Denis, 109.
du Chevalier du Guet, rue de Rivoli, 112.
de Belgique, rue du Louvre, 12.

—

BOULEVARDS
DE STRASBOURG, SAINT-DENIS,
DU TEMPLE, ETC.

HÔTELS :

de Strasbourg, boulevard de Strasbourg, 78.
de Courcelles, boul. de Strasbourg, 30.
Sébastopol, boulevard de Strasbourg, 20.
du Nouveau-Monde, rue de Cléry, 98.
du Périgord, place de la Sorbonne, 1.
Central des Ecoles, rue des Maçons-Sorbonne, 3.
de l'Elysée, rue de Beaune, 3.
d'Amsterdam, rue St-André-des-Arts, 59.
du Calvados, rue du Départ, 7. (Près de la gare Montparnasse).
de France et *de Bretagne*, rue du Départ, 1 (restaurant, café, jardin).
Saint-Charles, boulevard Montparnasse 171.
du Commerce, boulevard Montparnasse, 73.

Chambres et appartements meublés. — Il en existe dans tous les quartiers. — Indication en est faite sur les maisons au moyen d'un écriteau habituellement en papier jaune. Les voyageurs y trouveront l'avantage de vivre complétement suivant leur désir, puisqu'ils pourront faire leur cuisine chez eux, ou prendre leurs repas dans les restaurants. La location en est faite pour 15 j. ou un mois. Le congé doit se donner d'avance. Dès l'arrivée, s'entendre à cet égard avec le maître de la maison.

*

Restaurants. — Choix immense. — Les uns sont *à la carte;* les autres (généralement moins chers) sont *à prix fixe.*

Aux gourmets nous signalerons les maisons ci-après, réputées pour leur excellente cuisine et leur cave de choix, mais que nous ne recommanderons pas précisément aux bourses modestes.

Restaurant du Grand-Hôtel. — Véfour. — Les Frères Provenceaux. — Maison Dorée. — Café Anglais.— Péters. —Philippe, etc.

Comme excellentes maisons encore, mais dont les prix sont beaucoup plus doux, nous citerons :

SUR LA RIVE DROITE.

RESTAURANTS :

Janodet, galerie de Valois, 105. (Palais-Royal).
Sar, rue de Valois, 46.
Bœuf à la mode, rue de Valois.
Belle Gabrielle, rue de Rivoli, 76.
Baratte, square des Innocents.
Bonvalet, boulevard du Temple, 29.
Lecomte, rue de Bondy, 50.
Banquet d'Anacréon, boulevard St-Martin, 63.
Maire, boulevard St-Denis, 14.
Delettre, boulevard Bonne-Nouvelle, 1.
Camille, boulevard Bonne-Nouvelle, 5.
Poissonnière, boulevard de ce nom, 2.
Grossetête, boulevard des Italiens, 10.
Champeaux, place de la Bourse, 13.

SUR LA RIVE GAUCHE.

Foyot, en face du palais du Sénat.
Martin, rue Molière, 2.
Magny, rue Contrescarpe-Dauphine.
Thomas, rue de l'Ancienne-Comédie, 18.
Lefèvre, gares Montparnasse et St-Lazare.

Quant aux établissements répondant aux besoins journaliers de la grande majorité du public c'est-à-dire les **restaurants à prix fixe** (*dîners* à 1 fr. 10, 1 fr. 40, 1 fr. 60, 2 fr. et au-dessus; *déjeuners* de 80 c. à 1 fr. 50) ou bien encore les restaurants à la carte affichant à la porte le prix de chaque plat, on en trouve à peu près partout, mais principalement aux abords du Palais-Royal, de la place du Châtelet, des boulevards de Sébastopol, Saint-Michel, etc.

Voici néanmoins une série d'adresses :

Déjeuners, 1 fr. 75 à 2 fr.
Diners, 3 à 4 fr.

Dîner de Paris, passage Jouffroy, 11.
Dîner du Rocher, passage Jouffroy, 16.
Dîner Européen, galerie de Valois, 154.
Dîner du Commerce, passage des Panoramas, 24.

—

Déj., 1 fr. 25 à 1 fr. 50.
Dîn., 1 fr. 60, 2 fr. et 2 fr. 25.

Restaurants :

Tavernier,
Richard,
Rotonde,
Henri IV,
Richefeu,
Du Havre,
Moureau,
Tissot,
Catelain. } Galeries du Palais-Royal.

Colbert, galerie Colbert.
Vivienne, rue de ce nom. 36.
des Théâtres, rue St-Denis, 4.
du Commerce, rue St-Denis, 6.
Péticau aîné, boulevard Sébastopol, 10.
du Globe, boulevard de Strasbourg, 8.
Ronceray, boulevard St-Martin, 20.
de l'Ambigu, boulevard Saint-Martin, 53.
Joseph, boulevard du Temple, 26.
Héroux, place de l'Odéon, 2.
de la Fontaine Saint-Michel, en face la fontaine.

—

Déjeuners de 70 et 80 c. à 1 fr. 25.
Dîn., de 90 c. à 1 fr. 25 et 1 fr. 60.

Très-nombreux dans tous les quartiers.

Restaurant :

Bruneau, rue de Valois (Palais-Royal).
Storz, rue du Mail, 4.
Gérard, faubourg St-Martin, 33.
Saussay, boulevard Sébastopol, 20.
Peticau, boulevard de Strasbourg, 8.
du Progrès, boulevard de Strasbourg, 48.
Lejars, boulev. St-Germain, 84.
Saint-Louis, boulevard Saint-Michel, 37.
Sébastopol, boulevard Saint-Michel, 4 et 43.

Au Rosbif, R. de la Bourse. — Tout repas, 1 fr.
John Bull, Rue des Pyramides, 2. — **1 fr. 25** et **1 fr. 35.**

*

Les établissements de bouillon (maisons Duval et autres), installés aujourd'hui dans presque tous les quartiers, se recommandent surtout aux personnes désireuses de trouver au restaurant la cuisine de famille, tout en dépensant peu (*potage,* 20 c. *rosbif, gigot, poisson,* etc., de 35 à 50 c. — Pour 1 fr. 50 c. on peut y faire un repas simple, mais sain). — Une carte qu'on reçoit à l'entrée fait d'ailleurs connaître le prix de chaque *consommation.* — On peut ne prendre qu'un bouillon, qu'un seul plat.

*

Les crêmeries, où l'on trouve, outre des potages (surtout au lait), quelques plats très-simples comme: œufs, côtelettes, etc., sont une ressource pour les petites bourses; le plat : de 15 à 50 c.

*

Les cafés, dont le nombre dépasse aujourd'hui 1,500, donnent généralement à déjeuner et à souper, mais pas à dîner. Le prix de ces repas est souvent plus élevé que dans les restaurants.

Le service y est bien fait.

DEUXIÈME PARTIE.

PARIS

SOMMAIRE.

PARIS

SA PHYSIONOMIE ET SON IMPORTANCE

I

PHYSIONOMIE ET CONFIGURATION DES DIVERSES RÉGIONS DE PARIS, OU PARIS A VOL D'OISEAU, DU HAUT DE LA TOUR SAINT-JACQUES.

—

Pour s'orienter facilement dans tous les quartiers de Paris, l'étranger fera bien de fixer dans son esprit la configuration générale de cette immense ville et la direction de ses principales artères.

La Seine, qui entre dans Paris à l'Est, pour en sortir à l'Ouest, décrit une courbe assez prononcée vers le Sud, et forme les deux îles de la Cité et de Saint-Louis. Les rives s'élèvent d'abord en pentes douces, puis forment deux rangées de collines plus ou moins rapides, qui, pour la plupart ne sont comprises dans Paris, que depuis 1860. Sur ces hauteurs se trouvent les quartiers suivants, en commençant par le côté ouest (*rive droite*), pour faire tout le tour de la ville :

Anteuil (en partie), Passy, Chaillot, l'Etoile, Batignolles, Montmartre, La Chapelle, Buttes-Chaumont, Belleville, Ménilmontant, Charonne, barrière du Trône.

Rive gauche. — Maison-Blanche, Butte-Sainte-Geneviève, Butte-aux Cailles, Montsouris et Montrouge.

De belles voies, tracées aux diverses époques d'agrandissement de Paris, le divisent en trois cercles concentriques, de 4, 8, 12 k. de rayon, à peu près, dont l'île de la Cité forme le *noyau*, si nous pouvons nous exprimer de la sorte, car, eu égard aux distances seules, le véritable centre se trouve être le square Saint-Jacques-la-Boucherie, situé sur la *rive droite*, à la rencontre de la rue de Rivoli et du boulevard Sébastopol.

Voici les régions concentriques de Paris :

La Cité, île de la Seine, est le berceau de Paris, avant le christianisme.

Le **1er cercle** est limité : *sur la rive droite*, par ce qu'on appelle communément *les boulevards*, large voie s'étendant de la place de la Concorde (à l'ouest) à celle de la Bastille (à l'est), et tracée en grande partie sous Louis XIV ; *sur la rive gauche*, par le boulevard Saint-Germain. C'est ce qu'on peut appeler le **Paris central.**

Le 2e **cercle** est circonscrit par une autre ligne de boulevards, dits *extérieurs*, parce qu'ils limitèrent Paris jusqu'en 1859. Nous le désignerons sous le nom de **Paris moyen**.

Le 3e **cercle**, qui enveloppe le tout, depuis 1860, est formé par les fortifications. Il comprend toutes les anciennes communes suburbaines, et porte généralement la dénomination de **Paris annexé**.

Examinons successivement chacune de ces régions.

La Cité ne renferme plus guère de maisons particulières; elle se compose d'un groupe d'établissements d'utilité générale : Palais de Justice, Préfecture de Police, Sainte-Chapelle, Casernes municipales, Tribunal de Commerce, Hôtel-Dieu, Notre-Dame, Morgue.

Le **Paris central rive droite**, est le vrai Paris, pour le luxe, les affaires, le mouvement et l'agglomération de la population.

Le boulevard Sébastopol, qui se dirige en droite ligne du Sud au Nord, le coupe en deux parties égales en étendue, mais non pas en importance.

La partie *Ouest* offre beaucoup plus d'intérêt que l'autre et forme le véritable cœur de Paris par l'élégance de ses constructions, par l'animation et par les curiosités qu'on y trouve. Elle comprend : le Louvre, et les Tuileries près de la Seine; plus au nord, le Palais-Royal, rendez-vous habituel des étrangers, les Halles, la Banque, la Bourse, la Bibliothèque Impériale, la colonne Vendôme, la rue de la Paix, les grands théâtres et les Ministères des Finances et de la Marine.

La moitié *Est* renferme : la tour Saint-Jacques, l'Hôtel-de-Ville, trois grandes casernes, l'Arsenal, la Place Royale, l'Imprimerie Impériale, le Temple et les Arts-et-Métiers.

Le **Paris central rive gauche** contient : l'Institut, le Palais des Beaux-Arts, la Monnaie et les grandes administrations publiques (Cour-des-Comptes, Légion-d'Honneur, principaux ministères). C'est le Paris scientifique et administratif.

Paris moyen. — Commençant toujours par l'Ouest pour faire le tour de Paris, nous trouvons, sur la *rive droite* :

Le Trocadéro et le quartier de Chaillot, les Champs-Elysées, l'Arc-de-triomphe de l'Etoile et le Palais de l'Industrie, la place de la Concorde et la Madeleine, le quartier du faubourg Saint-Honoré, le boulevard Malesherbes et le parc de Monceaux. Ce sont les quartiers des grandes fortunes, tous plus ou moins voisins du bois de Boulogne. Moins loin, le centre des financiers auprès de l'Opéra et dans les rues d'Antin, de la Victoire et Laffite. Viennent ensuite les quartiers affairés des faubourgs Montmartre, Poissonnière, Saint-Denis et Saint-Martin, les gares du Nord et de Strasbourg (tout à fait au nord de Paris). La rue Lafayette traverse ces quartiers, en diagonale, de l'Ouest à l'Est. Continuant en cette direction, on rencontre le canal Saint-Martin, et les quartiers des faubourgs du Temple, du Prince-Eugène et Saint-Antoine, habités surtout par la classe ouvrière. Là se trouvent les chemins de fer de Vincennes et de Lyon.

Sur la *rive gauche* : le Jardin des Plantes, les Gobelins et le quartier Mouffetard. Plus au Sud, le Val-de-Grâce et l'Observatoire; puis, massés à dr. et à g. du boulevard Saint-Michel, le Luxembourg, l'Odéon, Saint-Sulpice, le Panthéon, l'Hôtel de Cluny, la Sorbonne et les Grands établissements d'instruction publique (Ecoles de Médecine, des Mines, Normale, de Droit, Polytechnique; Colléges de France, Saint-Louis, Rollin, Napoléon). C'est le quartier dit *des Ecoles*.

Dans la partie Ouest de cette région, on trouve les quartiers tranquilles du Faubourg-Saint-Germain, avec les Ministères, les Ambassades, le Corps législatif et les grands hôtels de la vieille aristocratie; puis, au delà, les Invalides, l'Ecole militaire et le Champ de Mars, entourés de larges avenues.

Le **Paris annexé** est d'un intérêt assez restreint pour l'étranger. On y trouve cependant, à l'ouest : le bois de Boulogne, la butte et le cimetière Montmartre; au N.-E., les nouveaux abattoirs et marchés de la Villette, le parc des buttes Chaumont et le cimetière du Père-Lachaise; à l'E., le bois de Vincennes qui est limitrophe; enfin au S. le cimetière Montparnasse et le parc du Montsouris.

Voici maintenant le nom des banlieues annexées, en suivant toujours l'ordre que nous avons adopté :

Sur la *rive droite :* Point-du-Jour, Auteuil, Passy (quartiers aristocratiques et d'artistes, entre la Seine et les Champs-Elysées); puis, les Ternes, les Batignolles (habités surtout par des employés et de petits rentiers), Montmartre, la Chapelle, la Villette (nous sommes au Nord de Paris), Belleville, Ménilmontant, Charonne et Bercy.

Sur la *rive gauche :* la Gare, les Deux-Moulins, la Maison-Blanche, que traverse la petite rivière de Bièvre; plus au Sud, le Petit-Montrouge et Plaisance; puis, Vaugirard et Grenelle, que la Seine sépare du Point-du-Jour.

Le chemin de fer de ceinture dessert tous ces quartiers éloignés habités en grande partie par des populations ouvrières.

Terminons par quelques mots sur les **Grandes artères de Paris.**

La Seine, bordée de 2 rangées de *quais,* facilite les communications entre l'Est et l'Ouest.

Dans la même direction que le fleuve, une voie, longue de 25 kilomètres, franchit (sous les divers noms de Cours-Vincennes, Faubourg et Rue Saint-Antoine, Rue de Rivoli, Champs-Elysées, Avenue de la Grande-Armée, Avenue de Neuilly) la distance qui sépare Vincennes de Courbevoie. Le boulevard Saint-Michel, Sébastopol et ses prolongements croise, à angle droit, la Seine et la rue de Rivoli, près de la tour Saint-Jacques, en traversant tout Paris du Sud au Nord.

Les trois cercles concentriques des boulevards complètent les plus grandes artères de Paris.

Une série de voies, la plupart très-anciennes, partent du centre de Paris et se dirigent en éventail vers les barrières, sous le nom de *rues* dans le centre, puis de *faubourgs* dans le Paris moyen, et enfin de *chaussées* le plus souvent, dans le Paris annexé. Presque toutes ont conservé le nom des anciens faubourgs auxquels elles conduisaient et qui ont été successivement englobés dans Paris :

Saint-Honoré, Clichy, Montmartre, Poissonnière, Saint-Denis, Saint-Martin, Temple, Charonne, Saint-Antoine, Charenton, Bercy, sur la *rive droite;* Mouffetard, Saint-Jacques, Vaugirard, Sèvres, Grenelle, sur la *rive gauche.*

Enfin, parmi les grandes voies ouvertes depuis 1852, nous citerons, outre le boulevard Sébastopol, qui traverse Paris du Nord au Sud, les rues et les boulevards suivants comme pouvant servir aux étrangers pour s'orienter dans Paris : la rue de Turbigo et les boulevards du Prince Eugène et de Magenta formant des diagonales du Temple aux Halles, à la place du Trône et à Montmartre,— les nombreuses avenues qui rayonnent de l'arc de l'Etoile et du Trocadéro,— le boulevard Malesherbes (de la Madeleine aux fortifications),— la rue Lafayette (diagonale tirée de l'Opéra à la Villette.)

II

Quelques chiffres sur Paris.

Paris, dont la circonférence actuelle est de 36 kilomètres (elle était de 19 kilom. seulement avant que les limites de la ville fussent reculées aux fortifications), mesure une superficie d'environ 7,450 hectares (74,498,000 mètres carrés) chiffre dans lequel les voies publiques entrent pour plus de moitié. Les promenades, places et squares occupent à eux seuls 368,000 mètres carrés; quant aux rues, boulevards, etc., leur longueur totale est, à peu près, de 900 kilomètres, soit 225 lieues, sur lesquelles plus de 100 possèdent un canal souterrain ou égout pour l'écoulement des eaux ménagères et pluviales.

Ces diverses voies, au nombre de plus de 3,100, sont bordées de 70,000 maisons environ.

L'enceinte fortifiée, distante en moyenne de 6 kilomètres du centre de la ville, est percée de 67 portes.

Lors du dernier recensement (1er janvier 1867), le nombre des habitants ne s'élevait pas à moins de 1,825,274, dont : 1,785,327 catholiques, 24,638 protestants, 14,735 israélites, et le reste, 574, appartenant aux cultes non chrétiens.

Aussi les relevés de consommation en denrées et produits de toute nature atteignent-ils chaque année des chiffres énormes. Voici quelques-uns des plus remarquables :

Viande de boucherie	97,200,000	kilog.
Charcuterie	7,892,000	
Poissons de mer et d'eau douce	25,060,000	
Huîtres	3,000,000	
Volailles et gibiers	24,000,000	
Œufs	14,000,000	
Beurre	27,500,000	
Fromages	3,200,000	
Vins en cercles	3,100,000	hect.
Vins en bouteilles	17,000	
Alcools	114,000	
Bois à brûler	709,000	stèr.
Charbon de bois	5,200,000	hect.
Charbon de terre	700,000,000	kilog.

Les droits d'octroi assurent annuellement à la Ville un revenu de ?6 millions, et la perception de ces mêmes droits entraîne une dépense de 4,755,000 fr. pour le personnel de l'administration centrale et du service actif, lequel occupe à lui seul 2,085 agents.

Pour donner une idée de la circulation qui règne dans les rues de Paris, il suffira de rappeler que les diverses artères de cette métropole sont continuellement sillonnées par 80,000 voitures, dont 9,000 fiacres, 7,000 voitures de remises, 700 omnibus, le reste en voitures de luxe, de commerce, de messageries, etc.

Pour maintenir l'ordre au milieu d'une pareille circulation et veiller en même temps à la sécurité publique, la Préfecture de police occupe constamment 4,000 sergents de ville, sans compter une multitude d'autres agents de police, chargés de services spéciaux.

Près de 5,000 individus des deux sexes sont employés chaque jour à l'entretien et au nettoiement des rues dont l'éclairage de nuit n'exige pas moins de 35,000 candélabres, et une consommation annuelle de 121,550,000 mètres cubes de gaz.

Londres seul peut le disputer à Paris pour le chiffre des affaires, qui s'élève dans notre riche cité à près de 4 milliards par an. Dans cette somme, l'alimentation figure pour 1 milliard et demi environ, et les articles de luxe et de fantaisie, connues sous le nom d'*articles de Paris*, pour 128,000,000 fr.

Aucune ville ne possède autant d'établissements de bienfaisance — 118,000 indigents y participent aux secours de la charité publique, et l'administration générale de l'assistance publique, officiellement chargée de la répartition de ces secours, ainsi que de l'entretien des hôpitaux et hospices, y consacre un budget annuel de près de 18,000,000 fr., auquel vient s'ajouter une somme presque égale, distribuée par les diverses œuvres de bienfaisance fondées par la charité privée.

LES VOIES DE PARIS

BOULEVARDS — AVENUES — RUES — QUAIS — PORTS
PONTS — PLACES, ETC.

—

Pour le coup d'œil d'ensemble de la vicinalité de Paris, voyez la *Physionomie de Paris*, où nous avons indiqué la disposition générale des grandes artères.

BOULEVARDS

La ligne des Boulevards intérieurs, sur la rive droite, voie splendide allant de la Madeleine à la Bastille (4,383 m.) a été établie en majeure partie par ordre de Louis XIV (arrêts de 1670 et de 1671) sur l'emplacement des anciens remparts de Paris. — On n'y voyait encore en 1719 que 47 maisons; 82 en 1750 et 137 en 1780 ; il en existe aujourd'hui 419 réparties sur les 11 boulevards suivants qui composent toute la ligne :

NOTA. — Le principal intérêt des boulevards résidant (outre les magasins) dans les différences de leur physionomie, il est utile de les parcourir entièrement dans une même journée. — L'omnibus E les dessert dans toute leur longueur.

Boulevard de la Madeleine. — 250 m. de longueur. — Commence à l'église de la Madeleine, autour de laquelle se tient un *marché aux Fleurs.*

Boulevard des Capucines. — 450 m.— N° 12, le *Grand Hôtel,* le plus riche et le plus vaste de tout Paris. Il n'y a pas moins de 700 chambres et de 70 salons (salons de fêtes, de jeux, de musique, etc.)

En face la rue de la Paix, dont la maison Tahan fait le coin, se trouve le *nouvel Opéra.*

C'est sur l'emplacement de la maison Giroux, à l'angle de la rue des Capucines qu'était le Ministère des Affaires étrangères, où fut tiré le coup de pistolet qui décida de la révolution de Février 1848.

Un peu au delà, à gauche, la Chaussée-d'Antin (brillants magasins) se dirige en droite ligne vers la jolie *Eglise de la Trinité.*

Boulevard des Italiens. — 425 m. — Le plus animé de tous, et le véritable centre de la vie élégante. — A droite : le Pavillon de Hanovre. Café du Grand-Balcon, adossé à l'Opéra-Comique. Passage des Princes. Rue Richelieu. — A gauche : maison Devisme, arquebusier. — N° 26, théâtre lyrique des Fantaisies-Parisiennes. Maison Dorée, célèbre par ses soupers fins. Tortoni. Passage de l'Opéra — salons du photographe Disdéri et théâtre du prestidigitateur Clevermann (Robert-Houdin).

Boulevard Montmartre. — 225 m. — Cafés extrêmement nombreux. — A gauche : Passage Jouffroy et Bazar Européen avec le théâtre enfantin de Séraphin. — A droite : Passage des Panoramas et Théâtre des Variétés.

Boulevard Poissonnière. — 351 m. — A gauche : Maison Barbedienne (bronzes d'art) et maison du Pont-de-fer (sorte de bazar). — A droite : le Bazar de l'Industrie.

Boulevard Bonne-Nouvelle. — 347 m. — A droite : Café Richelieu, renommé pour ses glaces au chocolat. Les fameuses brioches de la Porte Saint-Denis.— A gauche : Le théâtre du Gymnase et le Bazar Bonne-Nouvelle.

Boulevard Saint-Denis. — 210 m.— Commence à la Porte Saint-Denis et finit à la Porte Saint-Martin. Il est traversé au milieu par le *boulevard Sébastopol.*

PORTE SAINT-DENIS. — 25 m. de hauteur. — Arc de triomphe construit, en 1672, pour rappeler les victoires de Louis XIV en Hollande.—Le bas-relief du côté du boulevard montre le passage du Rhin : celui du côté opposé, la prise de Maëstricht. Ce beau travail est dû au ciseau des deux frères Augier.

PORTE SAINT-MARTIN. — 19 m. de hauteur. — Fut érigé en 1674 au sujet de la conquête de la Franche-Comté; bas-reliefs bien inférieurs à ceux de la Porte Saint-Denis : Triple-Alliance et prise de Besançon; défaite des Allemands et prise de Limbourg.

Boulevard Saint-Martin.— 601 m.— Entre les rues Saint-Martin et du Temple. — A gauche : Théâtres de la Porte Saint-Martin et de l'Ambigu, puis des Folies-Dramatiques. — Visiter le Grand café Parisien (établissement populaire), près de la place du Château-d'Eau.

Boulevard du Temple. — 527 m. — Autrefois surnommé *boulevard du Crime*, à cause de ses nombreux théâtres de drames; ces théâtres furent démolis en 1860 pour le percement du *boulevard du Prince-Eugène* (on y voit encore : le Cirque-Napoléon, à l'extrémité gauche, et le théâtre Déjazet à l'entrée de droite). La maison d'où Fieschi tira sur Louis-Philippe, le 28 juillet 1835, a disparu en même temps; elle était située vis-à-vis du café Turc.

Boulevard des Filles-du-Calvaire. — 232 m. — Rien de curieux; mais, tout auprès, se trouve la rue de Béranger, ainsi nommée de notre poète populaire, qui y habita longtemps au n° 5, où il mourut en 1858.

Boulevard Beaumarchais. — 780 m. — Doit son nom au bel hôtel qu'y posséda l'auteur du *Barbier de Séville*. Il atteint la place de la Bastille, un peu au delà du théâtre Beaumarchais.

⁂

Les boulevards dits **extérieurs**, parce qu'ils ont servi d'enceinte à Paris jusqu'en 1859, sont dénués d'intérêt. C'est une large voie circulaire, longue de 19 k., plantée d'arbres et qui côtoie presque partout des quartiers populeux. Ils sont distants de 4 à 5 k. du centre de Paris.

⁂

Les boulevards militaires suivent intérieurement les fortifications et décrivent également un cercle, mais à 6 ou 7 k. du centre de Paris. Ils donnent accès dans toutes les parties de la ville, dont ils sont la limite extrême depuis l'annexion (1860). — Rien d'intéressant. — Leur développement est de 32 k.; l'entretien coûte annuellement 300,000 fr.

⁂

Les nouveaux boulevards sont nombreux et chaque année l'on en trace de nouveaux.

Depuis 1852, une activité extraordinaire a présidé aux immenses travaux qui ont transformé si complétement Paris. Des quartiers sombres, resserrés et insalubres ont disparu tout entiers en maints endroits, pour faire place aux squares, aux grands carrefours et aux larges et longues voies nouvelles.— Paris y a gagné beaucoup de salubrité, des communications faciles et directes, un aspect plus brillant et plus gai ; par contre, il a perdu bon nombre de ses vieilles constructions, chères aux touristes et aux archéologues.

Le boulevard de *Strasbourg* (850 m.) fut ouvert le premier en 1854; c'est l'un des plus animés. Plus tard, l'Empereur inaugura avec solennité le *boulevard Sébastopol* qui lui fait suite.

Dans les années suivantes on a livré à la circulation les boulevards :

Saint-Michel, r. dr. (2000 m.), et continuant les précédents, soit 5 k. au total; c'est la plus longue ligne directe de boulevards nouveaux.

Arago, r. g., sud de Paris, près du Luxembourg (2,000 m.)

Daumesnil, r. dr., est (2,900 m.), allant au bois de Vincennes.

Haussmann, r. dr., nord-ouest (2,000 m.)

Magenta, r. dr., nord (2,200 m.) du Château-d'Eau à Montmartre.

Malesherbes, r. dr., ouest (2,700 m.) commençant à la Madeleine.

Prince-Eugène, r. dr., est (3,200 m.), du boulevard du Temple à la place du Trône.

Richard-Lenoir, r. dr., nord-est (1,800 m.), établi sur la voûte du canal Saint-Martin.

Saint-Germain, parallèle à la Seine, sur la r. g. centrale (3,300 m.)

Saint-Marcel, r. g., sud-est (2,800 m.)

Bon nombre de larges voies nouvelles, principalement dans les beaux quartiers de l'Ouest de Paris, ont reçu le nom d'avenues; on les trouvera donc ci-après.

AVENUES

Les **avenues anciennes** de Paris, autres que celles *d'Antin* et *Montaigne* situées dans les Champs-Elysées, se croisent pour la plupart derrière les Invalides et le Champ de Mars; elles sont ombreuses et très-larges : celle de *Breteuil* mesure 150 mètres, de large et les autres (Ségur, Duquesne, Saxe, Lamotte-Piquet, Bosquet, etc.) 50 à 80 mètres.

AVENUE DES CHAMPS-ÉLYSÉES, r. dr.; *Omnibus :* **B, C.** — Commence à la place de la Concorde et finit à celle de l'Étoile: long., 1,800 m.

Cette magnifique avenue, d'une réputation universelle, a été plantée en 1770. Elle est très-fréquentée de 3 à 6 heures par le monde élégant (chaises, 10 c., fauteuils, 20 c.) Des jardins entourent depuis 1860 les *cafés concerts* (ouverts le soir en été.

A l'entrée des Champs-Elysées se remarquent les célèbres *Chevaux de Marly,* marbres dus à Coustou et qui proviennent du château de Marly, près Saint-Germain.

Plus haut, à g., le **Palais de l'Industrie** (ouvert seulement lorsqu'il y a des expositions), construit pour l'Exposition universelle de 1855, 252 m. de long sur 109 m. de large ; il est percé de 600 fenêtres sur deux étages. L'entrée principale, que surmonte un bas-relief (Desbœuf) représentant *les Arts et l'Industrie apportant leurs différents produits*, est couronnée d'un groupe colossal : *La France distribuant des couronnes aux Arts et aux Sciences*. Les médaillons des croisées renferment des portraits de savants.

Intérieur. La vue générale est très-belle, prise des galeries. La nef principale toute vitrée (long. 193 m., larg. 48 m., haut. 38 m.) est d'une grande hardiesse. Remarquer les vitraux des extrémités : La France qui appelle les nations à l'Exposition de 1855, et la Bonne Foi qui préside au Commerce.

Chaque année, en mai et juin, ce palais sert de salle d'exposition des œuvres de sculpture, de peinture, etc., des artistes vivants.

L'*Exposition permanente des produits coloniaux*, installée dans une des galeries, mérite une visite. Elle est ouverte tous les jours de midi à 5 h.

A l'extrémité du Palais de l'Industrie s'élève le **Panorama**, construit en 1859. Ne pas négliger d'y entrer. On y voit actuellement la *bataille de Solférino*, peinture d'une vérité saisissante qui se développe autour du spectateur sur une circonférence de plus de 100 m. Un gardien est chargé d'en expliquer les principaux épisodes (Entrée : 50 c. le dimanche ; 2 fr. en semaine).

La rotonde située de l'autre côté des Champs-Elysées est le *Cirque de l'Impératrice* (représentations tous les soirs d'été.—V. aux plaisirs et distractions).

Au delà du rond point, l'avenue des Champs-Elysées s'élève par une pente douce jusqu'à la place de l'Etoile pour se continuer ensuite sous le nom d'*avenue de la Grande-Armée* (v. la place de l'Etoile).

*

Les principales **avenues nouvelles** forment deux superbes rayonnements, l'un autour de l'arc de triomphe de l'Etoile, l'autre au Trocadéro ; leur développement total est de plus de 34 k. Les plus remarquables de ces avenues, sont celles :

De l'Impératrice, allant de la place de l'Etoile à la porte Dauphine (bois de Boulogne) ; magnifique voie de plus de 1,500 m. formée de 5 allées parallèles, de pelouses et bordée de riches hôtels.

De Wagram, de Friedland et d'Eylau, chacune de 1 k. 1|2 à 2 k.

De la Reine-Hortense allant au parc Monceaux (1,000 m.).

Joséphine, allant au Champ de Mars (15,000 m.) : Belle statue en marbre de l'Impératrice Joséphine (Vital-Dubray) placée à la rencontre de la rue Galilée, le 25 avril 1867.

Du roi de Rome (1,200 m.) réunissant la place de l'Etoile à celle du Trocadéro, immense plan incliné (v. aux places) que traverse la belle avenue de l'*Empereur*, allant du quai de Billy, au bois de Boulogne, entre les deux lacs (3,600 m.)

RUES ET PASSAGES.

Rues. — Il existe à Paris 3,200 rues que bordent près de 70,000 maisons. Nous citerons :

La *rue de Rivoli*, la plus longue de toutes (3,146 m.) et aussi la plus remarquable ; elle a été ouverte en 1802 de la place de la Concorde au Louvre, puis prolongée, en 1855, jusqu'au delà de l'Hôtel-de-Ville. — Les rues *de Castiglione, de la Paix, Vivienne, Richelieu, de la Chaussée-d'Antin,* toutes situées sur la rive droite et dont la physionomie élégante offre un véritable intérêt.

A titre de curiosité, nous indiquerons la longueur de quelques rues importantes :

Rive gauche : Rues Saint-Dominique, 2429 m.; de Grenelle-Saint-Germain, 2,251 m. (traversent les quartiers des Ministères), et de Vaugirard, 2,143 m.

Rive droite : Rues et faubourgs Saint-Honoré, 4,185 m. (nombreux hôtels aristocratiques) ; Saint-Martin, 3593 m.; Saint-Denis, 3410 m.; Saint-Antoine, 2,835 m. (quartiers de commerce et d'industrie); et les rues Saint-Maur, 2,223 m.; et de Charenton, 2,080 m. (nombreuses usines).

Passages et galeries (v. aux plaisirs et distractions).

QUAIS, PORTS ET PONTS.

Les **quais** bordent la Seine sur les deux rives dans toute la traversée de Paris, sur un développement total de 25 k. La vue est très-belle le soir, à la lumière, prise surtout dans le voisinage des Tuileries.

Il existe en outre deux quais longeant le canal Saint-Martin. — 11 k.

*

Le *port de Bercy*, à l'entrée de la Seine dans Paris, est très-animé par le commerce des vins (nombre prodigieux de barriques); en face, le *port de la Gare* est spécialement affecté à l'industrie des bois de construction. — Le *port Saint-Nicolas*, en face le Louvre, est la station habituelle des steamers « Seine et Tamise, » qui font l'intercourse de Paris à Londres.

*

28 **Ponts** réunissent les deux rives de la Seine dans la traversée de Paris. Presque tous ont été reconstruits depuis 1852. Nous citerons comme les plus remarquables :

Le *pont Napoléon III*, aux fortifications de Bercy, construit en 1856 pour le service mixte des piétons et du chemin de fer de ceinture, qui y accède par une série d'arcades.

Le *pont d'Arcole*, en fer, d'une grande légèreté qui n'exclut pas une extrême solidité.

Le *Pont-Neuf*, le plus lon e tous (230 m.) jeté à l'extrémité de l'île de la Cité, où s'élève la statue équestre de Henri IV par Lemot. Il règne au-dessus des arches un cordon de près de 400 têtes grotesques fort curieuses. — En face du pont, quai Conti, n° 5, à l'angle de l'étroite rue de Nevers on voit une petite maison appelée souvent le *Nid de l'Aigle*, parce que la mansarde la plus élevée, celle dont la fenêtre fait saillie sur le toit, a été habitée, en 1784 et 1785, par Napoléon 1er, alors élève à l'Ecole militaire de Paris. Cette maison porte une inscription commémorative :

Le *pont de la Concorde*, contruit en 1790, avec les pierres provenant de la forteresse de la Bastille. On doit l'orner de 12 statues colossales. — 150 m. de longueur.

Pont-viaduc d'Auteuil, remarquable construction à deux étages, et d'un aspect monumental. Il est à 3 voies : 2 inférieures, portées sur 5 arches, pour les piétons et les voitures ; et une supérieure, élevée sur 31 arcades, servant au passage du chemin de fer de ceinture. — (220 arcades d'Auteuil à Grenelle, sur un développement de 2 k. environ).

Parmi les AUTRES PONTS nous mentionnerons encore :

Pont de Bercy, 1866 — 130 m.;

d'Austerlitz, 1863 — 140 m.;

des *Tournelles* et *Marie*, 1615 à 1630;

Louis-Philippe et *Saint-Louis*, 1854 et 1865;

de l'*Archevêché*, 1828;

Saint-Michel, Notre-Dame, au Change et *Petit-Pont*, reconstruits depuis 1852, sur l'emplacement des plus anciens ponts de Paris;
Pont des Arts (1803), construction qui paraît d'autant plus défectueuse qu'elle est voisine du beau pont en fer *du Carrousel*, construit en 1834 et orné de quatre statues : riv. dr.: l'*Abondance et l'Industrie*; riv. g.: la *Seine* et la *Ville de Paris*;
Pont Royal, 1665 — 130 m.; une échelle d'étiage est établie sur l'une des piles;
Solférino, 1859;
des Invalides, de l'Alma, 1854 et 1855, ornés de statues colossales;
d'Iéna, reliant le Champ de Mars au Trocadéro, construit à la fin du premier empire, et ayant à ses extrémités quatre groupes équestres remarquables.

PLACES.

Place de la Bastille, rive dr.; *omnib.*: **AK, F, P, O, R, S, Z.**

Elle fut le théâtre de terribles drames à diverses époques. La sombre forteresse — construite par Charles V en 1370, et qui servit de prison d'Etat jusqu'au 14 juillet 1789, jour de sa prise par le peuple qui la rasa ensuite, — s'élevait à l'entrée de la rue Saint-Antoine et formait la principale porte de Paris, par suite de sa proximité du palais des Tournelles, alors résidence des rois. — C'est sur la barricade élevée à l'entrée du faubourg Saint-Antoine que l'archevêque Affre fut frappé mortellement, le 27 juin 1848. — Cette place est le rendez-vous de la population ouvrière des quartiers environnants, et l'on y voit constamment des virtuoses et artistes de la rue débitant leur *boniment* à la foule qui les entoure. — Le canal Saint-Martin la traverse par un tunnel. — Au centre, se dresse la :

Colonne de Juillet, élevée en l'honneur des combatta..s de 1830. Les noms des 615 victimes ensevelies sous la colonne sont inscrits en lettres d'or auprès de couronnes, de palmes, de coqs gaulois et d'un lion. Ce beau monument, haut de 50 m. sur 4 m. de diamètre, a coûté 2 millions 1|2 (*MM. Alavoine, Leduc, archit.; Barye, sculpteur*). Les belles mosaïques stucquées du piédestal ont été exécutées à la fin de 186.. — Il faut gravir l'escalier, bien éclairé d'ailleurs, qui compte 240 marches. Le génie en bronze doré placé sur la boule (Dumont) représente *la Liberté brisant ses chaînes*.

Place du Carrousel, rive dr., *omnib.* : **E, X, Y**, — Ainsi appelée d'une fête qu'y donna Louis XIV en 1662. — Près de la moitié de cet espace et tout l'emplacement de la place Napoléon III (v. le nouveau Louvre) étaient encore occupés, en 1853, par un quartier populeux et mal famé. Cette vaste place est fermée : au sud par les galeries dites *du bord de l'eau*, réunissant le pavillon Lesdiguières aux Tuileries ; à l'ouest, par la grille des Tuileries ; au nord, par une galerie construite sous Louis XIV et commençant au pavillon de Rohan, et à l'Est, par les nouveaux bâtiments du Louvre.

L'arc de triomphe du Carrousel, sous lequel passe l'Empereur dans les grandes cérémonies (ordinairement il sort par le guichet de la rue de Rivoli et rentre par celui du bord de l'eau), date de 1806 et rappelle complétement l'arc de triomphe de Septime-Sévère, à Rome. Les huit statues en marbre blanc représentent des soldats du premier empire et les bas-reliefs les sujets suivants : *Capitulation d'Ulm, — Bataille d'Austerlitz, — Entrée à Vienne, — Entrée à Munich, — Entrevue de Tilsitt, — Paix de Presbourg.*

Le quadrige, qui surmonte le monument (Bosio), a remplacé les célèbres chevaux de Venise, enlevés en 1814 par les alliés, et qui étaient d'une bien autre valeur artistique.

Place du Château-d'Eau, rive dr.; *omnibus* : **AE, AD, E, N.** — Ainsi appelée de la belle *fontaine* de style correct et sévère qui la décore. En face la belle *Caserne du Prince-Eugène* (1858), pouvant loger 2,800 hommes, et remarquable par ses dispositions intérieures; elle a coûté 14 millions. Les *Magasins-Réunis* font pendant à la caserne. — Cette place a été l'objet de travaux considérables qui en ont fait une des plus vastes de Paris : cinq boulevards et deux rues viennent y aboutir ; le boulevard du Prince-Eugène va en ligne droite à la place du Trône, soit 3 k., et la rue de Turbigo, aux Halles, dans le sens opposé.

Place du Châtelet, rive dr. ; *omnibus* : **AD, AG, G, I, K, O, Q, R, S, U.** — Tracée en 1807 sur l'emplacement de la prison du Grand-Châtelet. La colonne, dite *du Palmier* (1808), qu'on voit au milieu, a été exhaussée de 5 m. en un seul bloc, lors de l'agrandissement de la place en 1858, pour y ajouter la vasque de la fontaine. Les côtés est et ouest de la place sont occupés par le *théâtre du Châtelet* et le *Théâtre-Lyrique* construits en 1862 (Davioud).

Place de la Concorde, rive dr.; *omnibus* : **A, AB, AC, AF, C, R.** — Entre les Tuileries et les Champs-Elysées, qui montent devant vous.

A droite, la rue Royale, qui aboutit à la Madeleine, s'ouvre entre deux monuments : celui de droite, actuellement occupé par le *Ministère de la Marine*, est l'ancien Garde-Meubles de la Couronne et non pas celui de gauche, comme l'indiquent la plupart des guides. Dans la nuit du 16 septembre 1720, on y vola tous les diamants, entre autres le fameux Régent et le Sanci, qui furent retrouvés peu de temps après.

A gauche, le *pont de la Concorde* fait face à la *Chambre des Députés*.

Au centre, le fameux **Obélisque de Louqsor.** Cet antique monument, superbe monolithe de granit rouge provenant des ruines de Thèbes, a été donné à la France par le vice-roi d'Egypte Méhémet-Ali. Le transport et l'érection en furent exécutés par l'ingénieur Lebas (1832-1836) (voir les détails de ces divers travaux, gravés sur le piédestal qui est aussi d'un seul bloc). 1,600 hiéroglyphes y rappellent les victoires de Sésostris. La hauteur de cet énorme bloc est de 28 m., y compris le piédestal qui mesure 5 m.; son poids, de 250,000 k.; le socle pèse 100,000 k. — De chaque côté, se voient *deux belles fontaines* en fonte bronzée (1832) représentant : celle du côté de la Seine, l'Océan et la Méditerranée avec les pêches et la navigation; l'autre, le Rhône et le Rhin, avec l'Industrie, l'Agriculture, la Navigation fluviale et l'Abondance. — Les *statues* colossales qui décorent la place sont : Lille et Strasbourg, de Pradier; Rouen et Brest, de Cartot; Bordeaux et Nantes, de Calhouet; Lyon et Marseille, de Petitot.

L'éclairage mérite l'attention.

Cette place reçut primitivement le nom de *place Louis XV*, d'une statue qui y fut élevée en 1763; trente ans plus tard, le 21 janvier, Louis XVI y montait sur l'échafaud.

Place Dauphine, île de la cité; *omnibus* : **AB, I, O, V**; près le Pont-Neuf, devant la Préfecture de police. — Elle est ornée d'une fontaine élevée en 1802 à la mémoire du général Desaix. C'est sur son emplacement qu'eut lieu, en 1314, le supplice des Templiers.

Place de l'Etoile, rive dr.; *omnibus* : **AB, C.** Elle est de forme circulaire et bordée de magnifiques hôtels construits sur un modèle uniforme. Au centre est **l'arc de triomphe de l'Etoile**, élevé à la gloire des armées françaises. Commencé sous Napoléon Ier (1806) par Raymond et Chalgrin, il fut continué, sous la direction de divers architectes et terminé en 1836 seulement. Haut. 49 mètres, larg. 45 mètres, grand arc 29 mètres sous clef de voûte; dépense : 10 millions.

Les quatre trophées qui ornent les pieds droits sont : du côté des Champs-Elysées, à dr., *le Départ*, 1792 (Rude); à g., *le Triomphe*, 1810 (Cartot); du côté de Neuilly, *la Résistance*, 1814, et *la Paix* (Etex). — Les bas-reliefs de l'entablement représentent : les funérailles du général Marceau, la bataille d'Aboukir, le passage du pont d'Arcole, la prise d'Alexandrie, la bataille d'Austerlitz et celle de Jemmapes. — Un escalier de 280 marches conduit sur la plateforme, d'où le regard embrasse tout Paris et ses environs (pourboire, 20 cent.) C'est le monument de Paris que les personnes sujettes au vertige visiteront de préférence.

De la place de l'Etoile rayonnent 12 avenues, notamment celle *de l'Impératrice*, allant au bois de Boulogne, et celle de la *Grande-Armée* qui fait suite aux Champs-Elysées. Au delà des fortifications, cette dernière prend le nom d'avenue de Neuilly et passe devant la *porte Maillot* (une des principales entrées du bois) non loin de la chapelle Saint-Ferdinand (v. les églises). Elle se termine à Courbevoie, au delà du pont, par un rond point, au centre duquel on a placé, en 1866, la *statue en bronze de Napoléon* 1er, qui surmonta longtemps la colonne Vendôme.

Place de l'Europe, rive dr.; *omnibus* : **F, G**; immense plate-forme en fer, construite en 1866 et 1867 sur le chemin de fer de l'Ouest, pour remplacer un ancien tunnel devenu insuffisant pour l'active circulation des trains. C'est un travail unique en Europe et qui fait le plus grand honneur à M. Clerc, l'Ingénieur en chef de la voie. Six larges rues viennent s'y croiser et quatre parterres ornent les abords du plancher métallique.

Place du Louvre, rive dr.; *omnibus*: **G, I, O, R, S, V**,.— Elle s'étend devant la colonnade du Louvre, à laquelle font face l'église Saint-Germain-l'Auxerrois, la mairie du premier arrondissement, construite (1856-1862) dans le style gothique, pour faire pendant à l'église et la **tour Saint-Germain-l'Auxerrois**, de même date. Cette tour, dont le rez-de-chaussée est disposé en chapelle, est de forme carrée. On y voit une horloge, un baromètre et un thermomètre. La partie supérieure est destinée à un carillon de 25 cloches..

Place Louvois (voyez *squares*).

Place du pont Saint-Michel, rive gauche; *omnibus* : **AD, AF, AG, I, J, K, L**.— Fort ancienne, mais son périmètre a été complétement changé lors du percement du boulevard Saint-Michel. *La fontaine* qui la décore a soulevé beaucoup de critiques. Le groupe en bronze, *Saint Michel terrassant le dragon*, est de Duret (1860).

Place du Prince-Eugène, rive dr.; *omnibus* : **AB, O**.—Place triangulaire, assez petite et n'ayant de mérite que par ses monuments: La *mairie* du onzième arrondissement, d'une belle exécution, et la *statue* en bronze du Prince-Eugène, fondue en 1863 (Dumont).

Place Saint-Sulpice, rive gauche; *omnibus* : **H, L, O, S**. — Devant l'église de ce nom, à laquelle fait face la mairie du sixième arrondissement. A dr. s'élève le *séminaire de Saint-Sulpice* (1820), établissement destiné aux hautes études ecclésiastiques et qui peut recevoir 150 élèves. *La fontaine* (Visconti) est ornée des statues de Bossuet, Fénelon, Massillon et Fléchier.

Place du roi de Rome ou **Trocadéro**, rive dr.; *omnibus* : **A**. — Elle termine, sur la rive droite de la Seine, la ligne des anciens boulevards extérieurs; elle est de forme circulaire. On y découvre un panorama splendide, à g. sur Paris, en face sur le Champ de Mars et à dr., sur les hauteurs pittoresques de Meudon et de Châtillon. Au-dessous du plateau circulaire règne un vaste amphithéâtre de 150 m. de long sur 500 m. de large qui, s'étendant jusqu'au quai de Billy, comprend une vaste rampe de 40 m. de largeur établie dans l'axe du pont d'Iéna, et des talus gazonnés suffisants pour contenir 300,000 spectateurs, lors des grandes fêtes données au Champ de Mars.

Place du Trône, rive droite; *omnibus :* **AE, Q.** — A l'est de Paris et à l'entrée du *Cours de Vincennes,* large avenue qui aboutit au Donjon. Douze boulevards rayonnent de cette place qui est ornée de deux grandes colonnes cannelées, surmontées des statues de *Philippe-Auguste* et de *St-Louis,* les deux fondateurs du château de Vincennes.

Place Vendôme, rive droite; *omnibus :* **A, AC, C, E, X.** — Louvois fit exécuter les premiers travaux. Après la mort de ce ministre, l'entrepreneur, moyennant 620,000 livres payées par la ville de Paris, démolit tout ce qui était fait, et construisit, sur les plans de Mansard (1699 à 1701), ce qui existe aujourd'hui. On plaça au centre une statue de Louis XIV, haute de 52 pieds.

Cette place, de forme octogonale, et entourée de belles constructions de l'ordre corinthien, s'appela successivement : place Louis-le-Grand, lors de sa création, des Piques, en 1792, et Vendôme en 1800. Diverses administrations y sont installées (voyez les inscriptions).

Colonne Vendôme. Elevée en 1806-1810, à la gloire des armées françaises sur le modèle de la colonne Trajane. Elle est en pierre et recouverte avec le bronze de 1,200 canons pris aux Autrichiens et aux Russes pendant la campagne de 1805. Le bas-relief en spirale, formé de 425 plaques, mesurant 275 mètres de longueur, rappelle les épisodes de cette campagne du camp de Boulogne à Austerlitz. (Dessins de Lepère et Gondoin.) — Hauteur 56 mètres; diamètre, 4 mètres; escalier de 176 marches, étroit et sans lumière (Rétribution volontaire).

La statue de l'Empereur, en César couronné de lauriers (Chaudet), a été substituée en 1863 à celle de M. Seurre, qui, érigée en 1833, représentait Napoléon dans son costume traditionnel. Cette dernière se voit actuellement à Courbevoie, à l'extrémité de l'avenue de la Grande-Armée.

En 1814, les alliés cherchèrent inutilement à abattre la colonne; la statue seule put être détachée.

Place des Victoires, rive droite; *omnibus :* **F, I, N, V.** — Elle a été tracée en 1685 par Mansard. Au milieu se trouve la *statue* équestre de Louis XIV (Bosio) vêtu, en Empereur romain.

Place des Vosges ou **Royale,** rive droite; *omnibus :* **F, R, S, Z.** — Entourée de maisons à arcades basses uniformes et dans le style Louis XIII. Cette place dont les bâtiments furent élevés en 1604 pour servir de manufacture de soieries, devint le centre de la Société élégante et lettrée : madame de Sévigné, madame de Maintenon, le cardinal de Richelieu au n° 21, Marion Delorme au n° 6 y habitèrent. — *La statue de Louis XIII,* placée au centre en 1816, est de Dupaty et Cartose. — L'espace qu'occupent tous les bâtiments faisait partie de l'ancien *Palais des Tournelles* où Henri II mourut des suites de la blessure qu'il reçut à l'œil dans son tournoi avec Montgomery. Catherine de Médicis fit démolir le palais peu de temps après.

Les autres places de Paris sont peu intéressantes ou ne nécessitent pas de longues explications ; vous en traverserez forcément un grand nombre en visitant les monuments qu'elles entourent et dont elles portent ordinairement les noms. C'est à la description de ces monuments que vous les trouverez mentionnées.

PROMENADES

SQUARES — JARDINS — PARCS — BOIS, ETC.

SQUARES.

La création des squares ne remonte qu'à 1854 ; avant cette époque, il existait bien quelques places, ornées d'arbres et de gazon, mais elles étaient petites et fermées au public.

Les principaux squares de Paris sont :

Square des Arts-et-Métiers, rive droite ; *omnibus* : **AE, AG, D, L, T, Y.** — Boulevard de Sébastopol, en face le Conservatoire. C'est le seul qui soit dessiné à la française. Bien que d'une superficie de 4145 mètres seulement, il a coûté plus de 320,000 francs (le plus cher de tous), par suite du transport et de la plantation des arbes énormes qui l'ombragent. Au centre, une élégante *colonne* rappelle les victoires de Crimée. Le côté Est de ce square est occupé en partie par la façade du *Théâtre de la Gaîté* (1862).

Square des Batignolles, le seul des banlieues annexées qui soit véritablement intéressant et l'un des plus gracieux. — 5,786 mètres.

Square Sainte-Clotilde, rive gauche ; *omnibus* : **AF, AD, Y.** — Devant l'église de ce nom, rue Saint-Dominique. C'est le seul de la rive gauche à portée de l'étranger. — 1,740 mètres. — 32,200 francs.

Les Squares des Champs-Elysées. — V. à l'avenue de ce nom.

Square des Innocents, rive dr. ; *omnibus* : **D, U.** — Doit son nom à l'ancien marché des Innocents dont il occupe l'emplacement, et qui avait été lui-même établi (1785) sur un terrain devenu libre par suite de la suppression d'un très-ancien cimetière, dit *des Innocents*. C'est là qu'était jadis le *carreau des Halles*, dont le pilori fut démoli en 1789. Au centre de ce beau square, d'une superficie de 2,057 mètres, et qui a coûté 200,000 francs à établir, on voit la belle *Fontaine des Innocents* (œuvre de Pierre Lescot), dont plusieurs sculptures sont dues au ciseau de Jean Goujon, qui y travaillait quand il fut assassiné pendant le massacre de la Saint-Barthélemy.

Square Louvois, rive droite; *omnibus:* **H.** — Rue de Richelieu, en face la Bibliothèque impériale. — C'était, avant 1860, une place tracée en 1784 sur l'emplacement de l'hôtel Louvois. Au centre, s'élève une élégante fontaine avec statues en bronze de Klagmann.

C'est sur cette place que fut assassiné (1820) le duc de Berry, au moment où il sortait de l'Opéra, alors établi au numéro 6 de la rue de Louvois.

Square St-Jacques-la-Boucherie, rive droite; *omnibus*: **AD, AG, G, J, K, O, Q, R, S, U.** — Au centre même de Paris, à l'angle de la rue de Rivoli et du boulevard de Sébastopol. — 5,875 mètres. Ce beau square a coûté 142,000 fr.

Il est établi en partie sur l'emplacement de l'ancienne église St-Jacques-la-Boucherie, dont la **Tour** (1508—1522) a été habilement restaurée. Sous la clef de voûte: statue de Pascal, par Cavelier. La plate-forme, élevée de 52 mètres au-dessus du sol, est le meilleur observatoire pour jouir du panorama de Paris. S'adresser au gardien. Pourboire: 10 c.) (Voyez le chapitre de: *la Physionomie de Paris*.)

Square Montholon, rive droite; *omnibus* : **AG, B.** — Rue Lafayette, 4,800 mètres (l'un des derniers créés).

Square du Temple, r. dr.; *omnibus:* **AB, D.** — Le plus vaste de tous (7,825 m.) n'a coûté que 148,500 fr. — Il a été établi en grande partie sur l'emplacement de la sombre prison du Temple et de son jardin; il ne reste plus aujourd'hui, de l'une, que les tristes souvenirs du passé et, de l'autre, qu'un saule pleureur et un groupe de tilleuls sous lesquels Louis XVI se reposa souvent pendant sa captivité.

Les **autres squares** ont peu d'intérêt pour l'étranger, surtout si l'on tient compte de leur éloignement du centre de Paris Ce sont les squares :

Vintimille, Belleville, Charonne, Montrouge, Grenelle, La Chapelle.

La *place Royale* est un véritable square (v. aux places où son nom l'a fait classer).

JARDINS.

Jardin d'acclimatation du bois de Boulogne (ouvert toute la journée; semaine. 1 fr.; dimanches, 50 c.; serres, 50 c.) — *Omnibus :* **A, AB, C.**

Cet établissement fondé en 1860, pour répandre et acclimater les animaux et les plantes utiles à l'homme, est une curiosité importante.

On y visite avec intérêt :

La *magnanerie*, pour les diverses espèces de vers à soie récemment introduits en Europe ; la *grande volière*, longue de 65 m., riche en oiseaux exotiques des plus rares ; le vaste hémicycle de la *poulerie*; les *écuries* renfermant des zèbres, des hémiones, etc.; les *fabriques*, destinées aux autruches, casoars, agamis, etc.; le *rocher*, d'où l'on embrasse l'ensemble du jardin ; le *rucher*, dont on voit l'intérieur par une glace; enfin, l'*aquarium*, mieux installé que celui du jardin zoologique de Londres, et dont les 14 bacs ingénieusement disposés permettent d'étudier les mœurs des poissons de mer et d'eau douce. On y voit également, des éponges vivantes, des coraux, des actinies, etc.

Jardin fleuriste de la ville de Paris, rive dr.; *omnibus* : **AB**. — Avenue d'Eylau, 137 (ouv. tous les j., de 1 à 5 h.). Cet établissement, unique en Europe, est une des curiosités de Paris. D'une étendue de plus de 4 hect., et pourvu d'importantes succursales, il alimente de plantes et de fleurs les promenades et les squares de la capitale. Il a été créé en 1854, et le nombre des végétaux qui en sont sortis s'est élevé d'année en année dans des proportions considérables. L'année dernière il n'a pas livré moins de 1,800,000 plantes de toutes espèces.

Jardin du Palais-Royal. — Voyez la description du Palais-Royal.

JARDIN DES PLANTES, ou **Muséum d'histoire naturelle**, rive g.; *omnibus* : **S**, **P**, **T**, **U**. — (*Entrée principale place Walhubert, en face le pont d'Austerlitz*). Fondé par Bouvard, médecin de Louis XIII, il occupe une surface de 32 hect. environ.

Le Jardin des Plantes comprend :

1° Le **Jardin** proprement dit, allées, quinconces, parterres, école de botanique, etc. (ouv. tous les jours, depuis le matin, jusqu'au coucher du soleil. — Pour les serres, billet du directeur). Promenade magnifique.

En entrant par la place Walhubert, on trouve tout d'abord les carrés des plantes économiques, industrielles et médicinales ; puis ceux des végétaux d'ornement. Viennent ensuite : le *carré creux*, ancien bassin transformé en parterre, la *pépinière* et les *carrés Chaptal*, consacrés à la naturalisation des plantes étrangères de pleine terre. — Toute cette partie du jardin est comprise entre deux magnifiques allées de tilleuls plantés par Buffon.

A gauche, le long de la rue de Buffon, s'étendent des massifs et des carrés d'un moindre intérêt pour le visiteur.

Gagnez donc la seconde avenue de droite, ombragée de marronniers et séparant le parterre symétrique, du jardin paysager où est installée la ménagerie.

A gauche, se trouve l'*école de botanique*, ouverte seulement aux étudiants. A droite, on trouve déjà quelques parcs d'animaux, et un peu plus loin, les *fosses aux ours*, auxquelles font suite de profonds carrés servant à la culture des plantes exotiques, et que protége contre les vents du nord, le bâtiment de l'*Orangerie*.

En face, gravissez la *petite butte*, terrasse garnie d'arbres verts, et offrant un beau point de vue.

En redescendant vous atteignez, en quelques pas, l'entrée du *labyrinthe*, monticule planté d'arbres résineux des espèces les plus utiles. Un chemin en spirale conduit au sommet, orné d'un petit belvédère, d'où l'on embrasse un superbe panorama.

En montant, remarquez *le fameux* **cèdre du Liban**, qu'en 1734 Bernard de Jussieu rapporta d'Angleterre, dans son chapeau, dit-on. Cet arbre colossal serait aujourd'hui beaucoup plus élevé, si un chasseur n'en eût cassé le bourgeon terminal d'un coup de fusil, en voulant tuer un oiseau qui s'y était posé. Un peu plus haut, se trouve une colonne élevée en l'honneur de Daubenton, savant et modeste collaborateur de Buffon

Au pied du labyrinthe sont les *grandes serres* et l'*aquarium*, où l'on voit la fameuse Victoria regia, gigantesque nénuphar de l'Amérique méridionale, dont les feuilles n'ont pas moins de 18 pieds de circonférence. — Plus près de la rue Cuvier, se trouvent les bâtiments de l'Administration et le grand *amphithéâtre*, où se font les cours des professeurs.

2° La **Ménagerie** (*de 11 heures à la nuit en hiver, de 10 h. à 6 h. en été*), installée dans la *Vallée suisse*, au nord du jardin symétrique. Elle est riche en mammifères, oiseaux, reptiles de toutes espèces.

Ne pouvant mentionner tous les parcs qui renferment des espèces rares ou curieuses, nous signalerons seulement à votre attention : les *loges des animaux féroces*, derrière lesquelles est installé *le chenil ;* la *rotonde aux singes*, un peu plus loin. Appuyant sur la droite, entre des parcs réservés aux ruminants, yacks, cerfs, daims, etc., on arrive à la *ménagerie des oiseaux de proie*, où l'on voit le plus grand de tous les vautours, le condor, qui mesure quatre mètres d'envergure. — En arrière, la *ménagerie des reptiles* où vous verrez des serpents à sonnettes, des vipères fer-de-lance, des caméléons, etc.

Des allées sinueuses ramènent sur la gauche, vers la *poulerié* et la *faisanderie*. Puis, tout en jetant un coup d'œil aux hémiones, aux antilopes, aux zèbres, etc., échelonnés sur votre passage, vous atteignez la *grande rotonde*, domicile des éléphants, des hippopotames, des tapirs, des girafes, et autres grands mammifères.

Près de là sont les autruches, les casoars, les marabouts ; puis les grues de Mantchourie, oiseaux voraces auxquels les empereurs de la Chine font jeter des esclaves pour être dévorés tout vivants (*authentique*).

Dans d'autres parcs voisins, d'inoffensifs canards barbotent paisiblement, en compagnie des oies du Canada, des cygnes d'Europe et d'Amérique et de leur congénère d'Australie, qui fait mentir l'expression proverbiale : « *blanc comme un cygne,* » car il est noir comme un corbeau.

3° **Les Galeries**, contenant d'immenses richesses. (Ouv. les mardis et jeudis de 2 à 5 h., et le dimanche de 1 h. à 5 h. — Aux personnes munies de billets : les mardis, jeudis et samedis. — Pour les billets, s'adresser à l'administration, qui, le plus souvent, les délivre séance tenante.)

Les galeries comprennent :

Le **Cabinet de zoologie**, l'un des plus complets qu'il y ait en

Europe. — Remarquer surtout : dans la salle des singes, l'énorme *gorille*, plus grand que l'homme ; la belle collection des oiseaux de paradis, les colibris, aux couleurs métalliques, etc. On y voit aussi d'énormes tortues, des serpents et des crocodiles d'une dimension prodigieuse, etc.

Le **Cabinet d'anatomie comparée**, où se voient, à l'entrée, des mâchoires de baleine d'une grandeur monstrueuse et le squelette entier d'un cachalot. On y remarque : le squelette de Solyman-el-Hhaleby, assassin de Kléber ; ceux de Bébé, nain célèbre du roi de Pologne ; de la Vénus Hottentote ; de Rita-Christina, enfant à deux têtes, née à Sessari (Sardaigne), le 18 mars 1829 ; etc., etc. — Une salle est consacrée à l'étude des différentes races humaines ; une autre, à la myologie, etc. N'oublions pas de mentionner la fameuse collection crânologique du docteur Gall, où l'on voit les crânes du général Wurmser, de l'abbé Gauthier, de Papavoine, de Cartouche, etc.

Le **Cabinet de botanique** renferme plus de 500,000 échantillons, de magnifiques herbiers, une collection de champignons moulés en cire, unique en Europe, etc., etc.

Le **Cabinet de géologie et de minéralogie** dont les vitrines contiennent plus de 200,000 échantillons. Remarquer la curieuse collection d'aérolithes, qui vient d'être enrichie d'un échantillon énorme rapporté du Mexique.

4° **La Bibliothèque**, de plus de 60,000 volumes. Près de cette dernière, se trouve la maison qu'habita Buffon depuis 1773 jusqu'à sa mort.

*

Jardins des Champs-Elysées. — Voyez l'avenue de ce nom.

*

JARDIN DU LUXEMBOURG, rive g. ; *omnibus :* **AF, AG, F, H, J, B, O, Z.** — Dessiné par Jacques Desbrosses, il est orné de bassins et de nombreuses statues.

Remarquer surtout, à l'E. du palais, la belle *fontaine de Médicis* (Desbrosses) et les *statues des femmes illustres* de la France sur les deux terrasses qui entourent le grand parterre (les noms sont inscrits sur les piédestaux). Au milieu, une large avenue se dirige vers l'*Observatoire*. — Pendant l'hiver de 1867, ce jardin qui s'étendait jusqu'au carrefour de l'Observatoire, et était limité par le boulevard Saint-Michel, a été diminué de 80,000 mètres.

L'*école des Mines* (entrée : V. la liste, p. 6) est enclavée dans la partie Est du Luxembourg. L'on y visite de riches galeries de géologie, de minéralogie, etc., des modèles de grandes usines, etc.

JARDIN DES TUILERIES, rive dr. ; *omnibus :* **AC, AF, C, R.** — (*Ouvert du matin à la nuit*). Rectangle parfait de 28 hectares de superficie. — Dessiné par Le Nôtre, en 1665, dans le genre français en vogue à cette époque.

Le jardin est traversé dans toute sa longueur par la belle allée des orangers que termine la perspective des Champs-Elysées.

A droite et à gauche, massifs de vieux marronniers, habités par de nombreux pigeons ramiers; puis 2 terrasses : l'une, celle du *bord de l'eau,* réservée à l'Empereur; l'autre, celle des *Feuillants,* bordée par la grille de la rue de Rivoli, et finissant à la *petite Provence,* partie du jardin bien exposée au soleil. Remarquez la hauteur du jet d'eau du grand bassin situé près de la place de la Concorde.

Le fameux *marronnier du 20 mars* est situé dans le massif de droite, près de la grande avenue. — Plus bas, se tiennent les *concerts,* l'été de 5 à 6 h. du soir. (*Prix des chaises* 25 c.; *aux autres heures,* 0,10 et 0,20 c. — *Lecture d'un journal* 0,05 c.).

Le jardin réservé, près du Palais, est ouvert au public en l'absence de l'Empereur.

Parmi les nombreuses statues disséminées dans le jardin des Tuileries, nous citerons : *Le Rémouleur,* bronze de Keller, d'après l'antique. — *Le Faune joueur de flûte,* par Coysevox. — Une Vénus, une *Nymphe* et un *Chasseur* par Coustou. — *Spartacus,* œuvre admirable de Foyatier.

Près des bassins : Thémistocle, Caton, Phidias, Périclès, etc. — Antinoüs, l'Apollon du Belvédère, la Vénus de Médicis, le Laocoon, *Cadmus enlacé par le serpent,* par Dupaty. — Phaéton devenant arbre (Marsy). *La mort de Lucrèce* (Lepautre). — Apollon et Daphné. — Atalante, par Coustou. — *Enée portant Anchise.* — *Le soldat de Marathon* (Cortot). — Près de la rue de Rivoli on voit un très-bel *Hercule* en bronze de Bosio. — Un Prométhée de Pradier. — Deux lions de Barye sont représentés couchés à l'entrée de la terrasse du bord de l'eau.

Sous les massifs, les petites statues de Castor et Pollux, d'Hercule adolescent et du Faune à la chèvre ont une véritable valeur.— *Le Silène,* de Coustou, est remarquable, ainsi que l'*Hiver* et l'*Automne,* de Slœdtz.

Auprès du grand bassin, 4 superbes groupes représentent les fleuves et les rivières et leurs attributs : Le *Tibre.* — Le *Rhin et la Moselle* (Van Cleve). — Le *Nil* par Bourdot, et le *Rhône et la Saône* par Coustou.

Enfin Coysevox a sculpté les 2 groupes équestres de la grille de sortie (*Mercure* et la *Renommée*).

PARCS

Parc des BUTTES CHAUMONT, rive dr., à la Villette (des gardes-cicéroni le font visiter). — Omnib. **AC, M, N,** et chemin de fer de ceinture.

Il est établi sur l'ancien emplacement du gibet de Montfaucon et de la voirie de Paris. La bataille de Paris fut livrée sur ces hauteurs, en 1814.

Des briqueteries, de grandes exploitations de terre glaise et d'immenses carrières à plâtre (celle d'*Amérique* avait 1,200 m. de profondeur) déchirèrent affreusement le sol et en firent un quartier désert et dangereux. C'est en 1865-1867 que ces buttes furent transformées : on utilisa les différences de niveau qui existaient et, par d'immenses travaux de terrassement (on coupa des collines entières) on créa un parc unique en son genre, dont le point culminant s'élève à pic à 69 m. au-dessus des parties basses!

Le lac, que domine une *grande aiguille* rocheuse complétement isolée, est la curiosité principale de la région inférieure, avec la *grotte* d'où sortent en *cascade* les eaux d'une rivière souterraine factice. — Un léger pont en fil de fer, permet de monter sur le *grand rocher* dont la pointe est surmontée d'une copie du temple de la Sibylle de Tivoli. Le *grand pont*, qui réunit le rocher à la terrasse, a été construit en terre-plein et le sol a été ensuite fouillé au-dessous jusqu'au niveau des eaux du lac; la hardiesse de sa construction est remarquable, surtout vue d'en bas.

Du *point de vue*, mamelon établi de main d'homme, on découvre la perspective de Paris; de la *terrasse*, on embrasse l'ensemble du parc, dont les belles plantations n'occupent pas moins de 220,000 m. de terrain, sillonnés par de nombreuses avenues accidentées.

Le boulevard de Puébla cotoie le parc au sud et le met en communication directe avec Belleville et Charonne; le chemin de fer de ceinture le traverse au nord, soit en tunnel, soit à ciel ouvert. La station de la Villette est voisine.

Parc de Montsouris, sur les hauteurs de Montrouge et les pentes de la vallée de la Bièvre. — Omnib. **AG** et chemin de fer de ceinture. — Son étendue (18 hect.) en fera l'une des promenades les plus suivies de la rive gauche de Paris, lorsque les arbres donneront l'ombrage nécessaire.

Parc de Monceaux, rive dr. — Omnib. **AB**, **AF**, **D**, **H**. — Les principales entrées sont situées boulevard Malesherbes et avenue de la Reine-Hortense. — Il fut créé en 1778 par Philippe-Egalité qui en fit un lieu de fêtes et de parties fines. Le château n'existe plus. Ce parc, d'une étendue de 87,000 m., est public depuis 1860.

On y remarque surtout la *grotte* garnie de stalactites artificielles, la *rotonde* et la *naumachie*, belle colonnade corinthienne entourant gracieusement une jolie pièce d'eau. Les *grilles d'entrée* sont admirables.

* *

Tour Montmartre ou de Solférino, construite en 1860, au sommet de la Butte-Montmartre, à 129 m. d'altitude. — De la plate-forme de cette tour, élevée de 40 m., et où l'on accède par un escalier de 172 marches, l'œil embrasse une vue splendide sur Paris et la campagne à plus de 20 lieues à la ronde. C'est une propriété particulière, dont le prix d'entrée est fixé à 20 c.

Un café est installé au pied de la tour.

BOIS DE BOULOGNE.

Moyens de transport: Omnib. **A**, **AB**, **C**. — Voitures de Saint-Cloud et de Suresnes. — Chemin de fer d'Auteuil (stations des portes Maillot, Dauphine, Passy, Auteuil et de ceinture).

Ce bois, anciennement connu sous le nom de forêt de Rouvray, a été transformé, depuis 1852, en un immense parc anglais, dont on ne peut visiter les principales curiosités qu'au prix d'un trajet de 10 k. environ.

NOTA. — On trouve presque toujours aux portes des voitures de place. — Suivre exactement notre itinéraire, pour faire le moins de chemin possible.

L'entrée principale est la *porte Dauphine* — à l'extrémité de l'avenue de l'Impératrice — où commence la *route du lac*, qui conduit au **lac inférieur** (pièce d'eau de 11 hect.; — barques de promenade : 1 fr. par personne).

Prenez à g. du lac et après avoir dépassé les deux îles, réunies par un pont rustique, vous arrivez au *rond des cascades*. Suivant encore à g., le long du *lac supérieur* (3 hect. de superficie), on atteint, en quelques minutes, le *rond de la source*, puis le sommet de la *butte Mortemart* (beaux points de vue).

La *mare d'Auteuil* en est à moins de 10 minutes, à l'est.

Regagnez le *rond des cascades*, entre les lacs, et prenez, à g., la *route de la Vierge-des-Berceaux*, qui conduit à la **grande cascade**.

De ce point, l'on embrasse une vue splendide sur l'immense *plaine de Longchamps* et les hauteurs de Suresnes, le mont Valérien, Saint-Cloud, etc. Un pont suspendu, jeté sur la Seine, relie Suresnes au bois de Boulogne. A dr. de la route qui y conduit se trouve la villa Haussmann ; à g. un moulin (reste de l'abbaye de Longchamps), devant lequel passe la *piste des courses*, dont on aperçoit plus loin les tribunes pouvant contenir 5,000 spectateurs. C'est sur cet hippodrome, à la réunion d'été, qu'est couru le grand prix de Paris composé d'un objet d'art donné par l'Empereur, et de 100,000 fr. en espèces.

De la grande cascade, gagnez le **Pré Catelan**, élégant jardin où se donnent souvent des concerts le dimanche en été ; l'entrée, habituellement libre, est alors de 50 c. ou 1 fr. Tout à côté se trouve la *mare aux Biches*, ornée d'une jolie cascade, et près de laquelle passe la belle *avenue de la Reine-Marguerite* que vous tournez à droite. Elle conduit à *Saint-James*, quartier aristocratique tout peuplé de magnifiques villas.

C'est dans cette partie du bois que s'élevait, avant la Révolution, le célèbre château de *Madrid*, remplacé aujourd'hui par un restaurant, fréquenté surtout par les amateurs de parties fines, et près duquel on voit un magnifique arbre séculaire, connu sous le nom de *chêne de François* 1er. — A peu de distance se trouve le *club des Patineurs*, auquel est annexé un *tir aux pigeons*.

Arrivé près de la grille de sortie, prendre à droite et longer la *mare de Saint-James*, charmante pièce d'eau, puis le **Jardin d'acclimatation**, dont on atteint bientôt l'entrée (voy. ci-dessus aux jardins).

En face du Jardin d'acclimatation, s'ouvre une belle allée qui se bifurque et ramène, à droite, à la porte Dauphine, à g., à la *porte Maillot*. Celle-ci donne sur l'avenue de Neuilly, ou de la Grande-Armée, qui fait suite aux Champs-Élysées.

BOIS DE VINCENNES.

Moyens de transport : Omnib. **R, AE.** Voitures de Charenton, et de Nogent. Chemin de fer de Vincennes et chemin de fer de ceinture.

Ce bois, situé à l'est de Paris, occupe un large plateau dont la Marne baigne le pied de deux côtés. Entouré de murailles sous Louis VII, Philippe-Auguste et saint Louis, pour renfermer le gibier qui y abondait, il est limité maintenant, pour la moitié au moins de son périmètre, par le chemin de fer de Vincennes, desservant cinq stations limitrophes du bois : Saint-Mandé, Vincennes, Fontenay, Nogent, Joinville, ce qui donne une extrême facilité de transport.

Vincennes fut déboisé et reboisé à plusieurs reprises, entre autres en 1731 par ordre de Louis XV qui voulait, comme le constate la pyramide de la route de Saint-Maur, « *procurer aux Parisiens des promenades plus agréables.* » De combien n'a pas été dépassé cet essai par les immenses travaux exécutés depuis 1855 pour transformer ce bois en parc anglais, comme le bois de Boulogne !

La superficie primitive de 1,009 hect. a été notablement augmentée en 1865 et 1866 par l'adjonction, du côté de Paris, de vastes terrains attenant aux fortifications. Malheureusement le bois est coupé en deux parties par un *champ de manœuvres*, plaine gazonnée, large de 1 à 3 k., qui s'étend du château de Vincennes à Joinville, où elle se termine par le **point de vue de Gravelle** (sur les vallées de la Seine et de la Marne), le plus beau sans contredit des environs immédiats de Paris. — Près de là, on trouve le *lac de Gravelle*, le *Champ de courses* pour steeple-chases, avec les tribunes, *la Ferme modèle Napoléon*, dans un repli de terrain, et les redoutes de Gravelle et de la Faisanderie.

Dans la partie voisine du château, voyez le *Polygone*, avec les grandes cibles pour l'artillerie, et le *Tir national* contenant 58 cibles, de 100 à 300 m., pour toutes armes à feu.

En 1859, les troupes qui avaient fait les campagnes d'Italie campèrent dans ce champ de manœuvres, jusqu'au moment de leur entrée triomphale dans Paris, le 14 août.

Itinéraire à suivre. — La visite du bois de Vincennes se fait en décrivant un grand cercle que nous conseillons de commencer à la porte de Charenton, pour marcher sur Vincennes et finir au point de vue de Gravelle, où les communications pour le retour à Paris sont faciles par le chemin de fer. On évite ainsi de parcourir les longues routes circulaires tracées derrière le Polygone et dont l'intérêt est fort restreint.

On rencontre successivement :

Dans la partie Ouest : le *grand lac*, vaste bassin poissonneux qui entoure deux îles, auxquelles on accède par deux ponts suspendus. Une rotonde grecque surmonte la *grotte* de stalactites dans laquelle on peut descendre.

Le *lac de Saint-Mandé*, sur la lisière du bois, est alimenté par le ruisseau de Gravelle. C'est un des plus frais et des plus beaux endroits du bois.

De l'autre côté du château et du champ de manœuvres, existent :

Le *lac des Minimes*, d'une superficie de 80,000 m., et alimenté par le ruisseau de Nogent qui forme une petite *cascade*, puis trois îles, dont l'une est occupée par le restaurant de la *Porte Jaune.*

La *maison des Minimes,* ancien couvent de cet ordre au seizième siècle, habitée par le garde général du bois.

Entre Nogent et Joinville, beau point de vue sur le Fond-de-Beauté, le tour de Marne et le *viaduc courbe de Nogent*, hardi travail exécuté par M. Playette, pour la ligne de Mulhouse : 800 m. de long., 56 m. de haut., et 34 arches, dont 4 marinières.

ÉGLISES

ÉGLISES ET CHAPELLES CATHOLIQUES — MONUMENTS RELIGIEUX DES AUTRES CULTES.

—

NOTRE-DAME. — Ile de la Cité. — Omnib. **G, L.** — L'église actuelle date des douzième et treizième siècles; cependant les chapelles et la *porte rouge* ne sont que du quatorzième siècle. De grands travaux de restauration ont été exécutés dans ces dernières années.

La **façade,** un des plus beaux morceaux de l'art gothique en France, est surtout remarquable par sa disposition à trois étages, disposition qui se retrouve également dans les façades latérales et le chœur. Des bas-reliefs représentant divers sujets du Nouveau-Testament décorent les portes en fonte des trois grands portails. Les statues placées dans les niches de la première galerie sont celles des rois de France, depuis Childebert jusqu'à Philippe-Auguste. La *grande rosace,* au-dessus, ne mesure pas moins de 33 m. de circonférence. Remarquer en outre la *corniche* qui couronne l'étage supérieur et la *balustrade* percée à jour qui la surmonte, ainsi que les rosaces des façades nord et sud.

Intérieur: Immenses nefs d'un aspect grandiose; on en compte neuf, soit trois fois plus qu'à la cathédrale de Reims. Un cloître entoure le chœur et une galerie, que décorent 108 colonnettes formées chacune d'une seule pierre, règne tout autour de la nef principale. Cette galerie sert de tribune dans les cérémonies. — Remarquez surtout: l'orgue, de Cliquot; la chaire en cul-de-lampe surmontée d'un baldaquin; les boiseries du chœur (52 stalles hautes; 24 basses); dans le sanctuaire: des anges en bronze (Chevannes), la *Pieta* (Coustou aîné); les statues de Louis XIII et de Louis XIV. — Visiter ensuite les chapelles latérales (il y en a 45) dont quelques-unes sont magnifiques. On y voit les monuments en marbre : du comte d'Harcourt (Pigalle), du cardinal de Belloy (Deseine), de l'archevêque de Paris, Affre.

Dans le croisillon septentrional, une inscription fait connaître le lieu où est déposé le cœur du cardinal de Talleyrand-Périgord.

Le Trésor de Notre-Dame mérite une visite (*s'adresser au suisse. Rétribution : 50 c.*); on y remarque : un tableau (Lafond) représentant *la Mort de Mgr Affre*, tué le 27 juin 1848, à Paris, sur la barricade du faubourg St-Antoine; la *couronne d'épines* rapportée par saint Louis, la croix d'or de l'empereur Manuel Comnène ; une relique de la vraie croix.

Les Tours, hautes de 68 mètres, ne sont pas complétement achevées. Celle du midi renferme 5 cloches, notamment le fameux *bourdon* qui pèse 16,000 kil. et mesure 2 m. 60 de diamètre; le battant seul pèse 488 kilogrammes. — Ne pas manquer de faire l'ascension des tours (369 marches), du haut desquelles le regard embrasse un curieux panorama du centre de Paris (*sonner à la porte de la tour de gauche. 20 c. par personne*). — Remarquer aussi la *nouvelle flèche* entièrement en bois de chêne de Champagne (45 m. de haut, 7 m. de large à la base).

L'Assomption. — rive dr. — A l'angle des rues St-Honoré et du Luxembourg. — Omnib. **D**. — Date de 1676 (Ch. Erardarch) Imitation du Panthéon de Rome. — Dans l'**intérieur**, à la coupole, *Assomption de la Vierge*, par de la Fosse.

Chapelle expiatoire. — Rive dr.; rue d'Anjou-St-Honoré.— Omnib. **B**. – Elevée, en 1820, par ordre de Louis XVIII à la mémoire de Louis XVI et de Marie-Antoinette. Portique d'ordre dorique. — **Intérieur** remarquable; plusieurs groupes en marbre : *Louis XVI, soutenu par un nuage, monte au ciel; Marie-Antoinette et la Religion* (Bosio). — **Caveaux** : Cénotaphes de Louis XVI et de Marie-Antoinette.

Chapelle St-Ferdinand. — Rive dr.; route de la Révolte, 10, Omnib. **C**. — Visible de 10 à 5 h. : rétribution 50 c. — Elevée sur l'emplacement de la maison où mourut le duc d'Orléans, le 13 juillet 1842. Remarq. les vitraux, d'après Ingres, le *tombeau* (Triquetti) et, dans la sacristie, le tableau représentant les derniers moments du prince (Jacquand).

LA MADELEINE. — Rive dr.; place de ce nom; Omnib. **AB**, **AC**, **AF**, **B**, **D**, **E**, **F**, **L**. —Commencée en 1764, terminée après 1830. Présente la forme d'un temple grec. — **Extérieur**. Les colonnes corinthiennes qui entourent l'édifice ont 15 m. de haut. Le fronton, de 38 m. de long, représente le *jugement dernier* (Lemaire). 34 statues de saints dans les niches. Sujets tirés de l'Ancien-Testament (Triquetti) sur les grandes portes en bronze. — **Intérieur**. De belles colonnes corinthiennes supportent la nef. Remarq.: l'orgue et la chaire, style renaissance; la fresque de la coupole, représentant la *Propagation du christianisme* (Ziegler); au maître-autel, l'*Assomption* par Marochetti; les fonts baptismaux (Rude); les chapelles, où l'on voit des statues et des tableaux représentant un épisode de la vie de sainte Madeleine; voir surtout, près de l'orgue, celles où sont deux groupes en marbre : *Mariage de la Vierge* (Rude); *Baptême de J.-C.* (Pradier).

Missions étrangères. — Rive g.; rue du Bac. — Omnib. **X, Y, Z.** — On y voit quelques tableaux remarq. : *J.-C. chassant les marchands du Temple* et *le Lavement des pieds* (Bon Boulongne), l'*Adoration du Christ* (Restout), l'*Adoration des Mages* (Couderc).

Notre-Dame de Lorette. — Rive dr. ; rue de ce nom. — Omnib. **B, H, T.** — Date de 1822. Portique corinthien. Au fronton : *Les anges adorant l'enfance de Jésus* (Nanteuil). — **Intérieur.** Dans l'hémicycle : *Le Couronnement de la Vierge*, peinture sur fond d'or, par Picot. Dans les chapelles, nombreuses peintures remarquables.

Notre-Dame des Victoires. — Rive dr.; place des Petits-Pères. — Omnib. **F, I, N, V.** — Cette église connue également sous le nom de Notre-Dame des Petits-Pères, date de 1740. On y remarque : le tombeau de Lully, quelques tableaux de Vanloo et d'innombrables *ex-voto.*

Saint-Augustin. — Rive dr.; boulevard Malesherbes. — Omnib. **AF.** — Construction récente de Victor Baltard, dans le style ogival du quatorzième siècle. — Remarq. la rose à jour et les statues des apôtres dans la frise. — Le *dôme* a 50 m. de haut.

Sainte-Chapelle. — V. Palais de justice.

Sainte-Clotilde. — Rive g.; rue St-Dominique. — Omnib. **AF, X, Y, Z.** — Commencé en 1846, achevé en 1857, ce monument, pastiche, d'une valeur médiocre, des belles églises du quatorzième siècle, n'a réellement de remarquable, au point de vue architectural, que ses deux tours, dont les flèches s'élèvent à 66 m. — **L'intérieur** est plus riche; on y remarque surtout : les bas-reliefs du chemin de la croix (Duret et Pradier), les belles verrières du chœur et les fresques des chapelles (Delaborde, Picot et Lehmann).

Sainte-Elisabeth. — Rive dr.; rue du Temple. — Omnib. **AD, D.** — En 1628, Marie de Médicis posa la première pierre de cette église qui fut terminée 16 ans après. Les statues de saint Louis et de sainte Eugénie qui décorent la façade, sont de Calmets. — **L'intérieur** renferme d'assez belles peintures dans la coupole et dans les chapelles. On y voit aussi une belle coupe du quinzième siècle, en marbre blanc.

Saint-Etienne-du-Mont. — Rive g.; place Sainte-Geneviève. — Omnib. **AF, J.** — Cette église fut construite au seizième siècle, mais le portail, qu'orne une tour élégante, ne date que de 1610; il a été nouvellement restauré. — **L'intérieur,** des plus remarquables, offre un élégant mélange de renaissance et de gothique. Le *jubé* et ses escaliers, la chaire et plusieurs vitraux, sont de véritables chefs-d'œuvre.

Remarq. en outre: le tombeau de sainte Geneviève, patronne de Paris, et ceux de Pascal et de Racine, ainsi que plusieurs tableaux de mérite.

C'est dans cette église que Mgr Sibour, archevêque de Paris, fut assassiné le 3 janvier 1857, par Verger, prêtre interdit.

Saint-Eugène. — Rive dr.; rue Sainte-Cécile. — Omnib. T, V. — Cette église, construite en 1855, dans un style à part, ressemble au moins autant, quant à l'intérieur, à une salle de concert qu'à un édifice religieux. Elle possède des vitraux qui ne sont pas sans mérite.

Saint-Eustache. — Rive dr.; près des Halles centrales, à l'angle de la rue Montmartre. — Omnib. D, F, J, U. — Présente différents styles, ce qu'expliquent des restaurations successives. Les parties les plus anciennes sont de 1532, tandis que le *grand portail*, composé de deux ordres, dorique et ionique, date de 1788. Cette église possède les plus belles *orgues* de Paris, et une chaire en bois sculpté très-remarquable. Voir en détail les verrières du chœur et de l'abside, dont quelques-unes sont attribuées à Philippe de Champaigne, ainsi que les chapelles décorées de belles fresques (la 12e à droite renferme le *tombeau de Colbert*, par Coysevox).

Sainte Geneviève (PANTHÉON), rive g., place du Panthéon; omnib. AF, J. — Ce monument gréco-romain, commencé par Soufflot, en 1764 et terminé seulement en 1791, fut destiné par la Constituante à perpétuer le souvenir des grands hommes; il devait en recevoir les tombeaux. Rendu au culte, en 1806, puis à sa destination première, en 1830, il a été affecté de nouveau au service divin, en 1851.

Le bas-relief du fronton est de David (d'Angers); il représente *la Patrie entre la Liberté et l'Histoire accordant des palmes aux grands hommes*; à dr. Fénelon, Malesherbes, Mirabeau, Voltaire, Rousseau, La Fayette, Carnot, Manuel, Monge, etc.; à g. Napoléon et les gloires militaires de la France.

La forme générale du monument est celle d'une croix latine; de là, 4 nefs égales décorées de magnifiques colonnes corinthiennes.

Remarquez surtout, **à l'intérieur** : les fresques de la coupole centrale, par Gros (*apothéose de sainte Geneviève*) et celles des chapelles latérales; plusieurs copies des stanzes et des loges qui décorent l'intérieur du Vatican, à Rome; enfin, *la Châsse de sainte Geneviève*.

Descendre dans la **crypte** (*s'adresser au gardien. Rétribution volontaire*) qui présente un effet d'écho très-curieux et renferme une cinquantaine de tombeaux d'hommes célèbres, notamment ceux de Voltaire, Rousseau, Lagrange (mathématicien), Bougainville (navigateur), Soufflot (architecte) du maréchal Lannes, et de plusieurs grands dignitaires de l'Empire. Les restes de Mirabeau et de Marat, après y avoir été déposés, en ont été retirés.

On ne saurait se dispenser de faire l'ascension du **Dôme** (83 m. de haut, 315 marches), d'où l'œil embrasse une des plus belles vues de Paris (*Rétribution*, 20 *cent*).

Saint-Germain des Prés, rive g., place de ce nom; omnib. AF, V. — L'église actuelle date des onzième et douzième siècles. Elle a été restaurée, il y a quelques années, avec une grande magnificence quant à l'intérieur; mais son portail, que surmonte une tour carrée du style roman, a besoin d'être dégagé. — **Intérieur.** Style bysantin et gothique; le *chœur* est de toute beauté. Remarquez les colonnes en marbre du triforium qui faisaient partie de l'Eglise primitive (sixième siècle), les belles peintures polychromes et surtout les admirables fresques de H. Flandrin : *Entrée de J.-C. à Jérusalem*, à g.; *Portement de croix*, à dr.; les *Prophètes*, au-dessus des arcades, et plusieurs autres sujets dans la nef. On y voit, en outre, une statue en marbre de *N.-D. la blanche* offerte. en 1341, par la reine Jeanne d'Evreux à l'abbaye de Saint-Denis; une belle statue en marbre de sainte Marguerite; les tombeaux de Guillaume Douglas, prince d'Ecosse, et de Jacques Douglas; la sépulture de Boileau; enfin, quelques tableaux remarquables : *Le baptême de l'eunuque* (Bertin); *Résurrection de Lazare* (Verdier); *Saint-Germain distribuant des aumônes* (Steuben).

Saint-Germain l'Auxerrois, rive dr., place du Louvre; omnib. **C. I, O, R, S, V.** — Cette église date du septième siècle, mais elle a été restaurée plusieurs fois. **La façade**, plus récente (quinzième et seizième siècles), est remarquable par son beau porche, au sommet duquel se voit la statue de l'*Ange du jugement dernier* (Marochetti). Le portail du transept mérite l'attention. *La tour carrée* renferme un carillon de 38 cloches, — 3 gammes chromatiques plus 2 notes. — C'est de là que partit le signal du massacre de la Saint-Barthélemy. — **L'intérieur** est très riche en boiseries sculptées et en peintures de mérite. On y voit un bénitier en marbre blanc dont le dessin est de madame de Lamartine et la sculpture de Jouffroy. Les verrières des deux roses du transept sont des quinzième et seizième siècles.

Saint-Gervais et saint Protais, rive dr., derrière l'Hôtel de Ville; omnib. **AD, G, L, O, Q, R, S, T, U.** — Eglise des treizième, quatorzième, quinzième siècles. Le portail, de Jacques Desbrosses, présente les trois ordres dorique, ionique et corinthien superposés. C'est un des plus beaux spécimens d'architecture que nous possédions. Les statues qui occupent les niches du bas, sont celles des *saints Protais et Gervais* (Préault). Quant aux groupes de dimensions colossales que l'on voit en haut, ceux de dr. sont de Jouffroy; ceux de g., de Dantan aîné. — **L'intérieur** renferme plusieurs vitraux remarquables de J. Cousin et de Robert Pinaigrier. Au-dessus de la porte du collatéral de gauche se trouve un beau tableau attribué à Valentin, et à gauche, *un Christ en croix*, de A. Préault. Remarquez, en outre, le *tombeau de Scarron* et, à droite de l'abside, le mausolée du chancelier Michel Le Tellier, par Mazeline et Martelle.

Saint Jacques du Haut-Pas, rive g., rue Saint-Jacques, 252; omnib. **AG. J.** — Bâtie au dix-septième siècle, dans le style dorique. A **l'intérieur**, nous signalerons plusieurs beaux tableaux : saint Jérôme, saint Ambroise, saint Augustin et saint Grégoire, par divers élèves de Valentin; l'*Ensevelissement de J.-C.*, de Degorges; la *Foi*, l'*Espérance*, la *Charité* et la *Religion*, par Lesueur; un saint Pierre, de Restout; le *Christ aux enfers*, de Gérard, etc.

Saint-Jean-Saint-François, rive dr., rue Charlot; omnib.

AE, D. — Possède de très-beaux tableaux : *Baptême de J.-C.* (Guérin); *saint Louis visitant les pestiférés* (Ary Scheffer); *saint François d'Assises* (Germain Pilon); *Saint Denis* (Jacques Sarrazin).

Saint-Laurent, rive dr., boulevards de Strasbourg et de Magenta; omnib. **AG, B, L.** — Cette église qui date des quinzième et seizième siècles, a été, en 1865-1867, l'objet de travaux de restauration ayant pour but de mettre son portail sur l'alignement du boulevard Magenta. —**Intérieur.** On y remarque : *Le Martyre de saint Laurent* (Greuze); *saint Laurent au milieu des pauvres* (Trézel) et des vitraux de Galimard. La décoration du chœur est de Blondel.

Saint-Leu, rive dr., rue Saint-Denis, 190; omnib. **AG, D, K.** — Les plus anciennes constructions datent du treizième siècle, mais elles ont été fréquemment restaurées. —**Intérieur**: Possède plusieurs toiles remarquables, entre autres : Dans le collatéral de g., un *saint François de Sales,* de Ph. de Champaigne; *la Femme adultère* et *saint Charles Borromée,* par Delaval. Signalons encore une statue de sainte Geneviève, du dix-septième siècle.

Saint-Louis, île Saint-Louis, rue de ce nom; omnib. **T, Z.** — Sans intérêt comme monument. Cette église renferme deux statues de Bra (saint Pierre et saint Paul) et plusieurs tableaux très-beaux; une Vierge, de Mignard; *les disciples d'Emmaüs* (Coypel); *l'Ascension,* par Perron; *l'Adoration des rois* (Perrin) et *saint Louis recevant le viatique* (Vouët).

Sainte-Marguerite, rive dr., rue Saint-Bernard, 66; omnib. **AE, P.** — Cette église, reconstruite presque entièrement en 1865, est assez riche en œuvres d'art. On y remarque surtout : Derrière le maître-autel, une *Descente de croix,* bas-relief par Le Lorrain et Nourrisson; des grisailles, de Brunetti; et *Adam et Eve,* par Lesueur. Une des chapelles de cette église est curieuse pour son mode d'éclairage par une seule ouverture pratiquée à la voûte.

Saint-Merry, rive dr., rue Saint-Martin, 86; omnib. **AD, L, T.**— L'église actuelle, qui date des quinzième et seizième siècles, est un beau spécimen de l'architecture ogivale; malheureusement, la tour, style renaissance, est un peu lourde. Le portail est fort remarquable par ses ornements du style flamboyant. — **A l'intérieur,** signalons principalement les sculptures du chœur; quelques beaux vitraux, de Pinaigrier; et plusieurs toiles de prix, notamment le *Saint-Merry,* de Vouët; et les deux tableaux de Vanloo : la *Vierge avec l'enfant Jésus* et *saint Borromée.* C'est à Saint-Merry, dans le cloître, qu'eut lieu le combat le plus sanglant du soulèvement de 1832.

Saint-Nicolas des Champs, rive dr., rue Saint-Martin, 270; omnib. **AE, AG, L, T, Y.** — D'une architecture gracieuse. Cette église, qui date du XVe siècle, possède plusieurs beaux tableaux, parmi lesquels nous mentionnerons : Une *Assomption,* de Vouët (retable du maître-autel); le *Martyre de saint Etienne* et *saint Etienne visitant les malades,* de Léon Coignet. L'orgue est de Cliquot. Mademoiselle de Scudéry fut enterrée dans cette église.

Saint-Nicolas-du-Chardonnet, rive g., boulevard Saint-Germain; Omnib. **C, U.**— Edifice assez remarquable, dont le chevet vient d'être entièrement refait. On y voit un grand nombre de tableaux de prix, entre autres : une vierge et le *Christ mort* (Valentin) saint Borromée et les *Miracles de Moïse* (Lebrun); *la Manne*, attribué à Coypel; saint Bernard (Lesueur); *Résurrection de la fille de Jaïre, le Christ au tombeau* (Mignard); *le Baptême de J.-C.* (Corot).

Remarquez en outre, dans la belle chapelle Saint-Charles, le tombeau de Lebrun (Coysevox) et celui de sa mère (Collignon).

Saint-Paul-Saint-Louis, rive dr., rue Saint-Antoine; Omnib. **O, R, S, Z.** — Elle existait déjà au seizième siècle, mais elle fut entièrement reconstruite en 1627. Louis XIII en posa la première pierre et Richelieu, qui subvint entièrement aux frais de la construction du portail, voulut être le premier à y célébrer la messe. On y remarque : de bonnes fresques de Decaisne; *les Evangélistes*; une *sainte Isabelle* attribuée à Ph. de Champaigne; un *J.-C. et les enfants*, fresque de Valbrun; les grisailles du chœur, d'Abel de Pujol; les statues de saint Pierre et de saint Paul par Legendre; enfin les *tombeaux* du grand Condé, d'Henri de Bourbon et de Bourdaloue.

Saint-Philippe du Roule, rive dr., rue du Faub. Saint-Honoré, 154; Omnib. **AB, D, R.** — Date de 1784 et possède quelques belles parties, notamment le *péristyle*, d'ordre dorique, **à l'intérieur** : peinture de l'hémicycle représentant la *Descente de croix* (Chassériau); un *saint Jacques* remarquable, de Degorges.

SAINT-ROCH, rive dr., rue Saint-Honoré 296; Omnib. **D, G, X.** — Louis XIV posa, en 1652, la première pierre de cette église qui ne fut terminée qu'en 1736. Le portail, restauré en 1866, se compose de deux ordonnances (dorique et corinthienne).

L'intérieur de ce vaste monument religieux offre une disposition vraiment remarquable par ses trois chapelles derrière le chœur. Celle de la Vierge est ornée, à la coupole, d'une belle fresque représentant *l'Assomption*. La chaire, dessinée par Chasles, est d'un goût bizarre.

Parmi les tableaux remarquables placés dans cette église, nous citerons surtout : *la Résurrection de la fille de Jaïre* (Delorme); *le Triomphe de Mardochée* (Jouvenet); *Jésus ressuscitant Lazare* et *Jésus bénissant les enfants* (Vien); *J.-C. chassant les marchands du Temple* (Thomas); un saint Sébastien (Belloi); *Vœu à la madone* (Schnetz), etc.; et, parmi les sculptures, sainte Anne et saint Joachim; le *Baptême* de N.-S. (Lemoine); *l'Enfant Jésus dans sa crèche*, groupe de l'autel de la Vierge, etc., etc. — Cette église renferme, en outre : le tombeau du cardinal Dubois (Coustou), celui de Maupertuis et un monument à la mémoire de Pierre Corneille.

Saint-Séverin, rive g., rue des Prêtres Saint-Séverin; Omnib. **AG, K, L, Z.** — Edifice gothique dont quelques parties remontent au douzième siècle. Le portail est celui qui ornait autrefois l'église de Saint-Pierre aux Bœufs (treizième siècle). L'intérieur présente une nef centrale élégante et hardie. Dans les chapelles, de beaux vitraux. Remarq. : dans la chapelle de *N. D. des Sept-Douleurs* un très-beau groupe sculpté et, dans la chapelle Saint-Jean, de superbes fresques, par Flandrin.

ST-SULPICE, rive g., place de ce nom; Omnib. **AF**, **E**, **L**, **O**, **Z**. — L'église actuelle, commencée en 1646, sur les dessins de Gamard, ne fut terminée qu'en 1746 par Servandoni, à qui on doit toute la façade principale. Celle-ci présente deux portiques (dorique et ionique) superposés, au-dessus desquels s'élèvent les tours, d'un bel effet, mais malheureusement dissemblables, grâce aux démarches de l'archevêque de Paris qui tenait à ce que l'église métropolitaine (Notre-Dame) fût seule à posséder deux tours symétriques.

L'intérieur est d'un aspect grandiose avec ses ornements d'une imposante sévérité. De magnifiques bas-reliefs en bronze couvrent le maître-autel; la chaire, du dix-huitième siècle, offre un excellent groupe sculpté (*la charité entourée d'enfants*). De belles statues en pierres (Anges et Apôtres), par Tonnerre, ornent le chœur et le transept. Les **Orgues**, œuvre de Cliquot, ont été presque entièrement reconstruites par M. Cavailhé-Coll, et possèdent actuellement 5 claviers, 1 pédalier, 118 registres, 20 pédales de combinaison et près de 7,000 tuyaux; c'est un des plus beaux jeux connus.

Comme curiosités, signalons les *bénitiers* de l'entrée principale, énormes coquillages donnés par la république de Venise à François Ier; le méridien en cuivre et la colonne indiquant juste le Nord, et parmi les œuvres d'art : les peintures de la chapelle de la Vierge, par Vanloo (*L'Assomption* de la coupole est de Lemoine) ainsi que les fresques de plusieurs chapelles de droite : *un Moribond recevant les secours de la religion* et *le Purgatoire*, par Hein; *saint Roch priant pour les pestiférés*, sa mort, son apothéose (Abel de Pujol); vie de saint Maurice (Vinchon); *saint Paul annonçant la Résurrection* et *la Conversion* de ce même saint, par Drolling; puis, quelques autres peintures, de Delacroix.

Voir, en outre, *les tombeaux* des curés Pierre et Lenglet et, dans la *chapelle souterraine*, les belles statues de saint Paul et saint Jean, par Pradier.

Saint-Thomas-d'Aquin, rive g., place du même nom; Omnib. **AD**, **AF**, **X**, **Y**, **Z**. — Cette église, construite au dix-septième et au dix-huitième siècle, dans le style florentin, n'offre d'intérêt qu'à l'intérieur. On y voit quelques bonnes peintures : *Glorification de J.-C.* (Lemaire); *Descente de croix* (Guillemot), *Saint Thomas apaisant l'orage* (A. Scheffer); *le Christ au Jardin des Oliviers* (Bertin). Citons encore les fresques du chœur, par Blondel.

La Trinité, rive dr., rue Saint-Lazare; Omnib. **AC**, **B**, **G**, **H**. — Bâtie en 1865-1866, par M. Ballu. La façade, conçue dans le style de la Renaissance, se compose d'un grand porche surmonté d'un étage (percé d'une rosace) et d'un élégant clocher, de 56 m. de haut. Sur le second plan, le mur pignon est couronné d'une balustrade à jour et de deux tourelles dans lesquelles sont logés les escaliers qui conduisent aux tribunes et aux parties supérieures du monument. La décoration intérieure, confiée à d'habiles artistes, est aussi très-remarquable.

SAINT-VINCENT-DE-PAUL, rive dr., place Lafayette;

Omnib. **A-C, B, V.**—Elevée de 1823 à 1844 par MM. Lepère et Hittorff, cette église est surtout remarquable par la magnificence de ses peintures murales. Toutefois, **l'extérieur** ne manque pas d'un certain mérite. On y accède par un superbe perron, avec belles rampes précédant un élégant péristyle à colonnes ioniennes. Le fronton représente l'*apothéose de saint Vincent de Paul.* Entre les tours, malheureusement trop lourdes, se trouvent les statues des 4 évangélistes.

A l'intérieur, qui est richement décoré, les colonnes et les murailles sont revêtues d'une couche de stuc, imitant le marbre, partout où la pierre ne disparaît pas sous de belles fresques ou des boiseries sculptées. La nef principale a son plafond couvert de riches sculptures et d'incrustations. Les 8 chapelles latérales, ainsi que celle de la Vierge, ont toutes de superbes vitraux dus à MM. Maréchal et Gugnon. Un *calvaire,* de Rude, orne le maître-autel. Mais ce que nous devons signaler par-dessus tout à l'attention des visiteurs, ce sont les admirables *fresques de la nef* (au-dessus des colonnes), chefs-d'œuvre de Flandrin et Picot; ces fresques représentent *les Apôtres* et des *scènes du Nouveau-Testament.*

SORBONNE, rive dr., place de ce nom ; Omnib. **AF, AG, J, K.** — Construite au dix-septième siècle par Richelieu ; le style dorique y domine. Le *dôme* ne manque pas de hardiesse. — A **l'intérieur** la coupole est recouverte de fresques de Ph. de Champaigne, et l'on remarque surtout, dans le chœur, le *tombeau du cardinal de Richelieu* exécuté par Girardon, en 1694, sur les dessins de Lebrun : la Religion, la Science et 2 génies. — En 1793 ce tombeau fut violé, le cercueil fondu pour faire des balles et la tête de Richelieu dérobée par un garde national qui, inquiété peu de temps après par le Comité de salut public, la donna à M. Armez. Le 15 décembre 1866, M. Duruy, ministre de l'instruction publique, la remit à Mgr Darboy et ce triste débris fut solennellement restitué au tombeau ; il y avait 204 ans, jour pour jour, que le cardinal avait été inhumé à la Sorbonne. De 1801 à 1815 le mausolée avait été transféré au musée national.

Les bâtiments avoisinant l'église sont ceux de l'Université.

Val-de-Grâce (église du). — Voyez *Hôpitaux.*

Parmi les **autres églises** du culte catholique nous citerons celles qui suivent comme offrant encore un peu d'intérêt pour l'étranger :

Saint-Ambroise, rue Popincourt.

Saint-Antoine, rue de Charenton. — C'est la chapelle de l'hospice des Quinze-Vingts.

Saint-Denis du Saint-Sacrement, rue de Turenne ; peintures murales.

Saint-François-Xavier, boulevard des Invalides.

Saint-Jean-Baptiste, rue de Paris à Belleville. — Style du dix-septième siècle. Flèches et sculptures extérieures d'une belle exécution.

Saint-Louis-d'Antin, rue Caumartin. Style grec.

Saint-Médard, rue Mouffetard.

Notre-Dame de Bonne-Nouvelle, rue de la Lune. Belles fresques.

Notre-Dame de l'Abbaye-aux-Bois, rue de Sèvres. Une madone.

*
* *

Nous citerons encore :

L'église arménienne (culte oriental catholique), rue de Monsieur, 12 ; — ouverte tous les jours aux étrangers.

Et, pour le rit grec :

L'église russe, rive dr., rue de la Croix-du-Roule (visible en semaine avec le gardien ; les Russes seuls entrent le dimanche et pendant l'office). Omnib. **AB, AF, C, D, M.** — Construite en 1860-1861 par des Russes et par souscription (1,200,000 fr.). Style byzantino-moscovite ; présente la forme d'une croix grecque, avec 5 coupoles dorées. L'*intérieur* est divisé en 3 parties affectées aux cérémonies d'entrée, aux fidèles et aux prêtres.

*
* *

Parmi les édifices religieux des cultes non catholiques, nous mentionnerons :

Temples protestants : *Oratoire*, rue Saint-Honoré, 157. Service en français, le dimanche, à 11 h. 1/2, et en anglais, à 3 h. — *Eglise des Carmes*, rue des Billettes, 18. Service, le dimanche, à midi, en français, et à 2 h., en allemand. — *Eglise épiscopale*, rue d'Aguesseau, 5. Service en anglais, le dimanche, à 11 h., 1/2, 3 h. 1/2 et 4 h. 1/2 (Tableau d'Annibal Carrache).

Synagogue juive, rive dr., rue Notre-Dame de Nazareth. Omnib. **AD, D, E, N.** — Voyez le porche, les vitraux et le tabernacle.

PALAIS

TUILERIES — LOUVRE — PALAIS-ROYAL — ÉLYSÉE — LUXEMBOURG
CHAMBRE DES DÉPUTÉS — CONSEIL D'ÉTAT
LÉGION D'HONNEUR — INSTITUT — BEAUX-ARTS.

PALAIS DES TUILERIES, rive dr., place du Carrousel. Omnib. **AC, D, R, X, Y.** Résidence du souverain. — (Entrée : V. la liste p. 3. *Ne peut être visité d'ailleurs que pendant l'absence de la Cour. Dans ce cas, le drapeau est enlevé du dôme*).

Son nom lui vient des fabriques de tuiles qui se trouvaient autrefois dans ce lieu et que François Ier acquit avec le jardin, en 1518, du seigneur de Neuville, par l'échange de son château royal de Chanteloup, près d'Arpajon. Ce palais se compose : d'un pavillon, dit *de l'Horloge;* de deux galeries à droite et à gauche, terminées chacune par un pavillon : celui *de Marsan*, sur la rue de Rivoli ; celui *de Flore* sur le quai.

Commencé en 1564, sous Catherine de Médicis, par Philibert Delorme, il a été successivement agrandi et relié au Louvre. L'aile du Nord date de Louis XIV ; celle qui longe la rue de Rivoli, du règne de Napoléon Ier. De grands travaux y sont actuellement en cours d'exécution. Le pavillon de Flore vient d'être entièrement reconstruit et l'on achève en ce moment la galerie qui le relie au pavillon Lesdiguières et au Louvre.

Intérieur. — Entrée par le pavillon de l'Horloge.

Au rez-de-chaussée, à gauche, se trouvent les grands appartements ; à droite, une salle des Gardes, dont l'escalier conduit à la *chapelle.* — Restaurée sous Napoléon Ier, cette chapelle n'offre guère de remarquable que son plafond, peint par Gérard, et représentant l'entrée de Henri IV à Paris. — On arrive ensuite à l'ancienne salle du conseil d'Etat, puis au *théâtre*, que décorent les bustes de Racine, de Molière et de Voltaire. — Vient après la *salle des Maréchaux*, dans le pavillon de l'Horloge, où elle occupe deux étages : nombreux portraits de maréchaux, et bustes de généraux. Les cariatides de la tribune sont copiées sur celles de Jean Goujon au Louvre. — On pénètre ensuite dans la *salle des Gardes*, décorée de grisailles, puis dans le *salon de la Paix* (statue colossale de la Paix, par Chaudet ;— au plafond, le *char d'Apollon*, par Nicolas Loir), et, enfin, dans la *salle du Trône*, toute tendue de tapisseries des Gobelins ; remarquer la richesse du lustre et les peintures du plafond (*la Religion protégeant la France*) par Flemmaël. — On continue la visite par la *salle du Conseil*, richement décorée, la *Galerie de Diane*, dont le plafond est orné de copies de *la Farnésine*, par les élèves de l'école française à Rome, et les *appartements particuliers*. Ceux de l'Impératrice sont décorés par M. Faustin-Besson, dans le style de Boucher.

(Pour le jardin, voir aux jardins et promenades.)

*

PALAIS DU LOUVRE, rive. dr., *omnib.* **AC, D, I, O, R, S, V, Y.** — On voit l'intérieur en visitant les musées (*V. aux musées.*)

Le Louvre était, sous les premiers rois de France, une sombre forteresse que Philippe-Auguste reconstruisit pour en faire une résidence royale. Plus tard, Charles V, qui s'y plaisait beaucoup, l'agrandit considérablement.

Quant au Louvre actuel, palais et non plus forteresse, il fut commencé par ordre de François 1er, sur les dessins de Pierre Lescot, puis continué sous Catherine de Médicis, Henri IV, Louis XIII et Louis XIV. Napoléon 1er en ordonna la restauration complète, en 1805 ; mais les événements l'empêchèrent de réaliser ses projets. Les travaux restés stationnaires sous la Restauration et le Gouvernement de Juillet, furent repris en 1852, par ordre de Napoléon III et terminés dans l'espace de 5 ans, sous la direction de MM. Visconti et Lefuel. Ils ont coûté 75 millions.

L'inauguration des nouveaux bâtiments, qui relient le Louvre aux Tuileries, eut lieu le 14 août 1857.

La principale façade du palais est celle de **la Colonnade**, vis-à-vis Saint-Germain l'Auxerrois. C'est le chef-d'œuvre de Perrault: 52 colonnes et piliers de l'ordre corinthien supportent un fronton orné d'un bas-relief représentant Minerve élevant le buste de Louis XIV sur un piédestal, pendant que l'histoire écrit cette dédicace : *Ludovico Magno.* De chaque côté du guichet de la colonnade se trouvent deux parterres, qui se prolongent en retour d'équerre le long des côtés nord et sud du Palais; celui de gauche est connu sous le nom de *Jardin de l'Infante.*

Côté de la Seine : On y voit d'abord une belle galerie ornée de charmantes sculptures; remarquer principalement celles des croisées, par Prieur. Vient ensuite le bâtiment construit par Catherine de Médicis (rez-de-chaussée) et par Henri IV (premier étage), dont les restaurations récentes sont de Duban. Voyez la belle *Renommée* qui occupe le tympan du fronton, par Cavelier. Plus à gauche, s'étend, le long du quai, la belle *galerie*, dite *du bord de l'eau,* ornée de sculptures par Duban.

Côté de la rue de Rivoli : Cette partie du palais se compose de constructions d'un style sévère, par Levau et Lemercier. Là où cesse le parterre, commencent les nouvelles galeries qui font communiquer, de ce côté, le Louvre et les Tuileries. Sur l'entablement avec balustrade se voient les statues des généraux de l'Empire.

En franchissant le guichet de la Colonnade, on pénètre dans la magnifique **cour intérieure**, qui dessine un carré parfait, et dont les façades sont richement ornées de sculptures et de statues, par Ponce. En 1866-1867, on a exécuté dans cette cour des fouilles qui mirent à jour (dans l'angle sud-ouest) les fondations de l'antique forteresse et du vieux donjon qu'habitèrent Charles V et plusieurs de ses successeurs. Du côté opposé à la Colonnade, s'élève le *pavillon de l'Horloge* ou *de Sully*, couronné par un dôme que soutiennent des cariatides. Cette partie date presque entièrement du règne de Louis XIII. Par le guichet de l'Horloge on arrive directement sur la **Place Napoléon III**, ornée de deux squares. Les bâtiments qui l'entourent forment le **nouveau Louvre**. Ils se composent de six pavillons, d'un aspect imposant et que décorent 63 groupes allégoriques, de dimensions colossales, représentant les Sciences, les Arts, l'Agriculture, le Commerce, etc. Tout autour règne une rangée d'arcades corinthiennes, supportant 86 statues des hommes célèbres de la France. Quelques critiques ont trouvé exagéré le luxe décoratif de ce palais; constatons seulement qu'il est d'une richesse d'ornementation sans rivale au monde, et qui se remarque jusque dans les plombs de la toiture.

L'aile du sud (côté de la Seine) renferme le manège et les *Ecuries de l'Empereur,* dont l'entrée est sur le quai ; des logements pour les officiers de la couronne, etc.

L'aile du nord (qui se relie aux bâtiments donnant sur la rue de Rivoli) renferme le *Ministère de la Maison de l'Empereur* et la **Bibliothèque du Louvre**, dont l'élégant *vestibule* s'ouvre également sur la place du Palais-Royal, en formant passage.

A l'ouest de la Place Napoléon III s'étend l'immense place du Carrousel.

Musées du Louvre (voy. au chapitre *Musées* — et à la liste des entrées, p. 3).

*
* *

PALAIS-ROYAL, rive dr. — Place de ce nom, en face le Louvre. — Omnib. **AC, D, I, Q, R, S, V, Y.** Construit en 1635, par le cardinal de Richelieu, il porta d'abord le nom de Palais-Cardinal. En mourant, le puissant ministre le donna à Louis XIII. Plus tard Louis XIV en fit présent, comme cadeau de noces, à son frère Louis d'Orléans.

Les trois galeries qui entourent le jardin à l'Est, à l'Ouest et au Nord, ainsi que le **Théâtre-Français**, y attenant, datent de Philippe-Egalité. La galerie au Sud du jardin, dite *galerie d'Orléans*, ne fut construite qu'en 1829.

Le palais que précède une belle cour d'honneur, fermée par un portique, se compose : d'un corps de bâtiment, orné de colonnes et de statues, et de deux pavillons qui s'avancent vers la rue. — Au nord, on trouve une seconde cour, limitée par la galerie d'Orléans ; à dr. et à g. une galerie, formant portique, soutient des terrasses de niveau avec le premier étage du bâtiment principal.

A l'**intérieur**, qui ne répond pas à la beauté extérieure, on remarque toutefois : le *Grand escalier*, avec très-belle rampe en fer ; la *galerie des fêtes*, ornée de colonnes en marbre ; les *salles des aides de camp*, de *réception*, etc.

Ce palais sert aujourd'hui de résidence au prince Napoléon.

Le **Jardin**, planté de tilleuls, est orné de parterres renfermant plusieurs statues sans grande valeur. — Pelouse nord : *Jeune homme se mettant au bain* (Esparcieux) ; *Enfant jouant avec une chèvre* (Lemaire) ; *Apollon du Belvédère* (copie en bronze). — Pelouse sud : *Ulysse* (Bra) ; *Nymphe blessée par un serpent* (Nanteuil) ; *Diane à la biche* (copie en bronze). — Le fameux canon du Palais-Royal y fait explosion à midi, lorsque le soleil le permet.

*
* *

LE LUXEMBOURG, ou palais du Sénat, rive g. — Entrée : v. la liste, p. 3. — Omnib. **AF, AG, H, J, L, O, Z** ; rue de Tournon. — Elevé par Marie de Médicis, sur les dessins de J. Debrosse en 1615. — Le pavillon central, surmonté d'un dôme, est flanqué de deux galeries avec pavillons aux angles. Dans la **Chapelle**, qui n'a été terminée qu'en 1844, on remarque plusieurs tableaux de Gigoux : *Saint Philippe apôtre, guérissant un malade* ; *saint Louis pardonnant aux révoltés, après le combat de Taillebourg* ; *saint Louis enterrant les morts en Palestine*, le *Mariage de la Vierge* ; sur la grande voûte, *les Evangélistes*, de Vauchelet ; enfin, au maître-autel, l'*adoration des bergers* (Carlo Maratti). — **Salle de réunion**, près de la Chapelle, *Jésus sur la Croix*, la *Vierge sur la Croix*, la *Cène* (Ph. de Champaigne). — **Chambre à coucher de Marie de Médicis** : arabesques dans le style de Rubens.

Au premier étage, les salles ou galeries suivantes : **Salle des Gardes** (ancien oratoire de Marie de Médicis) : statues de Léonidas, de Périclès, d'Aristide, de Solon, de Cicéron, de Cincinnatus. — **Salle des Messagers d'Etat** (chambre à coucher de la Reine) : l'*Espérance*, Jules César et Napoleon Ier (statues en marbre), Achille et Briséis ; au plafond, l'*Aurore* (Jadin). — **Salle Napoléon Ier**. Tableaux : *Entrevue du duc de Guise et du prési-*

dent Achille de Harlay (Vinchon); *le chancelier de l'Hôpital remettant les sceaux à Charles IX* (Cancinade); au plafond, *la Loi*, accompagnée de *la Justice, la Force, la Gloire* et *la Bienfaisance* (Decaisne). — **Salle du Trône** (le Trône date de l'Empire); coupole centrale de la galerie: Apothéose de Napoléon; belles peintures de M. Lehmann.— **Salle des séances** : boiseries sculptées de Klagmann, Triquetti et Elschoët; statue de Charlemagne, par Etex. — Les séances du Sénat ne sont pas publiques.

Voyez la liste des entrées, p. 3, pour la visite du **Musée**. — Pour **Jardin**, voir aux jardins et promenades.

*
* *

Palais du CORPS LÉGISLATIF et **Hôtel de la Présidence**, rive g. — Quai d'Orsay, en face du pont de la Concorde. —Omnib. **AF, AD, Y, Z** (visible tous les jours de 8 h. du matin à 5 h. du soir, hors le temps des séances — s'adresser au concierge — pourboire).

Ancienne propriété des princes de Condé. — Péristyle corinthien et bas-relief représentant: la *France* entourée de *la Politique*, des *Arts*, de *la Science* et de *l'Industrie*. Les statues placées au bas de l'escalier sont celles de Sully, Colbert, l'Hôpital et d'Aguesseau. — **Salle des séances** : Colonnes ioniques en marbre; dans les niches: statues de *la Liberté* et de *l'Ordre* (Pradier), de *la Raison*, de *la Justice*, de *la Prudence* et de *l'Eloquence*, par Desprez, Allier, etc.—**Salle Casimir Périer** : *la Loi vengeresse* et *la Loi protectrice*, bas-relief de Triquetti; statues de Mirabeau, de Bailly, de Casimir Périer et du général Foy. — **Salle du Trône**, peintures d'Eug. Delacroix.— **Salle des Distributions** : Au plafond la Loi Salique, les Capitulaires de Charlemagne, l'Edit de Nantes, la Charte de 1830 (Ab. de Pujol). — **Salle des Conférences** : au plafond, peintures par Heim. — **Bibliothèque** : 80,000 volumes; dans le vestibule, statues de Démosthènes et de Cicéron; peintures de Delacroix.

L'Hôtel de la Présidence est rue de l'Université, 128. — Style de la Renaissance. — Voir le groupe d'enfants dans le vestibule.

(On n'est admis aux séances du Corps Législatif que sur la présentation d'une carte délivrée par les députés ou les questeurs. — S'adresser au secrétariat).

*
* *

Palais du CONSEIL D'ÉTAT et de la Cour des Comptes, rive g. — Quai d'Orsay, au coin de la rue de Bellechasse. L'entrée d'honneur est rue de Lille, 62. — Omn. **X, Y** — (visible tous les jours de 10 h. à 2 h. — S'adresser au concierge — pourboire). — Date de 1835; la **façade** présente deux ordres d'architecture (toscan et ionique) superposés. Au **rez-de-chaussée** se voit une belle statue de Tronchet. A l'**intérieur** visiter: la **Salle des Pas-Perdus** : à la voûte les *quatre âges de la vie* (Gendron); — la **Salle du Comité de commerce** : vue du port de Marseille (Isabey); — la **Salle du Grand conseil**, etc.

Le conseil d'Etat est composé d'un président, trois vice-présidents, quarante-cinq conseillers d'Etat, quarante maîtres des requêtes et quarante auditeurs, touchant 1,958,000 fr. de traitement. En outre, quatre-vingt-treize employés reçoivent 251,000 fr.

La Cour des comptes est formée de cent huit magistrats, dix auditeurs, quarante-cinq greffiers et trente-six agents secondaires.

***

Palais de L'ÉLYSÉE, rive dr. — Faubourg Saint-Honoré. Omnib. **AB, B, D, R**. — Ce palais, qui date de 1718, a été restauré en 1855. A droite et à gauche des grilles d'entrée sont groupées de belles colonnes corinthiennes. Derrière, dans toute la longueur de l'avenue de Marigny, s'étend un superbe jardin qui se termine en cercle du côté des Champs-Elysées.

***

Palais de la LÉGION D'HONNEUR, rive g.—Quai d'Orsay et rue de Lille. — Omnib. **X, Y**. — Construit en 1786, sur les dessins de Rousseau. Le bâtiment principal est précédé d'un portique corinthien (rien de curieux).

D'après les statuts de l'ordre de la Légion d'honneur, le nombre des Grand'croix était primitivement de 80 ; des Grands officiers, 170; des Commandeurs, 400 ; des Officiers, 2,000 ; mais ces chiffres sont aujourd'hui de beaucoup dépassés. Quant aux chevaliers, dont le nombre est illimité, il en existe actuellement plus de 65,000.

En outre des pensions payées aux légionnaires, l'ordre élève avec ses revenus (11,000,000 fr.) 850 jeunes filles, enfants de légionnaires : 450 à Saint-Denis, 400 à Ecouen et aux Loges.

***

Palais de l'INSTITUT, rive g. — Quai Conti. — Omnib. **V**. —Ancien collége des Quatre-Nations, élevé d'après le testament du cardinal Mazarin. C'est un édifice assez lourd, qui n'offre rien de remarquable. — Dans la **Salle des séances** se voient les statues de Bossuet et de Descartes (Pajou), de Fénelon (Lecomte) et de Sully (Mouchy).

La **Bibliothèque Mazarine**, dépendant de ce Palais, renferme environ 150,000 volumes.

L'Institut de France, créé en 1795, se compose de cinq académies : 1° Académie Française ; 2° Académie des Inscriptions et Belles-Lettres ; 3° Académie des Sciences ; 4° Académie des Beaux-Arts ; 5° Académie des Sciences morales et politiques. Chaque académie est composée de quarante académiciens, sauf celle des sciences qui en a soixante-six. Les grandes séances annuelles sont publiques (pour les billets, s'adresser au secrétariat). Les séances hebdomadaires de l'Académie des Sciences (lundis, à 3 h.) sont également publiques.

***

Palais des BEAUX-ARTS, rive g.—Rue Bonaparte, 14, et quai Malaquais (entrée : v. la liste, p. 3). —Omnib. **L, V**. — Ecole de sculpture, gravure, peinture et architecture. Des concours y ont lieu tous les ans pour obtenir le *grand prix*, qui confère au lauréat le titre de pensionnaire de l'Académie de France à Rome, pendant 5 ans.

Le palais ne date que de 1838. Il est construit sur l'emplacement d'un couvent de Petits-Augustins. — **Cour de la rue Bona-**

parte : Voir le célèbre portail du château d'Anet, chef-d'œuvre de Jean Goujon et de Ph. Delorme ; au milieu de la cour, colonne corinthienne en marbre surmontée d'une Abondance en bronze ; au fond de la **première cour**, la façade du château de Gaillon, transportée ici pierre à pierre. — **Deuxième cour**, fragments divers de sculptures et d'architecture. Remarquer la façade de l'Ecole (Duban) dans le style du dix-neuvième siècle. — Le rez-de-chaussée renferme des copies d'antiques, par les élèves de l'école de Rome.— **Cour intérieure**, même style que la grande façade, — A l'est, médaillons sur fond d'or (Raphaël et Michel-Ange). —

Amphithéâtre, construit en hémicycle : peinture à la cire très-remarquable représentant les maîtres de toutes les écoles et de toutes les époques, réunis autour d'Ictinus et de Phidias (P. Delaroche). — **Galerie des prix** : curieuse collection des toiles qui ont obtenu les grands prix de Rome depuis la fin du siècle dernier.

Sur le quai Malaquais se trouve la **Galerie d'Exposition** *annuelle* pour les concurrents au prix de Rome (ouverte au public en septembre).

MUSÉES

MUSÉE DU LOUVRE.—DU LUXEMBOURG.—D'ARTILLERIE.—DE CLUNY ET DES THERMES. — MUNICIPAL.
CONSERVATOIRE DES ARTS ET MÉTIERS, ETC.

MUSÉES DU LOUVRE, dans l'ancien et le nouveau Louvre. (Ouverts au public de midi à 4 h., tous les jours, lundi excepté). — **Entrées** : sous le pavillon de l'Horloge (connu aussi sous le nom de *pavillon de Sully*) et par la Colonnade. — Omnib. **A, C, D, I, Q, R, S, V, Y.**

Ces musées, au nombre de 16, tous artistiques ou archéologiques, renferment des collections d'une valeur incalculable. Pour donner une idée de leur importance, il suffira de dire que le seul musée de peinture compte actuellement 2,000 tableaux, dont 500 des écoles d'Italie, 620 des écoles du Nord, 700 français, 25 de l'école espagnole, le reste de diverses écoles.

Il est à regretter que chacune de ces collections n'occupe pas un local complétement distinct, auquel on puisse arriver sans traverser d'abord quelqu'autre musée. Les translations assez fréquentes dont plusieurs sont l'objet, viennent encore augmenter les difficultés pour les visiteurs. En raison de leur disposition actuelle, voici l'itinéraire que nous conseillons de suivre :

En entrant par le pavillon de Sully, on laisse à g. la **Salle des Cariatides** (v. plus loin, au *Musée des antiques*). Monter l'*Escalier de Henri II*, puis traverser la grande salle du musée Napoléon III (antiquités étrusques) et la *Salle d'Henri II.*

On atteint ensuite le **Musée de peinture,** dont la première salle (**Salle des sept cheminées**) renferme les principaux chefs-d'œuvre de l'école française moderne.

Voir surtout :

148. — Léonidas aux Thermopyles. (DAVID.)
149. — Enlèvement des Sabines. (id.)
236. — Psyché recevant le premier baiser de l'amour. (GÉRARD.)
242. — Le radeau de la *Méduse*. (GÉRICAULT.)
250. — Scène du déluge. (GIRODET.)
274. — Bonaparte visitant les pestiférés à Jaffa. (GROS.)
277. — Retour de Marcus-Sextus. (P. GUÉRIN.)
459. — La Justice et la Vengeance poursuivant le Crime. (PRUDHON.)

Au delà d'un *vestibule* circulaire, pavé d'une belle mosaïque, commence la **galerie d'Apollon** : grille remarquable, beaux plafonds (celui du milieu représente *Apollon vainqueur du serpent Python*. par Eug. Delacroix), tapisseries des Gobelins. Riche collection d'émaux, de bijoux, etc., dans les vitrines.

A l'extrémité, à droite, s'ouvre le **salon carré,** renfermant les chefs-d'œuvre des plus illustres maîtres de toutes les écoles. — Citons surtout :

28. — Le sommeil d'Antiope. (CORRÉGE.)
48. — La résurrection de Lazare. (GUERCHIN.)
121. — La femme hydropique. (GÉRARD DOW.)
142d — Portrait de Charles 1er. (VAN DICK.)
208. — Portrait d'Erasme. (HOLBEIN.)
301. — La descente de croix. (JOUVENET.)
349. — Suzanne au bain. (LE TINTORET.)
370. — Le maître d'école. (VAN OSTADE.)
377. — Sainte Famille. — (RAPHAEL.)
410. — Le ménage du menuisier. (REMBRANDT.)
442. — La Vierge et l'enfant. (LE PÉRUGIN.)
464. — Le Couronnement d'épines. (TITIEN.)
563. — L'Adoration des bergers. (RIBERA.)

Dans le salon carré s'ouvre la **grande galerie**, qui s'étend parallèlement à la Seine. Là, sont réunis les tableaux anciens des diverses écoles. A droite, à l'entrée, la *galerie de l'Ecole italienne*, et, un peu plus loin, la *salle des Etats*. Revenu salle des sept cheminées, on pénètre, par une des deux portes à gauche, dans diverses salles faisant partie du :

Musée Napoléon III (bronzes antiques, sculptures, bijoux, poteries de l'ancienne collection Campana, peintures modernes, etc.). Plusieurs plafonds remarquables, surtout : 2e salle, *Bataille d'Ivry* (STEUBEN); 8e salle : *Louis XII proclamé Père du peuple* (DROLLING); 9e salle : l'*Expédition d'Egypte* (COGNIET).

Ici commence le **Musée égyptien** : Armes, vases, statues, dont les plus grandes pièces sont exposées au rez-de-chaussée ; puis on arrive au :

Musée des antiquités grecques et étrusques, où sont réunies quelques productions de l'art grec primitif, et de nombreux spécimens de ces magnifiques vases en terre cuite peinte et vernissée, dits *vases étrusques*.

Le long de la Colonnade, sur la cour, se trouve :

Le **Musée des souverains**, curieuse collection de livres, armes, meubles, vêtements, etc., ayant appartenu aux souverains de France, depuis Childéric Ier, jusqu'à Louis-Philippe. Dans les deux premières salles : armes des rois de France, de François Ier à Louis XIV. Dans la 3e salle : chapelle de l'ordre du Saint-Esprit, fondé par Henri III. Dans la 4e salle : objets de toutes sortes ayant servi aux souverains.

Vient ensuite le **salon de l'Empereur**, qui renferme de nombreux objets ayant appartenu à Napoléon Ier : au milieu, statue de *Napoléon à l'âge de 15 ans* (Louis Rochet) ; puis, on trouve, à droite, un petit escalier qui conduit (deuxième étage) au :

Musée de la Marine, comprenant :

Le **Musée Naval** : modèles de bâtiments, de machines, d'ancres, etc., etc.

Et le **Musée ethnographique** : collection nombreuse d'armes indiennes, de pagodes, de pirogues, etc., etc.

Au delà de cet escalier, on arrive au :

Musée de la Renaissance ou *Musée Sauvageot* : ivoires, bois sculptés, terres cuites, verreries de Venise, œuvres de Bernard Palissy, etc.

Le **Musée des dessins** vient ensuite. Il renferme 35,544 dessins de toutes les écoles.

Au delà, on traverse l'ancienne *chapelle du Louvre*, aujourd'hui **Salle des bronzes antiques**, et l'on arrive à l'escalier d'entrée.

Visiter alors au **rez-de-chaussée** :

Le **Musée des antiques.** La première salle est celle **des Cariatides**, où Catherine de Médicis tenait sa cour, et que Charles IX, Henri III et Henri IV ont habitée à peu près telle qu'on la voit aujourd'hui. — Remarquez : la *tribune*, supportée par quatre cariatides; plusieurs *bas-reliefs* de Jean Goujon ; la *porte d'entrée*, dont les bas-reliefs sont d'André Riccio, et la belle *cheminée* qui fait face à cette porte.

Les pièces les plus remarquables de ce musée, sont la *Vénus de Milo*, magnifique spécimen de l'art grec ; la *Diane chasseresse*, le *Gladiateur combattant* et une *Vénus genitrix*.

Le **Musée de Sculpture moderne français** (à gauche

du pavillon de Sully), où l'on admire de nombreux chefs-d'œuvre de Puget, Coysevox, Coustou, etc.

Les entrées par la colonnade (pavillon central) donnent accès :

A droite, au **Musée des Antiquités assyriennes** qui renferme des monuments très-précieux de l'antique civilisation de Ninive et de Babylone : sculptures colossales, bas-reliefs, mosaïques, tombeaux, inscriptions en écriture *cunéiforme*, etc.

A gauche, au **Musée algérien**, qui renferme plusieurs antiquités remarquables (entre autres, une belle mosaïque représentant *Neptune et Amphitrite*), et qui communique à droite avec :

Le **Musée des Antiquités égyptiennes** : sphinx, sarcophages, bustes, etc., dont on a déjà vu une partie au 1er étage.

Dans la cour du Louvre (côté méridional), est l'entrée du :

Musée de la Renaissance *et de sculpture au moyen âge*, où l'on voit de magnifiques morceaux de Jean Goujon, des deux Anguier, de Jean de Douai et de Michel Combe, dont les salles portent les noms.

Enfin, se trouve également au rez-de-chaussée, le **Musée des Gravures** ou de *Chalcographie*, fondé en 1660, par Louis XIV; depuis 1848 surtout, ce musée s'est enrichi d'acquisitions fort importantes. Son catalogue contient aujourd'hui 4,609 articles.

***

MUSÉE DU LUXEMBOURG, au **Palais du Luxembourg** (Midi à 4 heures tous les jours, excepté le lundi). — Omnibus **AF, AG, H, J, L, O, Z.**

Ce musée, d'une incontestable valeur, est réservé aux chefs-d'œuvre officiels de l'art contemporain. *Entrée* par le jardin, près de la grille de la rue de Vaugirard. Il occupe une *grande galerie*, dont les plafonds, de Jordaens, représentent les signes du zodiaque, et quelques autres salles.

On remarque surtout :

PARMI LES TABLEAUX :

6. — Scène d'incendie. (*Antigna.*)
8. — Les Exilés de Tibère. (*Barrias.*)
9. — La Fortune et le jeune enfant. (*Baudry.*)
11. — La Sortie de l'église. (*Beaume.*)
13. — Un jour de revue sous l'Empire (1810). (*Bellangé.*)
19. — Labourage nivernais. (*Rosa Bonheur.*)
20. — La Fenaison en Auvergne. (*Rosa Bonheur.*)
22. — Philomèle et Progné (*Bougrot.*)
26. — La Benédiction des blés. (*Breton.*)
27. — Le Rappel des glaneuses. (*Breton.*)
38. — Henri III et le duc de Guise. (*Comte.*)
42. — La Mort de César. (*Court.*)
43. — Les Romains de la décadence. (*Couture.*)
47. — Le Printemps. (*Daubigny.*)
50. — Lucrèce portée sur la place publique de Collatie. (*Debay.*)

54. — Dante et Virgile, conduits par Plégias, traversent le lac qui entoure la ville infernale de Dité. (*Eug. Delacroix.*)
55. — Scène des Massacres de Scio. (*Eug. Delacroix.*)
59. — Les Enfants d'Edouard. (*Delaroche.*)
60. — Vase d'améthyste. (*Desgoffe.*)
64. — La Naissance d'Henri IV. (*Devéria.*)
77. — Chasse au faucon en Algérie. (*Fromentin.*)
86. — Coup de vent dans la rade d'Alger. (*Gudin.*)
88. — La Mal'aria. (*Hébert.*)
89. — Le Baiser de Judas. (*Id.*)
99. — Triomphe de Pisani. (*Hesse.*)
103. — Roger délivrant Angélique. (*Ingres.*)
106. — Embarquement de Ruyter et de William de Witt. (*Isabey.*)
142. — Appel des dernières victimes de la Terreur. (*Müller.*)
151. — Colloque de Poissy. (*Robert Fleury.*)
152. — Jeane Shore. (*Robert Fleury.*)
163. — Notre-Dame-des-Roses. (*Saint-Jean.*)
165. — La Récolte. (*Saint-Jean.*)
167. — Les femmes Souliotes. (*Ary Scheffer.*)
174. — La femme adultère. (*Signol.*)
180. — Défense de Paris en 1814. (*Horace Vernet.*)
182. — Raphaël au Vatican. (*Horace Vernet.*)
252. — Portrait de Napoléon III. (*H. Flandrin.*)
261. — L'Empereur à Solférino. (*Meissonnier.*)
292. — L'Empereur entouré de son état-major. (*Meissonnier.*)

***

PARMI LES DESSINS, PASTELS, etc.

193. Réfectoire de moines grecs. (*Bida.*)
294. — L'appel du soir en Crimée. (*Bida.*)
201. — Cartons d'après lesquels ont été exécutés les vitraux des chapelles de Dreux et St-Ferdinand. (*Ingres.*)
301. — Cinq études pour les peintures de St-Germain-des-Prés. (*Flandrin.*)

***

PARMI LES SCULPTURES:

209. — Un jaguar dévorant un lièvre. (*Barye.*)
216. — Jeune pêcheur dansant la tarentelle. (*Duret.*)
217. — Vendangeur improvisant sur un sujet comique. (*Duret.*)
226. — Jeune fille confiant son premier secret à Vénus. (*Jouffroy.*)

***

MUSÉE D'ARTILLERIE, rive g., place Saint-Thomas-d'Aquin. Omnib. **AD, AF, Y.** — (Entrée: V. la liste p. 3.) Il renferme la plus curieuse et la plus complète des collections d'armes offensives et défensives qui existent en Europe. On y voit depuis la simple hache en silex des premiers âges du monde jusqu'au canon rayé et au fusil à aiguille. Créé en 1794, avec les armes anciennes trouvées à la Bastille, il possède aujourd'hui près de 8,000 modèles d'armes.

Le vestibule, ainsi que les quatre galeries du cloître de l'ancien couvent des Jacobins où est installé le musée, est décoré de bouches à feu appartenant à toutes les nations et à toutes les époques. — Remarquer : les pièces de canon provenant d'Alger, de Saint-Jean-d'Ulloa et de la campagne de Chine (1860) ; la chaîne garnie de 50 carcans, prise aux Marocains, à la bataille d'Isly, et qui était destinée aux prisonniers français; enfin, la chaîne, dite *du Danube*, dont les Turcs se servirent au siége de Vienne pour consolider leur pont de bateaux. Elle mesure 180 mètres de long, et pèse 3,580 kilog.

Dans la cour sont plusieurs canons en fer et des ancres d'une dimension gigantesque prises à Sébastopol.

Sous la voûte à droite, remarquer un *ribaudequin* chinois provenant de la campagne de 1860.

Le palier renferme, outre plusieurs fusils de rempart, quelques modèles de bouches à feu se chargeant par la culasse et des portières en câbles, pour embrasures de canons, venant de Sébastopol.

A g., est la **salle Solférino** qui contient : des machines de guerre (modèles réduits) employées dans les temps anciens ; le modèle du pont construit sur le Rhin par César (modèle exécuté d'après les renseignements fournis par les *Commentaires*); les divers systèmes d'armes successivement adoptés en France et à l'étranger; une machine explosible sous-marine russe ; des armes chinoises et japonaises, ainsi que l'habit de guerre et les armes de l'empereur de la Chine, pris au palais d'été, à Pékin, en 1861.

A l'extrémité de cette galerie s'ouvre, à g., une salle réservée aux armes des temps antérieurs au neuvième siècle. On y remarque : des armes de l'*âge de pierre*, puis de l'*âge de bronze*, et provenant des habitations lacustres; des armes gauloises, étrusques, grecques, romaines, franques. Ces dernières ont été reconstruites d'après les pièces originales; ce sont : le bouclier, l'*angon*, la *framée*, l'épée, le *scramasaxe* et la *francisque*. — Voyez encore de nombreuses armes des peuples sauvages contemporains. — Autour de la salle sont exposées de belles armures des seizième et dix-septième siècles.

Au premier étage :

La **salle des armures** (collection très-curieuse), où nous signalerons surtout aux visiteurs : des armes italiennes du quatorzième siècle, finement ciselées; le casque du connétable Anne de Montmorency; l'armure donnée par la ville de Nancy au duc de Bourgogne, petit-fils de Louis XIV; les clefs de la ville de Mexico (campagne de 1863), etc., etc.

Une galerie adossée à celle des armures (**gal. de Fontenoy**) est consacrée aux armes blanches et aux armes d'hast. Une des vitrines contient quelques bâtons de maréchaux. — Enfin, trois autres galeries, correspondant à celles du cloître, sont consacrées aux armes à feu portatives. Ce sont :

La **galerie de Constantine**, où l'on voit depuis le mousquet à mèche, jusqu'aux *revolvers* les plus compliqués.

La **galerie d'Austerlitz**, qui contient de nombreux modèles de fusils et quelques armes blanches, entre autres l'épée du roi Murat, et celle qui fut donnée à Barras, quand il prit le commandement de l'armée de Paris.

La **galerie de Marengo** renfermant la collection des arbalètes. A l'entrée, on remarque le fauteuil dans lequel fut tué, à la bataille de Rocroy, le comte de Fuentès, général espagnol.

*

CONSERVATOIRE DES ARTS-ET-MÉTIERS, rive dr., rue Saint-Martin, 292, en face le square. Omnib. **AE, AG, D, L, T, Y.** (Entrée : V. la liste p. 3).

Collection très-intéressante de machines et de documents de toute nature relatifs aux arts industriels. De nombreux cours (dessin et sciences) y sont professés gratuitement. Le grand amphithéâtre est très-vaste.

Les bâtiments sont les restes du célèbre prieuré de Saint-Martin des Champs, fondé au onzième siècle par le roi Henri Ier. — La **chapelle** (cour d'entrée à dr.) est du beau style des douzième et treizième siècles. — Elle sert de galerie d'essai pour les machines mises en mouvement, sur la demande des industriels, et qui peuvent présenter de l'intérêt. — On y entre par les galeries. — L'ancien *réfectoire* (treizième siècle) aujourd'hui **bibliothèque,** est d'un bel effet, par les fenêtres ogivales et les dimensions de la nef; les peintures représentent l'*Art*, la *Peinture*, le *Dessin*, la *Physique* et la *Chimie*.

On pénètre dans les galeries par le perron moderne élevé de 22 marches. Le triple escalier intérieur est de l'effet le plus grandiose; voir les statues de *Vaucanson* et d'*Olivier de Serres* et une curieuse *horloge* de Detouches.

Nous signalons à l'attention des visiteurs, en commençant par les galeries du **rez-de-chaussée** :

La *salle de l'Echo*, d'une construction telle que toute parole prononcée dans un angle, en faisant face au mur, est entendue distinctement dans l'angle opposé. On y voit un beau steamer de la Ce des Messageries impériales.

Salles de gauche. — Remarquer: la vitrine des mesures étrangères; la balance en usage à la Monnaie pour le triage des pièces de poids inexact; notre système planétaire et de beaux télescopes.

Salles de droite. — Collections de graphytes; le métier inventé par Vaucanson (1745) pour remplacer les métiers à la tire; un métier indien de construction primitive; un métier circulaire pour chaînes, mailles, boucles, etc. Dans la salle des produits agricoles : un moulin hollandais, une curieuse collection de mâchoires pour reconnaître l'âge des animaux, etc.

Enfin, visiter les machines en mouvement dans l'église.

Galeries du 1er étage. — Elles sont formées des longues galeries du centre de l'édifice, augmentées aux extrémités de 2 ailes formant retour sur le jardin.

Dans la *grande galerie des machines motrices*, voyez la machine dite de Watt, celle d'un bateau à vapeur, celle à fabriquer des roues de voitures, un grand gazomètre, des moulins à vent et à eau, etc.

Dans la petite *salle des tours et des outils à guillocher*, on voit le tour de Louis XVI (Mercklein).

La *galerie* des *chemins de fer* contient un beau spécimen de matériel entier, et de magnifiques dessins au lavis. Dans les autres galeries, voir : sept panneaux formant une curieuse collection de 120 nœuds de cordages différents; des pièces d'étude variées; des essais de mouvement perpétuel, etc.

Continuant votre visite, vous trouverez: dans la *salle de physique*, de grands électro-moteurs des électro-phores, la machine électro-magnétique de Ruhmkorff, des piles et batteries électriques, une glace brisée par le tremblement de terre de la Guadeloupe, plusieurs fusils à vent.

Dans les dernières salles : la célèbre *Coupe du travail* en porcelaine de Sèvres représentant, en ronde-bosse, *les Arts et les Métiers*; une petite machine complète à fabriquer le papier et une presse mécanique américaine à dix rouleaux.

N'oubliez pas surtout de visiter la petite *galerie d'optique*, où l'on voit sous deux aspects différents, la physionomie et le mouvement des rues Vaucauson et Ferdinand-Berthoud : à dr. c'est la *chambre noire*, dont les images se produisent sur une table ; à g. c'est la *chambre claire* où l'on aperçoit les objets de la rue directement et avec leurs couleurs.

*

HOTEL ET MUSÉE DE CLUNY, rive g.—Rue des Mathurins-Saint-Jacques, au coin du boulevard Saint-Michel (entrée: v. la liste, p. 5). — Omn. **AF**, **AG**, **J**, **K**, **Z**.

L'HOTEL DE CLUNY fut construit au XVe siècle par les abbés de Cluny dans le style gothique le plus pur. Il appartint toujours à l'ordre de Cluny, bien qu'il ait été fréquemment habité par des rois et des reines de France. Marie d'Angleterre, veuve de Louis XII, y passa son deuil assez galamment, dit la chronique: François Ier l'ayant surprise en tête à tête avec le duc de Suffolk, les fit unir, séance tenante, par un cardinal qui l'accompagnait. La chambre de cette reine, voisine de la Chapelle, porte le nom de *Chambre de la reine Blanche*, d'après la couleur du deuil des reines de France.

La **façade** de l'hôtel est remarquable par la pureté des lignes et la beauté des sculptures, surtout dans la galerie à jour, les lucarnes ornées de tympans et la tourelle à pans coupés.

La porte d'entrée sur la rue (beau style gothique) est surmontée de créneaux.

La **chapelle** (que l'on visite avec le musée) est des plus remarquables par son magnifique plafond formé de 16 grandes nervures émergeant d'un pilier central. L'*escalier à jour*, qui conduit à une *salle basse*, est très-beau.

MUSÉE DE CLUNY. Ce musée eut pour origine une collection formée en 1833, par M. Dusommerard, conseiller maître à la cour des comptes, et qui fut achetée avec l'hôtel par l'Etat (1843), à la mort de cet archéologue. Parmi les nombreuses curiosités de ce musée nous appelons l'attention sur les objets suivants et principalement sur ceux marqués d'un astérisque:

Sculpture.

104* — *Ariadne abandonnée,* marbre du seizième siècle représentant Diane de Poitiers.
106* — *Le sommeil,* marbre, seizième siècle.
206. — Façade de Saint-Ouen de Rouen.
209. — Retable flamand (*adoration des Mages*), sous Louis XII.
324 à 383* — 60 figurines en bois des rois de France, de Clovis à Louis XIII (dix-septième siècle).
399. — Châsse en ivoire de St-Yvet de l'abbaye de Braisne (douzième siècle).
404. — Grande châsse en ivoire avec 51 bas-reliefs (scènes du Testament).
436** — *La vertu châtiant le vice,* par J. de Bologne (seizième siècle).
489. *Résurrection du Christ,* ivoire (dix-septième siècle).
532 et 537. — Banc de réfectoire et banc d'œuvre (quinzième et seizième siècles).
541. — Grand lit du temps de François Ier (*Mars et la Victoire*). Tenture du lit de Pierre de Gondi, évêque de Paris.
558. — Grand dressoir de l'église Saint-Pol-de-Léon (quinzième siècle). Armes de France et de Bretagne.
573.—Grande armoire de l'abbaye de Clairvaux (Henri II).
574 à 580, 587 à 597 et 610. — Meubles des seizième et dix-septième siècles.
1896* — Cheminée par Hugues Lallement (seizième siècle). — *Le Christ à la fontaine.*
1897* — Cheminée par Hugues Lallement (seizième siècle). *Diane surprise par Actéon.*
1898. — Cheminée (seizième siècle).
1951. — *Les trois Parques,* marbre blanc (seizième siècle) de Germain Pilon. — (Diane de Poitiers et ses deux filles).
1976* — Escalier du temps de Henri IV, provenant de la Cour des Comptes.
1991. — Olifant en ivoire (dix-septième siècle).
1997* — Bureau du maréchal de Créquy (dix-septième siècle).
2624. — Cheminée du seizième siècle.
2806, 2807 et 2808. Boiseries religieuses du quinzième siècle.
2809.— Grand retable de l'église de Champdeuil (Seine-et-Marne). — Quinzième siècle.

Peintures et vitraux.

720. — *L'incrédulité de saint Thomas* (sur soie) — 1460.
722* — *Marie Madeleine à Marseille* (quinzième siècle), par le roi René de Provence).
725. — *Sacre de Louis XII,* sur bois (quinzième siècle).
759. — *Vénus et l'Amour,* portrait de Diane de Poitiers, par le Primatice (quinzième siècle).
829 à 832. — Légende de saint Lié (seizième siècle).
852.— Vitrail de Palissy (château d'Ecouen).—Armes de Montmorency.
917. — *La Pentecôte,* vitrail suisse. — 1681.
2855 et 2856. — Peinture sur enduit découverte à Pompéi.

Dans une vitrine, deux petits portraits d'une grande valeur :
* Bernard de Palissy (le seul portrait connu).
* Christophe Colomb.

Emaux.

934 et 935. — Plaques venant de l'abbaye de Grandmont (douzième siècle).

936 et 937* — *Les Vierges sages et les Vierges folles* (douzième siècle).

950 à 957. — Châsses en cuivre doré (Limoges ; treizième siècle).

958 à 991. — Email de Limoges du treizième siècle.

1000 à 1008. — Grandes plaques ovales en émail de Limoges, (1559) exécutées pour la décoration extérieure du château de Madrid (bois de Boulogne).

2091 et 2092.— Châsses de sainte Fausta (trésor de Segry), douzième siècle.

Faïences et verreries.

1148 à 1151. — Faïences de Luca della Robbia (quinzième siècle).

1155 à 1199. — Faïences italiennes et de Faënza (seizième et dix-septième siècles).

1200 à 1233*. — Faïences de Palissy et de son école.

2034 à 2036. — *La Tempérance, l'Adoration, la Foi,* de Robbia (quinzième siècle).

2341* — Miroir de Florence (seizième siècle).

La grande étagère' de faïences imitant des légumes, des animaux et des mets divers (quinzième siècle).

Orfèvrerie. — Bijouterie. — Ciselure.

1366 à 1372. — Plat (*Adam et Eve*), pot, assiettes en étain seizième siècle).

3103** — *Torquès gaulois* en or massif, d'une pièce, sans soudure, trouvé à Cessons, près de Rennes.

3104 à 3112** — *Trésor gaulois* en or massif, 7 bracelets et 2 bagues trouvés à Saint-Marc-le-Blanc, près de Rennes.

3113 à 3121** — *Trésor de Garrazar*, trouvé récemment près Tolède (Espagne); 9 couronnes en or massif et pierres précieuses remontant aux rois Goths du septième siècle. — Ces couronnes ont été sans doute enfouies au huitième siècle lors de l'invasion de l'empire des Goths par les Arabes. — Collection unique.

3122** — *Autel en or* donné au onzième siècle par Henry, empereur d'Allemagne, à la cathédrale de Bâle.

3123* — *La rose d'or* (trésor de Bâle), quatorzième siècle. — Curieux travail, 25 feuilles, 3 roses, 2 boutons.

3124 à 3127 — Châsses en argent (quinzième siècle).

3130, 3131 et 3132. — Crosses d'abbés (quatorzième, quinzième et seizième siècles).

3138. — Nef mécanique.— *Charles-Quint est assis.*

Armes.

1419* — Bouclier italien en bois sculpté (seizième siècle).

1422. — Armure italienne (sous Henri III).

1423. — Armure en fer poli du temps de Louis XIII.

1424. — Armures d'enfant.

1460 et 1461. — Grandes épées suisses (seizième siècle).

TAPISSERIES.

1692 à 1701. — *Histoire de David et de Bethsabée.* — Tapisserie de Flandre sous Louis XII.

2418 à 2421. — *Les travaux et les plaisirs des champs* (Téniers).

3318*. — Bonnet que Charles-Quint mettait sous sa couronne.

OBJETS DIVERS.

1827 à 1829*. — Quenouilles et fuseaux de mariage (seizième siècle).

1879. — Ceinture de chasteté.

2518 à 2532. — Médaillons en cire (seizième siècle).

2552 à 2558. — Instruments de musique, sous Louis XIII.

2619. — Grande sphère céleste italienne en bronze gravé (1502).

La partie inférieure de la *mâchoire de Molière* est placée sur un coussin de velours exposé sous un globe.

VOITURES**.

Dans une galerie spéciale sont : 4 grandes voitures de gala des dix-septième et dix-huitième siècles, ornées de peintures et de dorures; une plus petite; 3 traineaux et 2 chaises à porteur, dont la première fut celle de Marie-Antoinette.

*

PALAIS DES THERMES ET MUSÉE GALLO-ROMAIN. — (Entrée par le musée de Cluny, dont il est une annexe. — Mêmes jours et mêmes heures).

Ce beau palais est le monument le plus ancien de Paris; il fut construit au commencement du quatrième siècle par les Romains alors maîtres de la Gaule; Julien y fut proclamé empereur en 363; plus tard, les premiers rois de France résidèrent dans ce palais qui, en 1340, devint la propriété des religieux de Cluny.

Le bâtiment des Thermes, seul, reste aujourd'hui. La grande salle carrée, haute de 18 m., longue de 20, large de 11,50, était le *frigidarium* ou salle des bains froids; à droite, la *piscine* est un peu plus basse. — Sur l'autre paroi de la salle, on voit les niches des baignoires; puis une petite salle retirée. Le *tepidarium* ou salle des bains chauds avec les fourneaux, est tout près du boulevard Saint-Michel, à l'extrémité du jardinet.

Vous remarquerez parmi les objets du musée :

PALAIS.

Dans la salle des Thermes :

1941. — Colonnes en marbre antique et, devant, les chapiteaux du temple de Jupiter; antérieurs au christianisme et trouvés sous le chœur de Notre-Dame-de-Paris.

1947. — Tombe d'un chevalier français mort à Chypre.

2692. — Statue de l'empereur Julien (quatrième siècle).

Devant le palais :

16. — Fragments en grès de la voie romaine du Petit-Pont.

3344. — Tombeau celtique découvert à La Varenne, près Paris.

JARDIN.

2587. — Porche des bénédictins d'Argenteuil : 3 arcades, style roman.

2589. — Porte et poterne du collége de Bayeux, situé à Paris, rue de la Harpe.

2591*. — Porte monumentale du cloître Saint-Benoît à Paris, rue St-Jacques (14e siècle).

2614. — Colonne de l'église collégiale de Cluny (13e siècle).

2587 à 2621. — Restes d'architecture du moyen âge provenant d'églises et de couvents de Paris et des environs.

3729. — *La Foi*, en plomb fondu (moderne).

3732. — Croix russe en fer de Saint-Wladimir de Sébastopol, enlevée en 1855 sous le feu de l'ennemi.

*

MUSÉE MUNICIPAL, rive dr., rue Culture-Sainte-Catherine, 23. — (Omn. **F**, **R**, **S**, **Z**. — La ville de Paris a fait, au mois de février 1867, l'acquisition de l'hôtel Carnavalet (œuvre de Pierre Lescot, de Bulland et de Jean Goujon, restaurée par Mansard, résidence de Mme de Sévigné) pour y installer le musée archéologique et historique de Paris, comprenant quatre âges bien distincts :

Ages *anté-historiques* : débris d'animaux disparus, armes en silex, dolmens, etc.

Période *gallo-romaine:* nombreux ustensiles, bijoux, tombes, etc.; plan de la citadelle romaine et du théâtre romain de la rive gauche de Paris, etc.

Moyen âge, *Renaissance* et jusqu'à 1789: plans, dessins, gravures, médailles, tableaux, modèles en relief, etc., rappelant les divers aspects de Paris, les édifices publics, les maisons particulières, les costumes des Parisiens, les coutumes et les cérémonies. — Salle spéciale pour les corporations et métiers avec les chefs-d'œuvre exécutés par les ouvriers pour passer maîtres.

Epoque contemporaine: médailles commémoratives, statues, modèles et projets de toute nature.

*

Tour de Bourgogne rive dr., rue de Turbigo. — Omn. **D**, **F**, **J**, **V**. — Comme le palais des Thermes et les objets de curiosité du musée Municipal, ce monument est un souvenir intéressant du vieux Paris.

C'est un reste de l'ancien *Hôtel de Bourgogne* construit au commencement du quinzième siècle, par Jean-sans-Peur, hôtel sur l'emplacement duquel furent tracées plus tard les rues Mauconseil, Pavée-Saint-Sauveur, etc., récemment démolies pour la création de la rue de Turbigo et d'un petit square destiné à isoler la tour. Celle-ci, haute de 20 mètres environ, est de forme quadrangulaire. Plusieurs baies ogivales s'étagent sur ses deux façades larges de 10 mètres, et sur ses deux côtés, qui ont chacun la moitié de cette largeur. De robustes mâchicoulis servent de couronnement.

*

Les **autres musées** et collections sont des annexes de différents établissements publics et de curiosités que l'on visite en même temps, et dont nous n'avons pas dû les séparer. (Voir à la table.)

MONUMENTS CIVILS ET ÉTABLISSEMENTS PUBLICS

BOURSE. — BANQUE — MONNAIE.
IMPRIMERIE ET MANUFACTURES IMPÉRIALES.

—

La **Bourse**, rive dr., place de ce nom et rue Vivienne. — Omnib. **AB, AF, F, H, J, V.**— Date de 1827 (Brongniart et Labarre). Présente la forme d'un temple grec. — Péristyle corinthien, formant une galerie autour de l'édifice. — Sur le perron, en face la rue Vivienne, 2 statues (la *Justice consulaire* et le *Commerce*); et sur la rue Notre-Dame-des-Victoires, deux autres statues (l'Agriculture et l'Industrie. — **Intérieur**. Immense salle, 32 mètres sur 18, avec de très-belles grisailles au plafond (*allégories de l'Industrie et du Commerce*, par MM. A. de Pujol et Meynier). Au centre, *la corbeille*, espace entouré d'une grille où se tiennent les agents de change. Au premier et au second : galeries. — La Bourse est ouverte tous les jours non fériés, de 1 à 5 h. (le grand mouvement a lieu de 1 à 3 h.) ; les dames ne sont admises que dans les galeries.

Banque de France, rive dr., rue de la Vrillière (Entrée libre de 9 à 5 heures.) — Omnib. **F, N, V.** — Ancien hôtel de la Vrillière; date de 1620 (Mansard, arch.). — **Intérieur**. — La galerie dorée est restée telle qu'elle fut dessinée par Mansard. Les valeurs (argent monnayé, lingots, etc.) sont déposées dans des caves qui peuvent être inondées.

MONNAIE, rive dr. (Entrée : v. la liste, p. 3). — Omnib. **I, O, V.** — Date de 1775 (J. D. Antoine, arch.).

Façade principale : avant-corps orné de colonnes ioniques; sur l'attique, la *Loi*, la *Prudence*, la *Force*, le *Commerce*, l'*Abondance* et la *Paix* (statues par Le Comte, Pigalle et Mouchy). — Vestibule supporté par des colonnes doriques. — Péristyle de la première cour : bustes de Henri II, Louis XIII, Louis XIV et Louis XV.

Façade sur la rue Guénégaud : statues de la *Terre*, de l'*Air*, de l'*Eau* et du *Feu* (Dupré et Caffieri).

Intérieur. — On voit à la Monnaie une collection très-belle de médailles, monnaies, poinçons, outils de monnayage, etc.— Visiter aussi les ateliers (Il faut une autorisation du directeur de l'hôtel).

Un gardien accompagne les visiteurs et leur explique les différentes opérations de la fabrication des pièces.

Le métal est coupé par plaques rectangulaires; rendu malléable, il est laminé, étiré en bandes, de largeur, d'épaisseur et de poids déterminés, dans lesquels, après l'essai voulu, les rondelles de métal sont découpées, puis frappées dans une salle spéciale, à l'aide de machines extrêmement intéressantes. Les pièces sont triées, vérifiées, comptées, pesées, presqu'entièrement à la mécanique.

La Monnaie est administrée par un directeur président de la *Commission des monnaies et médailles;* cette commission examine le titre des métaux, les essaye, surveille la fabrication des monnaies, des médailles de toute nature, des planches de timbres-poste, des cartes à jouer, des billets de banque, etc.

IMPRIMERIE IMPÉRIALE, rive dr. Rue Vieille-du-Temple, 87. — Omnib. **F**, **O**. — (Entrée : v. la liste, p. 3).

Cet établissement, qui occupe 180 employés et 1,000 ouvriers, est chargé de l'impression de tous les documents officiels. Sa collection de caractères étrangers, unique en Europe, lui permet d'imprimer, en outre, les ouvrages scientifiques qui ne pourraient être obtenus de l'industrie privée. Il possède, en effet, 189 types d'écritures anciennes ou étrangères, parmi lesquelles nous citerons: l'Aïno, l'Arabe, l'Arménien, l'Assyrien, le Birman, le Canara, le Chinois, le Cinghalais, l'Estranghélo, le Firakana (Japonais), le Géorgien, l'Hiéroglyphique, le Javanais, l'Ouïgour, le Palmyrénien, le Pehlevi, le Phénicien, le Samaritain, le Sigillographique, etc. Remarquer aussi : dans la **cour d'honneur**, la statue en fonte de Guttemberg; dans la **cour de la fonderie**, un bas-relief attribué à Coustou: *Chevaux à l'abreuvoir*.

NOTA. — Demander au directeur la permission de visiter les ateliers et la Bibliothèque (ancienne chambre à coucher du cardinal de Rohan.

Manufacture des Gobelins et de la Savonnerie. — Rive g. — Rue Mouffetard, 254. — Omnib. **G**, **V**, **P**. — (Entrée : v. la liste, p. 3). — Teinturerie fondée au quinzième siècle par J. Gobelin; transformée en 1668 en manufacture de l'Etat et réunie à la fabrique de tapis fondée par Marie de Médicis. Les tapisseries fabriquées dans cet établissement sont réservées pour la décoration des palais impériaux. — Les tapisseries exposées changent trop souvent pour qu'il soit possible d'en donner ici une liste exacte. Tout le monde connaît la perfection des produits de cet établissement qui fabrique des tapis de *haute lisse* et des tapis dits de *la Savonnerie*, d'une richesse et d'une pureté de couleurs exceptionnelles.

Manufacture de Sèvres. — Dans le bas du parc de Saint-Cloud, depuis le 15 mars 1867. — (Entrée : v. la liste p. 3.)

Cette belle manufacture fut créée par Louis XV, en 1756, pour remplacer une petite fabrique formée à Vincennes, en 1745, par l'intendant des Finances Fulvy; elle resta 111 ans à Sèvres. — Louis XV s'intéressa pour un quart à cette manufacture, qui, depuis, a toujours fait partie de la dotation de la couronne. — Cet établissement a pour objet de maintenir le niveau de la bonne fabrication des produits céramiques et d'en poursuivre les progrès. Ses porcelaines, ses vitraux et ses émaux, dus en grande partie aux pinceaux d'artistes distingués, ont acquis une réputation universelle.

Les *magasins* contiennent de beaux et nombreux échantillons. Le *musée* renferme une magnifique collection de produits de tous les temps et de tous les pays, de nombreux modèles et tout ce qui est relatif à l'histoire et au progrès des diverses méthodes de fabrication.

Manufacture des tabacs. — (Entrée tous les jours.) — Omnib. **A, AD.** Rive g. — Quai d'Orsay, dans d'affreux bâtiments. — Visite intéressante : 1350 femmes, 450 hommes et une centaine d'enfants y sont employés journellement à préparer, sous toutes les formes, des tabacs français et étrangers. La salle des forces motrices qui donnent la vie à la manufacture est très-belle.

MONUMENTS ET ÉTABLISSEMENTS MILITAIRES

CASERNES. — CHAMP-DE-MARS. — FORTIFICATIONS. MONT-VALÉRIEN. — CHATEAU DE VINCENNES.

—

Casernes. — Paris en compte un grand nombre, dont plusieurs très-remarquables par leurs dispositions intérieures. Nous en parlons à l'article des rues ou places sur lesquelles elles se trouvent situées. Mentionnons donc seulement ici l'**Ecole militaire,** la plus considérable de toutes, située devant le Champ de Mars, et spécialement destinée au logement de la garde impériale. Elle peut contenir 5,000 hommes, 1,000 chevaux, et un nombreux matériel d'artillerie. Son nom lui vient d'une école supérieure d'enseignement militaire qu'y avait créé Louis XV en 1751. La partie centrale de la façade est remarquable par son style sobre et sévère. Les constructions des deux ailes extrêmes ne datent que d'une dizaine d'années.

Le **Champ de Mars,** rive g.—Omnib. **A, AC, AD, B, Y, Z.**—Immense rectangle (près de 500,000 m. de superficie) limité à l'O. par la Seine, à l'E. par les bâtiments de l'Ecole militaire. — C'est là qu'ont lieu la plupart des grandes revues et des manœuvres militaires, les fêtes nationales, etc. L'enlèvement du ballon des frères Montgolfier; la fête de la Fédération en 1798; celle de la république en 1848; la distribution des aigles en 1853, la grande revue de départ pour la Crimée, etc., sont autant d'événements qui ont eu le Champ de Mars pour théâtre.

C'est dans le Champ de Mars qu'on a construit les bâtiments de l'*Exposition universelle* de 1867 : Immense rotonde tout en fer, couvrant 146,568 m. de terrain. Un parc, semé de constructions modèles et entourant l'Exposition, a complété la transformation de l'aride Champ de Mars en l'absorbant tout entier. Un embranchement du chemin de fer de ceinture, commençant au pont viaduc d'Auteuil, et établi sur le quai de la Seine, a relié l'Exposition au système général des voies ferrées (v. ch. de fer de ceinture).

Fortifications. — Les fortifications de Paris datent de 1844. Elles ont été construites en 3 ans, et ont occasionné une dépense de 140 millions. Elles comprennent :

L'*enceinte continue*, qui sert de mur d'octroi depuis 1860, et dont le développement total est de 36 kil. Cette enceinte, qui se compose d'un boulevard militaire, d'un rempart, d'un fossé et d'un glacis, ne compte pas moins de 94 *fronts*.

Les *forts détachés*, sont au nombre de 16. Tous renferment des magasins à poudre et des casernes casematées. On peut les visiter en en demandant la permission par écrit au général commandant la place de Paris ; mais, du reste, ils n'ont rien de bien intéressant, à l'exception, toutefois, de ceux de Vincennes et du Mont-Valérien.

Citadelle du Mont-Valérien.—10 k. à l'ouest de Paris, station de Suresnes, sur le ch. de fer de Versailles, rive dr., et voitures de Suresnes. — Bâtie sur l'emplacement d'un ancien calvaire élevé par des ermites au treizième siècle et fréquenté par de nombreux pèlerins jusqu'en 1830, cette citadelle est le seul fort détaché qui, avec Vincennes, mérite réellement une visite, tant par son importance, que par la beauté du paysage que l'on découvre du plateau élevé de 130 mètres au-dessus de la Seine.— 1800 hommes de garnison, d'immenses approvisionnements et 60 bouches à feu mises en batterie, tels sont les moyens de défense de cette place. — Entrée : Billet comme ci-dessus ou du min. de la guerre.

Château de Vincennes, 6 k. à l'est de Paris. — Omnib. **AB**. — Ch. de fer de Vincennes (entrée : v. la liste, p. 3).

Vincennes était connu des Romains sous le nom de *Vilcenna*.— La fondation du premier château remonte à Louis VII ; en 1164, il y établit des religieux de Grandmont remplacés plus tard par des ermites. Philippe-Auguste rebâtit ce manoir en 1183 et fit clore tout le bois de Vincennes pour y conserver le gibier. Philippe de Valois fit raser, au quatorzième siècle tout ce qui existait, pour reconstruire le château actuel qui fut modifié et agrandi à maintes reprises.

Il existait 9 tours ; 8, hautes de 31 mètres, ont été rasées en 1809 pour former les bastions ; celle qui subsiste, mesure 34 mètres et sert de porte d'entrée.

Saint Louis aimait beaucoup le séjour de Vincennes ; c'est là, qu'assis sous un chêne il rendait directement la justice. Avant Louis XI, Vincennes était un lieu « *d'esbattement* » pour les rois de France ; puis, pendant plus de trois siècles, de 1465 à 1784, il servit de prison d'Etat, où furent enfermés tour à tour : Henri IV (alors roi de Navarre), le prince de Condé, Puy-Laurens, le duc de Beaufort, dit le roi des Halles, Fouquet, Latude, captif pendant 45 ans, le comte de Mirabeau et Louis-Antoine-Henri de Bourbon, duc d'Enghien ; ce prince fut fusillé le 21 mars 1804, dans le fossé du côté de l'Esplanade, un peu à droite du pont-levis.

Les prisons ont été transformées en magasins.

Louis X, le Hutin, Philippe V, Charles IV, dit le Bel, Henri V, roi d'Angleterre, Charles IX et Mazarin, moururent à Vincennes. — Charles V y naquit en 1337.

Vincennes fut converti en place forte en 1813, et lors de la construction des fortifications de Paris, il devint forteresse, arsenal et école de tir. Un *polygone* fut établi devant le château, et l'on ajouta au côté est de la vieille enceinte une *citadelle* construite d'après les règles modernes de l'art militaire.

L'intérieur du château est intéressant. On le visite accompagné d'un garde :

La *chapelle* commencée en 1378 par Charles V, ne fut terminée qu'en 1552 par Henri II. Les vitraux représentent des scènes de l'Apocalypse et le *Jugement dernier*, où l'on voit Diane de Poitiers complétement nue. — Le *tombeau du duc d'Enghien* est placé dans une petite salle voisine du chœur.

La *salle d'armes*, au 1er étage contient, outre d'anciens modèles, assez d'armes nouvelles pour équiper 150,000 h.; le gardien en indique les diverses quantités.

Le *donjon*, situé de l'autre côté de la cour, est une tour carrée haute de 52 mètres et flanquée de tourelles aux 4 angles. On voit encore, dans les anciennes cellules, les marques faites par plusieurs prisonniers pendant leur captivité. — Un escalier étroit et sombre donne accès aux cinq étages du donjon et à la plate-forme d'où la vue est étendue.

INSTRUCTION

INSTITUT. — ACADÉMIES. — FACULTÉS. — ÉCOLES SPÉCIALES. — LYCÉES. — COLLÉGES, ETC. — BIBLIOTHÈQUES ET ARCHIVES.

—

L'Institut de France et les *Académies* (V. *Palais de l'Institut*).

L'Université de France a son siége à la *Sorbonne* (place de ce nom, rive g. Omnib. **AF**, **AG**) dont la fondation est due à l'abbé Sorbon, aumônier de saint Louis, en 1250. Ce bâtiment, outre l'église (V. *Eglises*), renferme une *bibliothèque*, riche de 150,000 vol., et plusieurs amphithéâtres (le plus vaste contient 2,000 auditeurs).

Cinq Facultés dépendent, pour Paris, de l'Université dont le contrôle s'étend sur tous les établissements d'instruction de la France. — Ce sont les *Facultés des lettres*, des *sciences* et de *théologie*, dont les cours sont professés à la Sorbonne même; celle de *Droit*, située place du Panthéon, 8 (Omnib. **AF**, **AG**), et celle de *Médecine*, rue de l'Ecole-de-Médecine (Omn. **AF**, **AG**, **K**, **L**, **O**, **Z**). — Les bâtiments de cette école, ornés de sculptures allégoriques (1770 à 1776), occupent trois côtés de la grande cour fermée par une galerie composée d'une double rangée de colonnes doriques: Statue de *Bichat* (dans la cour). — Le *musée Orfila* (dans l'école même) n'est ouvert qu'aux étudiants. — Il en est de même du *musée Dupuytren*, installé à l'*Ecole pratique* de médecine et de chirurgie, rue de l'École-de-Médecine, 15.

Collége de France, rive g., rue des Ecoles. Omnib. **AG, K, Z.** — Spécialement destiné à l'enseignement libre supérieur : Cours de sciences, mais surtout de littérature française et étrangère, de langues mortes, orientales, etc.— Ce collége, fondé par François Ier, fut reconstruit sous Louis XIII et Louis XIV. — La grande cour, d'une belle disposition, est séparée de la 2e cour par une galerie à jour formée de doubles colonnes doriques. — Les vestibules sont ornés des statues de la Science et de la Littérature et des bustes de Jouffroy, Ampère, Rémusat, Vauquelin, Portal et Sacy.

Ecole normale supérieure, rive g., rue d'Ulm, 45. Omn. **AF, AG.** — Etudes pour parvenir au professorat.

Ecole des Chartres, rive dr., aux archives impériales. Omn. **F, O.** — Langues et écritures des siècles passés.

Ecole Polytechnique, rive dr., rue de la Montagne Sainte-Geneviève. Omn. **F.** — Fondée en 1794 dans les bâtiments du collége de Navarre. — L'admission a lieu au concours — 250 élèves ayant rang d'officiers, à leur sortie de l'école, s'ils veulent entrer dans l'armée. — L'uniforme de l'école, bien connu d'ailleurs, comporte l'épée. — 2 années d'études.

Ecole des Ponts et Chaussées, rive dr., rue des Saints-Pères, 28. Omn. **H.** — Spécialement destinée à former des ingénieurs.

Ecole de Médecine. — (V. *Facultés.*)

Ecole des Mines. — (V. *Luxembourg.*)

Conservatoire des Arts et Métiers. (V. *Musées.*)

Ecole centrale des Arts et Manufactures, rue Thorigny, 7. Dans l'hôtel de Juigné. Etudes pour obtenir le diplôme d'ingénieur civil.

Ecole des Beaux-Arts. — (V. *Palais.*)

Conservatoire de musique et de déclamation, rue du Faubourg-Poissonnière, 15. Omnib. **V.**—Sa création remonte à 1784. 900 élèves des deux sexes, admis par concours, y reçoivent l'instruction gratuitement. — Cet établissement possède une *bibliothèque* musicale réservée aux élèves, et un *musée* d'instruments de musique fondé par feu Clapisson. (S'adresser au concierge pour le visiter.)

Écoles d'application :

D'*Etat-major*, rue de Grenelle- Saint-Germain. Omnib. **AD, Y, Z.** — Les élèves y arrivent de l'Ecole polytechnique et de Saint-Cyr, avec rang de sous-lieutenant et en sortent 2 ans plus tard lieutenants d'état-major.

De *Médecine et de Pharmacie militaires*, au Val-de-Grâce. Omnib. **AG, J.** — Complément d'études médicales pour les officiers de santé de l'armée.

Les écoles de l'**enseignement secondaire et primaire** comprennent :

Les Lycées de Paris, au nombre de 5, comptant près de 6,000 élèves, tant internes qu'externes. — *Les Colléges* et autres établissements d'enseignement secondaire, distribuant l'instruction à 110,000 élèves. Et *les Ecoles primaires*, salles d'asile, ouvroirs, etc., etc., fréquentés par plus de 100,000 enfants.

BIBLIOTHÈQUES ET ARCHIVES

Bibliothèque Impériale, rive dr., rue de Richelieu et rue Neuve-des-Petits-Champs, près du Palais-Royal. Omnib. **H**, **I**. — (*Ouv. aux lecteurs tous les jours, dim. exceptés, de 10 à 4 h.; et, aux visiteurs, le mardi et le vendredi aux mêmes heures. Vacances pendant la quinzaine de Pâques*). — Ancien hôtel du cardinal de Mazarin (1661); vient d'être l'objet de grands travaux de restauration. — La cour d'entrée est ornée de la statue de Charles V.

Cette bibliothèque, la plus riche de l'Europe, possède 1,780,000 volumes imprimés, 150,000 manuscrits, 1,300,000 gravures en feuilles, 8,000 volumes de gravures, plus de 1,056,000 monnaies ou médailles et 300,000 cartes ou plans. — Nous citerons, parmi les *manuscrits* : Mémoires de Louis XIV, une quittance signée par Molière, le Télémaque de Fénelon, les Pensées de Pascal, des lettres d'Henri IV, de Turenne, de Franklin, etc. — Parmi les *médailles antiques* : une plaque de Sardonie représentant l'apothéose d'Auguste ; un vase en agathe, dit des Ptolémée ; un plat en argent représentant Briséis enlevée à Achille ; des fragments de tables iliaques employées en Grèce pour apprendre la mythologie aux enfants ; plusieurs empreintes de sceaux babyloniens, etc. — Voir aussi : 2 tours de porcelaine chinoise, et un magnifique vase taillé dans une dent d'éléphant. — Visiter, au rez-de-chaussée, les antiquités égyptiennes, grecques et romaines.

Les **autres Bibliothèques publiques** sont :

Bibliothèque de l'Arsenal, rue de Sully. Omnib. **R**, **Z**, **E**. — Ouv. tous les jours de 10 à 5 h., dimanches exceptés. — 230,000 volumes, 6,000 manuscrits. Renferme les œuvres des poëtes de nos premiers siècles l i ttéires.

Bibliothèque du Louvre. Voy. **Louvre**. — 90,000 vol. Autorisation spéciale du Ministère d'État.

Bibliothèque Mazarine, à l'Institut. — De 10 à 3 h.

Bibliothèque Sainte-Geneviève, place du Panthéon. Omn. **AF**, **AG**, **J**. — De 10 à 2 h., et de 6 à 10 h. du soir. — 110,000 vol. dont 40,000 de théologie, 3,000 manuscrits très-précieux, 6,000 estampes. Belle salle de lecture pouvant contenir 1,200 personnes assises.

Bibliothèque de l'Université. Voy. *Sorbonne*.

Bibliothèque de la Ville de Paris à l'Hôtel-de-Ville. — 45,000 vol. — De 10 à 3 h.

Archives *de l'Empire*, rive d.— Rue de Paradis-du-Temple, n° 20 — dans l'hôtel Soubise, construit en 1706. — Omnib. F, O. — Dépôt central de tous les documents les plus précieux conservés depuis l'origine de la monarchie française, dans les établissements religieux, les établissements publics, etc. Elles renferment plus de cent millions d'actes ou de titres dont quelques-uns d'une valeur exceptionnelle. L'acte le plus ancien remonte à 625. On remarque surtout les séries des diplômes mérovingiens et carlovingiens, le Trésor des Chartes, le Bullaire, le fonds des Abbayes, les registres du parlement, les archives du cabinet et du secrétaire d'Etat de Napoléon Ier, et la collection des sceaux de l'Etat.

Une salle de lecture est ouverte au public tous les jours de semaine, de 10 à 3 h.

ADMINISTRATIONS

PUBLIQUES ET MUNICIPALES

AMBASSADES, ETC.

I

AMBASSADES ET LÉGATIONS.

ANGLETERRE, Faubourg-Saint-Honoré, 39, — de 1 à 2 h.
ARGENTINE (République), rue de Berlin, 5, — de 1 à 3 h.
AUTRICHE, rue de Grenelle-St-Germain, 101, — de 1 à 3 h.
BADE, rue Blanche, 62, de 1 à 3 h.
BAVIÈRE, place de la Madeleine, 16, — de 1 à 3 h.
BELGIQUE, Faubourg-St-Honoré, 153, — de midi à 2 h.
BRÉSIL, rue de Berri, 17, — de midi à 3 h.
DANEMARK, rue de l'Université, 37, — de 1 à 3 h.
EQUATEUR, boulevard de Strasbourg, 19.
ESPAGNE, quai d'Orsay, 25, — de 1 à 3 h. — visa des passeports au Consulat, boulevard Haussmann, 46, — de 10 à 4 h.
ETATS-ROMAINS, rue de l'Université, 69, — de 11 à 1 h.
ETATS-UNIS, avenue Friedland, 5, — de 11 à 3 h.
GRÈCE, rue Taitbout, 20.
GUATEMALA, rue Fortin, 3.
HAÏTI, rue Boissy-d'Anglas, 12.
HAWAÏ, avenue de la Reine-Hortense, 13.
HESSE (grand-duché de), rue de Luxembourg, 29, — de 1 à 3 h.
HONDURAS, rue Decamps, 18.
ITALIE, Champs-Elysées, 9, — de 11 à 2 h.

Mecklembourg, rue du Marché-d'Aguesseau, 8, — de 11 à 1 h.
Monaco, Cours-la-Reine, 20.
Paraguay, Champs-Elysées, 97.
Pays-Bas, rue de Presbourg, 15, — de 11 à 2 h.
Pérou, rue de Ponthieu, 66, — de 11 à 2 h.
Perse, avenue d'Antin, 3.
Portugal, rue d'Astorg, 12.
Prusse, rue de Lille, 78, — de midi à 1 h. 1/2.
Russie, rue de Grenelle-St-Germain, — 79, de midi à 2 h.
San-Marin, Cours-la-Reine, 20, — de midi à 3 h.
San Salvador, rue Decamps, 18, — de 10 h. à midi.
Saxe Royale, rue de Courcelles, 29, — de midi à 2 h.
Saxe-Cobourg Gotha, rue Saint-Lazare, 92, — de midi à 2 h.
Suède et Norwége, avenue Montaigne, 51.
Suisse, rue Blanche, — de 10 h. à 3 h.
Turquie, rue de la Victoire, 44, — de midi à 3 h.
Vénézuéla, boulevard des Capucines, 12.
Villes libres et Hanséatiques, rue d'Aguesseau, 13, — de 10 à 2 h.
Wurtemberg, rue de Presbourg, 6, — de 11 à 1 h.

—

II

MINISTÈRES

Ministère d'Etat, au Louvre, entrée rue de Rivoli.

Le personnel de ce ministère se compose de 17 employés; mais il comprend le conseil d'Etat qui compte 128 conseillers d'État, maîtres des requêtes ou auditeurs et 93 employés et gens de service. — Traitements réunis : 2,295,000 fr.

Ministère des Affaires étrangères, quai d'Orsay (Lacornée, arch.) Façade, ordre dorique et ordre ionique.— Au-dessus des fenêtres du premier étage, médaillons en marbre représentant les armes des principales puissances. — A l'intérieur, salon des ambassadeurs, orné avec beaucoup de luxe.

Ministère de la Justice et des Cultes, place Vendôme, 11 et 13; bureaux, rue de Luxembourg. — 165 employés de tous grades.—Traitements : 768,000 fr.— 6,500 magistrats et 4,300 greffiers ressortissent à cette administration.

Ministère de l'Intérieur, place Beauvau; bureaux, rue de Grenelle-St-Germain, 103. — 396 chefs et employés. — Traitements : 1,413,000 fr.

Ministère de la Guerre, rue St-Dominique-St-Germain, 86 et 88. — Le personnel est de 480 chefs et employés. — Traitements : 1,657,000 fr.

Ministère de la Marine et des Colonies, place de la Concorde et rue Royale-St-Honoré (V. *Places*). — 249 chefs et employés dont les traitements sont de 897,000 fr.

Ministère des Finances, rue de Rivoli, 234. Le plus considérable par ses attributions et son personnel. — Il comprend dans un même local les administrations centrales du Ministère, des Contributions directes et indirectes, des Forêts, des Douanes, comptant 920 employés, et, dans d'autres bâtiments de Paris, les directions des Postes (360), des Tabacs et Poudres (49), de l'Enregistrement et des Domaines (77 employés), etc.

Les appointements totaux montent à 5,532,000 fr.

Ministère de l'Instruction publique, rue de Grenelle-St-Germain, 110. — 111 chefs et employés (428,000 fr.), et 34 garçons de bureau (43,000 fr.)

Ministère de l'Agriculture, du Commerce et des Travaux publics, rue St-Dominique-St-Germain, 62. — 248 employés, dont les appointements s'élèvent à 796,000 fr.

Ministère de la Maison de l'Empereur et des Beaux-Arts, place du Carrousel. — 78 chefs et employés. — Traitements: 370,700 fr.

Parmi les dépenses de ce ministère on remarque:

200,000 fr. pour les fêtes du 15 août; — 315,000 fr. pour l'exposition des œuvres des artistes vivants; — 1,737,000 pour subventionner les 5 théâtres impériaux et le Conservatoire de musique; — 254,000 fr. pour encouragements à des artistes et 1,100,000 fr. pour frais de conservation des monuments historiques.

—

III

ADMINISTRATIONS MUNICIPALES

HOTEL-DE-VILLE, rive dr., place de ce nom. — Omnib. **AD, G, L, O, Q, R, S, T, U.** (Entrée: v. la liste, p. 3.) — Le pavillon central qui est la partie la plus ancienne de ce palais, et l'une des plus belles, fut construit au seizième siècle sur les dessins de Dominico di Cortona On y a fait de notables additions de 1800 à 1840, et en 1866, l'attique a subi d'importantes modifications. — L'ornementation de cet édifice, au moins en ce qui concerne la façade principale, est d'une grande richesse. La statue de Henri IV s'élève au-dessus de la porte principale, et, dans les niches de l'étage supérieur se voient les statues des notables de la ville de Paris. — A **l'intérieur**, nous mentionnerons la *première cour* (entrée par le pavillon central) qui est couverte, et sert de salle de fête les jours de réception; des colonnes en marbre supportent le portique de cette immense salle, décorée d'une statue de

Louis XIV par Coysevox. Un *escalier d'honneur* orné de sculptures par Jean Goujon, conduit aux *appartements* qui sont décorés avec le plus grand luxe. On y voit des fresques remarquables d'Ingres, de Lehmann, etc.

La préfecture de la Seine, dans l'Hôtel-de-Ville, comprend, d'une part, l'Administration du département et, de l'autre, celle de Paris. Les bureaux sont ouverts au public tous les jours, de 10 à 3 h.

Préfecture de Police. — Place Dauphine et rue de Jérusalem (bureaux ouverts de 9 h. 1/2 à 4 h.)

Cette grande administration est chargée de la tranquillité e de l'ordre publics, ainsi que de la surveillance administrative des mœurs, de l'hygiène publique, de la librairie et de la politique. Sa circonscription s'étend, hors du département de la Seine, à Meudon, St-Cloud et Bellevue. — Quoique ayant un budget spécial, elle dépend du ministère de l'Intérieur; — le nombre d'agents de tout ordre appartenant à cette administration, employés, commissaires de police, officiers de paix, sergents de ville, etc., est de 9,000 environ.

Les *passeports* sont établis à la Préfecture de Police sur certificats délivrés par les commissaires de police des quartiers. Faire viser par les consulats ou ambassades les passe-ports pour les pays étrangers.

—

IV

MAIRIES

Paris est divisé en 20 arrondissements comprenant chacun 4 quartiers, tous pourvus d'un commissariat de Police.

Il existe par arrondissement une mairie et une Justice de Paix, situées savoir :

1er arr.—Rive d. Place du Louvre, en face la colonnade et faisant pendant au portail de St-Germain l'Auxerrois, qui en est séparé par la tour du Beffroi (Hittorf, architecte).

2e arr. — R. dr. Rue de la Banque, 8, vis-à-vis le Timbre (Baltard, arch.).

3e arr. — R. dr. Square du Temple, à l'extrémité orientale.

4e arr. — R. dr. Rue de Rivoli, derrière l'Hôtel de Ville — monument important et remarquable (Bailly, arch.).

5e arr. — R. g. Place du Panthéon, fait pendant à l'Ecole de Droit.

6e arr. — R. g. Place Saint-Sulpice, en face de l'église.

7e arr. — R. g. Rue de Grenelle-St-Germain, 112, dans l'ancien hôtel de Brissac; — le plafond de la salle des mariages et celui de la salle du Conseil sont très-beaux.

8e arr. — R. dr. Rue d'Anjou-St-Honoré.
9e arr. — R. dr. Rue Drouot, 6 (hôtel Aguado).
10e arr. — R. dr. Faubourg-St-Martin, 72.
11e arr. — R. dr. Place du Prince-Eugène.
12e arr. — R. dr. Place de l'Eglise, à Bercy.
13e arr. — R. g. Barrière Fontainebleau.
14e arr. — R. g. Rue Mouton-Duvernet; — ancienne mairie du Petit-Montrouge, bâtie en 1852. — Bloc carré.
15e arr. — R. g. Grande-Rue de Vaugirard, 108.
16e arr. — R. dr. Grande-Rue de Passy, 67.
17e arr. — R. dr. A Batignolles; — édifice gracieux, mais trop resserré. — 1847 à 1849.
18e arr. — R. dr. Place de l'Abbaye de Montmartre.
19e arr. — R. dr. Rue de Bordeaux, 17, à la Villette.
20e arr. — R. dr. Grande-Rue de Paris, 128, en face l'église de Belleville.

JUSTICE

PALAIS DE JUSTICE. — TRIBUNAUX ET PRISONS.

—

PALAIS DE JUSTICE. Ile de la Cité, boulevard du Palais. (Public) Omnib. **AG, I, J, K, L.** — Résidence des rois de France jusqu'à François Ier; puis siége du Parlement et des Tribunaux à partir du règne de Henri II. Ce palais a été maintes fois restauré; aussi, la Tour de l'Horloge, les deux tours voisines, la Sainte-Chapelle, une partie de la grande galerie et les cuisines, sont-elles tout ce qui reste des anciennes constructions. De très-grands travaux de restauration viennent encore d'être exécutés, et on a même ajouté des constructions nouvelles. — **Tour de l'Horloge:** remarquer le cadran (style renaissance) rétabli sur le modèle même de celui qu'on y voyait sous Charles V.

Intérieur.— **Salle des Pas Perdus.** (salle de réception des anciens rois) restaurée par Jacques Debrosse, en 1622; remarq. la statue de Malesherbes l'un des courageux défenseurs de Louis XVI. — Voir aussi la **galerie de Saint-Louis** (style du moyen âge): statue de saint Louis et médaillons représentant Charlemagne, Charles V, Louis XII et Justinien.

Le Palais de Justice est le siége de tous les tribunaux civils ou criminels de la Seine et de la Préfecture de police; on y trouve aussi la prison de **la Conciergerie** qui sert de dépôt pour les individus sur le point de passer en jugement et pour les prévenus appelés devant le juge d'instruction. — Un grand nombre de personnes y furent massacrées en 1792, et c'est là que Marie-Antoinette passa les derniers jours de sa vie.

La partie la plus curieuse du Palais est sans contredit la **Sainte-Chapelle**, élevée par saint Louis, dans le magnifique style ogival du treizième siècle, pour y déposer les saintes reliques achetées à l'empereur Baudoin. Les plans de cet édifice, sans égal en France, sont de Pierre de Montreuil. La nef est divisée en deux chapelles superposées, et présente une double rangée de croisées. La **flèche** est d'une élégance extrême.— **Intérieur**, du style gothique le plus pur; très-beaux vitraux. Dans la chapelle inférieure repose le corps de Boileau. — Cet édifice a été restauré il y a quelques années, avec le plus grand talent, par MM. Violet-Leduc et Lassus.

*

TRIBUNAL DE COMMERCE. Boulevard du Palais, en face du Palais de Justice, (*Public*). Omnib. **AG, I, J, K, L.** — Construit en 1866 par M. Bailly. — Dans la salle d'audiences remarquer les caissons renfermant des imitations de faïences peintes en camaïeu sur fond en mosaïque. Les peintures sont de M. Robert Fleury.

Le tribunal est composé de : 1 présid., 14 juges, 16 suppléants, élus par les notables commerçants. Grandes audiences les jeudis à 11 heures.

*

Tribunaux. — Les tribunaux dont le siége est à Paris sont de 2 ordres différents, quant à l'importance de leur juridiction qui, pour les uns, s'étend à toute la France, tandis qu'elle est locale pour les autres.

Les premiers de ces tribunaux sont : le *Conseil d'Etat* (lois, décrets, aff. contentieuses); la *cour des Comptes* (vérific. des dépenses publiques), qui siégent au palais du quai d'Orsay. — (V. aux *Palais*); puis, au Palais de Justice : la *Cour de cassation* (pourvois civils et criminels, etc.); la *Haute-cour* (crimes contre l'Etat).

Les seconds de ces tribunaux (siégent au Palais de Justice) sont : la *Cour impériale* (4 ch. civiles et 2 criminelles); le *tribunal de première instance* (5 ch. civiles et 3 correctionnelles et d'appel).

Viennent ensuite les *justices de paix*, instituées dans les 20 mairies d'arrondissement; le *Tribunal de commerce* et 4 conseils de *prud'hommes*.

En outre, il existe le 1er et le 2e *conseil de guerre* de la 1re division militaire et le *conseil de révision* des jugements militaires, situés rue du Cherche-Midi, 71.

*

Prisons. — Elles dépendent de la Préfecture de police qui délivre les permissions spéciales pour les visiter.

Celles de *Mazas* (boul. Mazas) et des *Madelonnettes* (r. de la Santé) sont deux véritables modèles du genre cellulaire, la dernière surtout qui a coûté près de 7 millions.

La *Roquette* (r. de ce nom) est destinée aux condamnés en attendant soit le transport à Cayenne, soit le jour de l'exécution capitale, qui a lieu devant la prison.

La *Conciergerie* (au Palais de Justice) est un dépôt pour les accusés en jugement.

Saint-Lazare (Faub.-Saint-Denis) est destinée aux femmes condamnées pour crimes ou délits, et aux filles qui ont contrevenu aux règlements de police.

Il existe encore la *maison d'arrêt de la garde nationale* à Passy; et la *prison militaire*, rue du Cherche-Midi, en face du *conseil de guerre* de la 1re division militaire.

HOPITAUX CIVILS ET MILITAIRES

HOSPICES. — MAISONS DE RETRAITE. — INSTITUTIONS DE BIENFAISANCE.

—

I

HOPITAUX MILITAIRES

HOTEL DES INVALIDES, rive g., place de ce nom. Omnib. **AD, Y, Z.** (*Tous les j. de 10 à 4 h., le dim. excepté, avec passe-port ou une permission du gouverneur. Les cours, galeries, corridors, sont libres*).

Ce vaste monument a été élevé sous Louis XIV pour recevoir les militaires blessés ou arrivés à l'époque de leur retraite. (3,700 invalides y sont soignés).

Dans la cour d'entrée, voir la *batterie triomphale*, composée de superbes canons pris sur l'ennemi pendant les guerres du premier empire; à dr. et à g. divers autres canons venant d'Algérie, de Sébastopol, de Chine, etc.

La façade a 216 mètres de longueur; l'entrée est décorée des statues de *Minerve et de Mars* et d'un bas-relief dus à Coustou (*Louis XIV avec la Justice et la Prudence*).

A l'intérieur, la cour d'honneur est un vaste parallélogramme entouré d'arcades à double étage qui abritent la statue de *Napoléon Ier* et une belle horloge de Lepaute.

Les *réfectoires* sont intéressants à visiter pour leurs fresques de Martin, rappelant surtout les guerres de Louis XIV et de Louis XV. — A côté, dans les *cuisines*, on voit des ustensiles dont les dimensions colossales sont devenues proverbiales.

Bibliothèque au 1er étage du pavillon central; voyez le boulet qui a tué Turenne en 1675. Dans la *salle du conseil*, portrait de Napoléon Ier (Ingres).

Dans les combles : la **galerie des plans en relief** des principales places fortes de la France, du siége de Rome, en 1849, etc. Très-beau plan général de la Suisse — (*Ouverte du 1er mai au 15 juin (avec une permission du ministre de la guerre)*.

Eglise : drapeaux conquis sur les puissances étrangères. Dans les caveaux : sépultures de Moncey, Jourdan, Duroc, Bertrand, Mortier, etc.

Le dôme (entrée : place Vauban, derrière l'hôtel) est une œuvre magnifique de Mansard; la flèche, de 105 m. de hauteur, s'élève avec légèreté au-dessus d'une belle colonnade corinthienne. Les ornements en plomb de la coupole sont remarquables. **Intérieur** pavé de mosaïques du temps de Louis XIV; tombeaux de Turenne et de Vauban; dans la chapelle Saint-Jérôme, le tombeau du roi Jérôme. Dans le sanctuaire, un escalier en marbre conduit à la crypte où se trouve le **tombeau de Napoléon Ier**, sur un socle de granit vert des Vosges; porte en bronze avec les statues de la *Force civile* et de la *Force militaire* (Duret). — 12 figures colossales en granit rouge antique de Finlande, représentant les principales victoires de Napoléon, par Pradier, sont en face du sarcophage. A droite et à gauche de l'entrée, tombeaux de Duroc et de Bertrand (Visconti). — Dans un caveau, en face de la porte d'entrée, est la statue de Napoléon Ier, par Simart.

*

Val-de-Grâce, rive g., rue Saint-Jacques. Omnib. **AG, J.** Ancienne abbaye, transformée en hôpital militaire. Dans la cour se remarque la statue du chirurgien Larrey, par David (d'Angers. — L'*église* (1645-1665) renferme le tombeau d'Henriette de France, femme de Charles Ier d'Angleterre. — Remarquer le beau maître-autel, abrité sous un dais que supportent 4 colonnes torses. — Le *dôme*, restauré complétement en 1865-1866, est la mieux réussie de toutes les copies de Saint-Pierre de Rome.

Les autres hôpitaux militaires (sans intérêt) sont ceux :

Du *Gros-Caillou*, rue Saint-Dominique, près du Champ de Mars 650 lits.

Saint-Martin, faub. de ce nom, 428 lits.

De *Vincennes*, à Vincennes, sur le Cours, vaste construction bien réussie (1867), 630 lits.

II

HOPITAUX ET HOSPICES CIVILS

Les hôpitaux et hospices civils sont très-nombreux et n'ont d'intérêt bien réel que pour les voyageurs qui veulent en faire une étude spéciale.

Les plus remarquables, que nous avons placés en tête, se distinguent, à l'extérieur, par une architecture sévère et sobre qui convient aux établissements éminemment utiles, et, à l'intérieur, par une installation parfaite et une propreté merveilleuse.

Hôtel-Dieu. — Dans la Cité, omn. **G**, **L**, — le plus ancien de tous (entrée : les jeudi et dimanche, de 1 à 3 h.). Sa fondation remonte au septième siècle. Philippe-Auguste, saint Louis et les Bourbons l'ont constamment agrandi. — Son emplacement, comme son importance, l'a toujours placé au premier rang.

Bicêtre (à la porte des fortifications). — Omn. **U**. — Hospice de la vieillesse pour hommes, bâti en 1632 : 3,600 lits. Il reçoit aussi des incurables et des épileptiques. — *Puits* de 3 m. 33 de diamètre et de 24 m. de profondeur, creusé dans la roche en 1733 ; il conserve toujours 9 pieds d'eau.

Salpêtrière, rive g., boul. de l'Hôpital, 47. Omnib. **P**. — Hospice de la vieillesse pour femmes. Il date de Louis XIII. Très-curieux à visiter. 3,878 indigentes et 1,300 aliénés. — L'église a été construite au dix-septième siècle.

Hôpital Lariboisière, du nom de son fondateur, à côté du ch. de fer du Nord. Omnib. **AC**, **K**. — Il a été inauguré en 1850. La disposition des bâtiments est excellente : 204 lits.

Saint-Louis, rue Bichat. Omnib. **N**. — Le plus vaste des hôpitaux (868). Il est spécialement affecté au traitement des maladies cutanées. Sa fondation remonte à un édit de 1604, signé par Henri IV. La chapelle est décorée des statues de saint Louis et de saint Roch.

La Charité, rue Jacob, 47. Omnib. **AD**, **H**, **V**. — Créée en 1602, par Marie de Médicis : 490 lits.

La Pitié, rue Lacépède, 1. — Omnib. **G**, **U**. — 600 lits environ.

Maison municipale de santé, souvent appelée maison Dubois, du nom du médecin qui la fonda en 1802. Faubourg Saint-Denis, 200. Omnib. **K**. — Spécialement destinée aux étrangers tombant malades en voyage et aux personnes qui ne se font pas soigner chez elles. — On y paye une pension journalière de 4 à 15 fr. par jour, suivant la classe du service. Il existe 250 lits.

Citons encore les hôpitaux :

Rive d.— **Beaujon**, faub. Saint-Honoré : 300 lits.

— — **Saint-Antoine**, faub. de ce nom : 600 lits.

— — **Sainte-Eugénie**,faub.St-Antoine: 400 lits pour enfants.

R. g. — **Cochin**, faub.Saint-Jacques : 130 lits. Fondé par l'abbé Cochin.

— — **Necker**, rue de Sèvres, fondé par Mme Necker : 369 lits.

III

MAISONS DE RETRAITE ET DE BIENFAISANCE.

Asile de Vincennes. — Dans le bois de Vincennes, fondé par Napoléon III, en 1855, pour les ouvriers du département de la Seine et les convalescents des hôpitaux. Parc, salles de chant, de jeu, etc.— Curieux à visiter pour ses aménagements; 500 places.(Entrée libre : les mardi, mercredi, vendredi et samedi, de midi à 4 h.) — Cet asile possède à Paris, boul. Mazas, sur des terrains que l'Empereur lui a donnés, 16 grandes maisons contenant 36 boutiques et 311 logements destinés aux classes laborieuses et dont les prix sont très-modérés. Une 17e maison, pour célibataires, renferme un restaurant, une salle de réunion et 85 chambres

Asile du Vésinet, dans le bois du Vésinet, près de Saint-Germain, même établissement que le précédent, pour femmes. Style Louis XIII. Vaste parc. — 300 places.

Hospice des Incurables, construit en 1866, à Ivry, hors les fortifications. — Créé à Paris, par saint Vincent de Paul, en 1622. Environ 1,600 lits. — Visible, tous les jours, de 1 à 4 h.

Maison de Charenton, à Saint-Maurice. Omnib. **R** et corresp. Vaste construction avec galeries voûtées à l'italienne pour la promenade, sur la colline que longe la Marne. On y traite toutes les maladies, surtout l'aliénation mentale. Prix de la pension 900 à 1500 fr. par an.

Les Ménages, à Issy, hors les fortifications. Construit en 1864 sur l'emplacement actuel. On y reçoit des ménages pauvres qui ont au moins 15 années d'ancienneté et dont l'âge cumulé des deux têtes forme 130 ans. Un trousseau et un petit capital sont nécessaires. Les veufs et les veuves peuvent rester: 1,400 lits.

Sainte-Perrine, à Auteuil, dans un beau parc. On n'y reçoit que des personnes âgées de 60 ans au moins et qui peuvent payer une pension dont le chiffre varie suivant la classe : 300 lits.

Hospice des Quinze-Vingts, rive dr., rue de Charenton, 28. Omnib. **R**.

Ce nom singulier lui vient de ce que saint Louis, en le créant en 1260, ordonna que 300 aveugles (15 fois 20) y seraient admis. Ce nombre est toujours resté tel, mais les revenus de l'institution, fixés primitivement par saint Louis à 30 livres parisis, se sont tellement accrus par de nombreux dons, que l'hospice vient en aide à 1400 aveugles externes : 200 reçoivent 200 fr. de pension; 400, 150 fr. et 800, 100 fr. Pour être admis il faut : une cécité complète et 40 ans pour les internes, 27 ans pour les externes. Les femmes, maris ou enfants des pensionnaires internes, peuvent habiter avec eux et s'occuper de tout travail.

Institution des sourds-muets, rive g., rue Saint-Jacques, 254. Omnib. **AG**, **J** (Entrée le samedi de 2 à 5 h. avec billet du directeur). — Fondée par l'abbé de l'Epée, pour donner l'instruction à tous les degrés. Les études complètes durent 8 ans. L'Etat et les communes y entretiennent des boursiers (140 pour l'Etat). L'âge d'admission est fixé de 9 à 14 ans.

Institution des jeunes aveugles, rive g., boul. des Invalides, 56. Omnib. **X**. — Visible de 2 à 3 h., avec un passeport ou un billet du directeur. — 250 élèves des deux sexes admis de 9 à 13 ans; 120 bourses subdivisées en 1/2 et 3/4 de bourse. 8 années d'études comprenant : la musique, les langues étrangères, des travaux manuels, etc. — Cette institution fondée en 1784 par Haüy, est installée dans un beau bâtiment construit en 1842. — Voyez, dans la cour, le groupe de *Haüy entouré de jeunes aveugles*.

Hospice des enfants assistés (*enfants trouvés*), rive g., rue d'Enfer, 100. N'est pas visible. Omn. **A**, **G**, — Fondé par saint Vincens de Paul. Il reçoit les enfants jusqu'à 12 ans et les garde jusqu'à 21 ans. — Soins, traitement des maladies, études et travaux manuels.

CIMETIÈRES

CATACOMBES. — MORGUE.

—

CIMETIÈRES

Ils sont au nombre de 15, tous situés sur les territoires des communes annexées en 1860, ou même au delà de l'enceinte des fortifications. Nous mentionnerons seulement les quatre grands cimetières de Paris, les autres étant sans intérêt pour l'étranger.

(Ouverts, en été, de 6 à 6 h., — en hiver de 6 à 5 h. — Une cloche et l'appel des gardiens annoncent la fermeture. Un gardien cicerone est nécessaire pour bien visiter sans perte de temps. — Rétrib. volont.)

Père La Chaise, rive dr.—Boulevard d'Aulnay, à l'est de Paris, près le quartier de Charonne. — Omn. **P.** — Il a été créé en 1804, par Brongniard, dans le parc de Mont-Louis qui fut la propriété de *François La Chaise*, supérieur d'un couvent de Jésuites et confesseur de Louis XIV. Une **chapelle** a remplacé l'ancien château.

Ce cimetière, le plus vaste de tous, dessert 6 arrondissements de Paris. Il est généralement choisi comme lieu de sépulture par les classes élevées de la société. Il renferme plus de 50,000 tombeaux, dont un très-grand nombre de remarquables, soit par leur construction, soit par le nom des personnages dont les corps y sont déposés.

Nous signalerons spécialement à l'attention des visiteurs les tombeaux de :

Afred de Musset, le poëte.
Balzac, auteur de la *Comédie humaine*.
Beaumarchais, auteur du *Barbier de Séville*.
Bellini, illustre compositeur.
Bellune (Victor, duc de), maréchal de France.
Béranger, le célèbre chansonnier.
Bernardin de Saint-Pierre, l'auteur de *Paul et Virginie*.
Boïeldieu, auteur de la *Dame Blanche*.
Boileau, le poète moraliste.
Cambacérès, archi-chancelier de l'Empire.
Champollion-Figeac, orientaliste-archéologue.
Chappe, inventeur du télégraphe aérien.
Chénier (J.), poëte.
Clarke, duc de Feltre.
Cuvier, le naturaliste.
David, le peintre.
David (d'Angers), le sculpteur.
Delille, le poëte.
Demidoff (la princesse Elisabeth). — Son tombeau a coûté 300,000 fr.
Desèze, un des défenseurs de Louis XVI.
Duchesnois (Mlle), célèbre tragédienne.
Fourcroy, célèbre chimiste.
Foy (le général). Ce tombeau est de David (d'Angers).
Gall, le créateur de la phrénologie.
Geoffroy Saint-Hilaire, illustre naturaliste.
Gouvion Saint-Cyr, le maréchal.
Grétry, compositeur.
Gros (le baron), peintre.
Héloïse et Abélard.
Hérold, l'auteur du *Pré aux Clercs*.
Kellermann, duc de Valmy.
Laffitte, célèbre banquier, ministre sous Louis-Philippe.
La Fontaine, le fabuliste.
La Harpe, littérateur.
Laplace, célèbre astronome.
Lavoisier, le véritable créateur de la chimie en France.
Maison, maréchal de France.
Mars (Mlle), célèbre artiste dramatique.
Méhul, le compositeur.
Molière, le père de la comédie française.
Morny (le duc de).
Ney (le maréchal).
Parmentier, le propagateur de la culture de la pomme de terre, en France.
Potier, comédien comique.
Pradier, sculpteur (buste sculpté par ses élèves).
Soulié (F.), romancier.
Suchet, duc d'Albuféra.
Talma, le célèbre tragédien.

Dans le *cimetière Israélite* (partie basse du cimetière; à droite), se trouvent les tombes des familles *Rothschild, Fould*, celle de *Rachel Félix*, la célèbre tragédienne, etc.

Le *cimetière musulman* (habituellement fermé) possède une petite mosquée. Il renferme les tombeaux de la reine d'Oude et de son fils.

Cimetière Montmartre, rive dr., au nord de Paris.—Omnib. **E, H, G, J.** — Il est divisé en deux parties par une rue élevée avec passage voûté ; la partie antérieure seule présente un certain intérêt.

Au rond-point d'entrée, la sépulture *Cavaignac* (Godefroy est couché dans son suaire — beau bronze de Rude). — A quelques pas sur l'avenue de droite, le monument des réfugiés polonais morts de 1846 à 1863. — Sur la deuxième avenue de gauche, le grand obélisque en pierre, élevé à la famille *Montmorency*, et plus loin, le marbre couché sous lequel repose *Madame de Girardin*, née Delphine Gay ; sur la troisième avenue, la tombe de *Murger* (la muse effeuille des roses). — En outre, sont éparses dans le cimetière les sépultures : de la duchesse d'*Abrantès*, du ministre *Bineau*, du navigateur *Bougainville*, du peintre *Paul Delaroche*, de l'architecte *Hittorf*, des frères *Johannot*, du polonais *Kamienski*, du maréchal *Lannes*, d'*Armand Marrast*, du chanteur *Nourrit*, du général *Travot*, etc.

Dans le *cimetière Israélite* remarquez l'avenue de beaux thuyas, les sépultures Halphen, d'un caractère tout particulier, et celle de Fromenthal Halévy, érigée par souscription (Lebas, arch.; Duret, statuaire).

Cimetière Montparnasse, rive g. — Au sud de Paris, près du Petit-Montrouge.— Omnib. **O, V, AG.**— Très-belles avenues d'ifs. Nous indiquerons les sépultures : de l'acteur Bocage, de Dornès, représentant du peuple,— singulier bloc en grès,—de Dumont d'Urville, navigateur qui périt en 1843 dans la catastrophe du chemin de fer à Bellevue, de la famille Fortoul, du peintre Gérard, du chirurgien Lisfranc, du P. Loriquet, du toxicologiste Orfila, du P. Ravignan, du statuaire Rude, des Quatre sergents de la Rochelle, etc.

Cimetière d'Ivry, rive g. — Au sud-est de Paris, près de la porte de Bicêtre et au delà des fortifications. — Omnib. **U.** — De création récente, ce cimetière est d'un intérêt d'autant plus restreint pour l'étranger qu'il est extrêmement éloigné du centre de Paris.

—

Les Catacombes. — Principale entrée dans la cour du pavillon ouest de l'ancienne barrière d'Enfer, rive g. — Ce sont d'anciennes carrières qui ont été transformées en un immense ossuaire où l'on a porté, pendant la Révolution et même depuis cette époque, les restes des corps exhumés des cimetières de Paris. On y trouve des galeries bordées d'une double rangée d'ossements humains s'élevant à près de trois mètres de hauteur, des crânes employés pour former des corniches, des carrefours avec chapelles funéraires, le tombeau de Gilbert, etc. — Les visites sont très-rares (demander une permission à l'Ingénieur en chef, à l'Hôtel de Ville ; — difficile à obtenir).

—

La Morgue. — A l'entrée du pont St-Louis; derrière le chevet de Notre-Dame. — Omnib. **G, L.**— Destinée à recevoir les cadavres trouvés sur la voie publique ou dans la rivière, et qui n'ont pas encore été réclamés; les cadavres restent exposés pendant trois jours, s'ils n'ont pas été reconnus avant ce terme.

Une visite à cet établissement est de nature à impressionner péniblement.

HALLES ET MARCHÉS

ABATTOIRS

Halles centrales, rive dr., rue de Rambuteau et rue Saint-Denis, près de la Seine. Omnib. **D, F, I, U, V, K.** — L'ensemble des constructions comprend 12 pavillons, d'une superficie de 88,000 m., avec rues transversales couvertes; chaque pavillon est affecté à une vente spéciale: viandes, légumes, fruits, beurre, poisson, volaille, gibier, etc.

Le grand mouvement des ventes à la criée a lieu dès les premières heures du jour.

Chaque pavillon se compose d'arcades de 6 mètres. Les assises sont en pierre, le petit mur séparatif, en briques de couleur, tout le reste, colonnes, arcade toiture, etc., est en fer, zinc et verre d'une hardiesse et d'une solidité qui font honneur à M. Baltard, architecte.

Les *caves* sont éclairées par des dalles en verre et chaque place du rez-de-chaussée, trouve dans ce sous-sol une resserre qui lui correspond et qui est séparée des autres au moyen d'un grillage. Enfin, les boutiques ont de l'eau en abondance au moyen des fontaines placées dans les pavillons et les puisards des caves.

Ce vaste monument, commencé en 1855, est l'une des grandes curiosités de Paris (dépense totale: 60 millions).

Halle aux blés, r. dr., rue de Viarmes, près les Halles centrales. — Elevée en 1767 sur l'emplacement de l'hôtel de Soissons. Vaste rotonde soutenue par de légères colonnes.—La haute *colonne de Médicis*, qui touche à la coupole, date de Catherine de Médicis, qui la fit construire pour des expériences astrologiques. Depuis l'Empire, elle sert de fontaine.

*

Les nouvaux abattoirs, rive dr., rue de Flandre. Omnib. **L.** — Ils occupent actuellement 24 pavillons d'une surface totale de 14 hectares; l'ensemble sera plus tard de 64 pavillons recouvrant

27 hectares. La grande façade, sur la rue de Flandre, compte 11 portes; elle est bordée d'une grille de 180 m. de long.—Sur les 24 pavillons inaugurés en 1867, 16 sont affectés aux échaudoirs, vastes cabines où l'on abat les bestiaux; les 8 autres servent de salles d'attente aux bœufs, veaux et moutons, pendant un jour ou deux.

Chaque échaudoir est pourvu d'un robinet donnant de l'eau à volonté. Cette eau s'écoule dans des égouts qui n'ont pas moins de 8 kilom. de développement.

Marché aux bestiaux, rive dr., route d'Allemagne. Omnib. **AC.** — Tout nouvellement construit pour remplacer ceux de Sceaux et de Poissy. — D'une étendue à peu près égale à celle des abattoirs, il n'en est séparé que par le canal de l'Ourq, utilisé pour le service commun. Ses immenses constructions peuvent contenir plus de 8,000 bêtes à cornes et de 40,000 moutons.

Marché du Temple, rive dr., rue du Temple. Omnib. **AD, D.** — Immense bazar, où 1,450 marchands vendent des objets neufs ou vieux de toute nature, principalement des vêtements et des étoffes. — Il mérite une visite. — Les bâtiments, reconstruits en 1865, ont remplacé des arcades basses et sombres, qui donnaient jadis à ce marché un aspect misérable.

Marchés aux fleurs. — Marché de *la Madeleine*, près de l'église de ce nom; les mardis et vendredis; — du *Château-d'Eau*, sur le boulevard, en face de cette fontaine, les lundis et jeudis; — du *Quai aux fleurs*, sur le quai Napoléon, les mercredis et samedis: c'est le plus important; — et le marché *Saint-Sulpice*, sur la place de ce nom, les lundis et jeudis.

Il existe encore un grand nombre de marchés, mais qui n'offrent aucun intérêt pour les voyageurs.

Hôtel des ventes mobilières, rive dr., rue Rossini, 18. Omnib. **E.** — Grand hôtel où sont vendus, aux enchères publiques, les objets mobiliers de toute nature.

SERVICE DES EAUX

—

FONTAINES. — AQUEDUCS. — CANAUX. — PUITS ARTÉSIENS. — ÉGOUTS.

Fontaine de l'Arbre-Sec, à l'angle des rues Saint-Honoré et de l'Arbre-Sec. — Construite sous François Ier. — La nymphe qui verse de l'eau est de Jean Goujon.

— **du Château-d'Eau** (v. place de ce nom).

Fontaine Cuvier, rue Linnée. Elle représente le *Génie de l'histoire naturelle* entouré d'animaux symboliques (Barrye).

— **Desaix** (v. place Dauphine).

— **Gaillon**, carrefour de ce nom. Construite par Visconti. Elle représente un génie frappant un dauphin avec un trident.

— **de la rue de Grenelle**, construite en 1739, par Bouchardon. Hémicycle décoré de pilastres ioniques et de statues représentant : la *Ville de Paris*, la *Seine*, la *Marne* et les *Quatre-Saisons*.

— **des Innocents** (v. square de ce nom).

— **Louvois** (v. square de ce nom).

— **Molière**, rue de Richelieu. Construite en 1844, par Visconti, à côté de la maison où mourut, en 1673, le créateur de la comédie française. Statues de Molière et figures allégoriques, par Pradier.

— **Saint-Michel** (v. place de ce nom.)

— **Saint-Sulpice** (v. place de ce nom).

*

Aqueduc d'Arcueil. — Il amène à Paris, dans les réservoirs de la rive gauche, les eaux recueillies dans le sous-sol de la plaine de Rungis. Cet aqueduc, long de 12 k., a été construit par les Romains pour alimenter le palais des Thermes. Catherine de Médicis le fit entièrement restaurer.

Aqueduc de la Dhuis. — Réservoir terminé en 1866, à Ménilmontant, rive dr., rue St-Fargeau. Capacité 100,000 mètres cubes. Le produit de la dérivation des eaux de la Dhuis, rivière de la Champagne, est évalué à 40,000 m. par 24 h. La longueur totale de l'aqueduc est de 134,000 m. Sur les fondations de son réservoir on en a établi un second, de mêmes dimensions, et destiné aux eaux prises dans la Marne à Saint-Maur, près Vincennes.

Un autre aqueduc va prochainement être construit pour amener à Paris les eaux de *la Vanne*; la quantité d'eau qu'il fournira est évaluée à 100,000 m. c. par 24 h.

*

Canal de l'Ourcq. — Réservoir principal au-dessus du bassin de la Villette. Ce canal fournit en 24 h. 1,000,000 de m. c. d'eau; il est en communication avec la Seine par le **canal Saint-Martin,** qui traverse Paris de la Villette au pont d'Austerlitz, et par le **canal Saint-Denis** qui va jusqu'à St-Denis. — Ces trois canaux ont été construits sous l'Empire et la Restauration pour alimenter d'eau les bas quartiers de Paris et pour faciliter les transports de marchandises du Soissonnais vers le centre de la France.

En 1864 on a exécuté d'immenses travaux pour baisser le niveau du canal Saint-Martin et le couvrir d'une voûte qui supporte le boulevard Richard Lenoir, et fait cesser ainsi l'isolement des quartiers de l'est de Paris.

*

Puits artésien de Grenelle, avenue de Breteuil, derrière les Invalides, terminé en 1841 (M. Mulot, ing.). Il donne près de 2,000 m. c. d'eau en 24 h. La couche aquifère est à 547 m. de profondeur et l'eau s'élève hors du sol jusqu'au sommet de la colonne en fonte par un tube de 33 m. de hauteur. Les eaux sont emmagasinées dans un réservoir situé près du Panthéon.

Puits artésien de Passy, avenue de St-Cloud, terminé en 1861 (M. Kind, ingén.), 586 m. de profondeur; le débit, primitivement de 20,000 m. c. environ, a diminué : il n'est plus que de 16,000 m. c. par 24 h. Ses eaux alimentent les lacs et les rivières du bois de Boulogne.

Il existe encore pour le service des eaux de Paris : les machines du Port-à-l'Anglais, du pont d'Austerlitz, de Chaillot et de Saint-Ouen, qui élèvent des eaux de la Seine; celle de St-Maur, fournissant les eaux du bois de Vincennes, et enfin deux puits artésiens forés en 1854 et 1855, place Hebert et Butte aux Cailles, mais qui fournissent relativement une petite quantité d'eau.

*

Egouts. — Leur réseau, qui parcourt le sous-sol des rues de Paris, présente une longueur totale de 130 lieues. Six galeries principales reçoivent les eaux des galeries secondaires, et vont se réunir sous la place de la Concorde, dans le grand collecteur d'Asnières. Les eaux de la rive gauche traversent la Seine au moyen d'un siphon en fer qui est immergé à 2 m. au-dessous des plus basses eaux du fleuve.

PLAISIRS ET DISTRACTIONS

DU SOIR ET DU JOUR.

THÉATRES. — CONCERTS. — CAFÉS-CONCERTS. — BALS. — PASSE-TEMPS.

Avis important. — Nous ne saurions trop recommander aux voyageurs de faire l'acquisition du *Carnet économique*, vendu 2 fr. dans tout Paris. — Grâce à une série de bons, nommés chèques, tout porteur de ce carnet obtient sur le prix de chaque plaisir un rabais qui s'élève jusqu'à 2 fr. Le montant total des réductions est de 102 fr.

I. — SOIR.

Théâtres.

Chaque jour, des affiches apposées dans tous les quartiers de Paris, et que l'on peut consulter facilement pendant les promenades de la journée, font connaître la composition du spectacle de chaque théâtre pour la soirée et très-souvent aussi pour les jours suivants. — Les heures d'ouverture sont placées en tête, à droite et à gauche. Les prix des places prises au bureau ou en location figurent aussi sur les affiches. — Des pancartes roses exposées dans les hôtels donnent les mêmes renseignements. — En payant un supplément de 50 c. à 2 fr., selon la place et le théâtre, on peut retenir ses places à l'avance, soit au bureau de location de chaque spectacle, soit à l'agence des théâtres, boulevard des Italiens, 18. — Des petits modèles des salles facilitent le choix.

Les représentations théâtrales finissent vers minuit.

Opéra ou *Académie Impériale de musique et de danse*, rive dr. — N'est ouvert ordinairement que les lundis, mercredis et vendredis. Grands opéras et ballets.

Subvention annuelle 900,000 fr. Recettes 1,150,000 fr. Honoraires du personnel, 1,635,000 fr.

La nouvelle salle construite boulevard des Capucines, sur les dessins de M. Garnier, couvre une superficie de 10,000 m. environ; elle surpasse en dimensions et en luxe décoratif tout ce qui a été fait jusqu'ici dans ce genre. La scène, qui n'a pas moins de 30 m. de profondeur, peut être portée jusqu'à 50 m. La coupole qui s'élève au centre de l'édifice mesure 60 m. de hauteur. Dépense totale 20 millions.

Théâtre-Italien, rive dr.— Place Ventadour. Mardis, jeudis et samedis ; musique italienne.

Théâtre-Français, rive dr.— Au Palais-Royal. — Tragédies et comédies. 1,500 places.

Ce théâtre a été construit en 1780. Le nouvel escalier (1866) est très-beau, ainsi que le vestibule orné des statues de Mlle Rachel (*la Tragédie*), et de Mlle Mars (*la Comédie*), par Duret. — Dans le foyer, voir l'admirable *statue de Voltaire* (Houdon) et la belle cheminée représentant les acteurs couronnant *Molière* (Lequesne).

Odéon, ou *second Théâtre-Français*, rive g.— Place de l'Odéon, en face le Luxembourg. — Comédies, drames et tragédies. 1,600 places. —Construit en 1818. — Beau monument.

Opéra-Comique. — Place Boïeldieu, près le boulevard des Italiens. 1,800 places. — Jolie salle construite en 1838.

Théâtre-Lyrique. — Place du Châtelet. 1,850 places.— Construit en 1862.— Plafond lumineux remplaçant le lustre.— Opéras et opéras-comiques. — La location des stalles de 1 fr. 50 et de 2 fr. 50 n'entraîne pas de supplément.

Théâtre du Châtelet.— Place de ce nom. — 3,500 places. — Construit en 1862. — Beaux couloirs et escaliers. — Plafond lumineux. — Pièces militaires, féeries, drames et ballets.

Gymnase. — Boulevard Bonne-Nouvelle. — Comédies sérieuses et vaudevilles.

Vaudeville. — Place de la Bourse. — Vaudevilles et comédies sérieuses.

Variétés. — Boulevard Montmartre.— Vaudevilles et comédies bouffes.

Palais-Royal. — Péristyle Montpensier. — Vaudevilles, parodies et pièces comiques.

Porte-Saint Martin. — Boulevard de ce nom. — Drames, pièces historiques, féeries et ballets. — 1,800 places.

Ambigu. — Boulevard Saint-Martin. — Drames historiques et autres. — 1,900 places.

Gaîté. — Place des Arts-et-Métiers. — Plafond lumineux remplaçant le lustre. — Drames et féeries.

Bouffes-Parisiens. — Passage Choiseul. — Opérettes et parodies musicales. — 700 places.

Folies-Marigny. — Champs-Elysées. — Vaudevilles, opérettes et parodies.

Fantaisies-Parisiennes. — Boulevard des Italiens, 26. — Opéras-comiques et opéras-bouffes.

Folies-Dramatiques. — Boulevard Saint-Martin. — Vaudevilles, revues, parodies.

Délassements-Comiques. — Boulevard du Prince-Eugène. — Féeries, vaudevilles, revues.

Théâtre-Déjazet. — Boulevard du Temple, 41.— Opérettes, vaudevilles, etc.

Menus-Plaisirs. — Boulevard de Strasbourg.— Vaudevilles, revues.

Nouveautés. — Faubourg Saint-Martin. — Drames, comédies, vaudevilles, opérettes.

Beaumarchais. — Boulevard de ce nom. — Drames, vaudevilles, etc.

Folies Saint-Germain. — Boulevard de ce nom. — Opérettes, vaudevilles, drames et revues.

Théâtre du Luxembourg ou **Bobino.** — Rue de Fleurus. — Vaudevilles et revues.

Théâtre Saint-Marcel. — Rue Pascal. — Drames, comédies, vaudevilles.

—

Théâtres des banlieues annexées :

Drames, vaudevilles, comédies, etc.

Rive droite : Bercy, Belleville, La Villette, Montmartre, Batignolles.

Rive gauche : Grenelle et Montparnasse.

Cirque Napoléon. — Boulevard des Filles-du-Calvaire. — Ouvert l'hiver ; salle remarquable par la hardiesse de sa construction. — 4,500 places.

Cirque de l'Impératrice. — Champs-Elysées. — Ouvert l'été. — 3,000 places.

(Ces deux cirques appartiennent à la même administration).

Exercices équestres, équilibres, gymnastique, etc. — Spectacle de 8 à 10 h. 1/2.

Cirque du Prince-Impérial. — Rue de Malte, près le boulevard du Temple. — Même spectacle que ci-dessus et pièces militaires. — 4,000 places.

Théâtre Robert-Houdin. — Boulevard des Italiens, 8. — Prestidigitation et physique amusante, par *Cleverman.*

Théâtres enfantins :

Séraphin. — Boulevard Montmartre, 12 (marionnettes);

Marionnettes lyriques. — Boulevard de Strasbourg.

—

CONCERTS

Concerts des Champs-Elysées, l'été, derrière le palais de l'Industrie, de 8 à 10 h. — Entrée : 1 fr.

—du Casino-Cadet, rue Cadet, 16.—Mardis, jeudis, samedis, dimanches.

— de l'Athénée, rue Scribe, 17.—On y fait aussi des conférences littéraires et scientifiques.

(Voir les affiches pour tous ceux qui n'ont pas lieu régulièrement).

***

Grands cafés-concerts :

Ces établissements, dont l'entrée est gratuite, mais où l'on paye en consommation, sont assez nombreux, surtout aux Champs-Elysées (où ils n'ont lieu qu'en été), et dans les faubourgs Montmartre, Poissonnière, etc.

Champs-Elysées, dans les bosquets de droite et de gauche.

Alcazar, faub. Poissonnière.

Eldorado, boulv. de Strasbourg.

Bataclan, boulv. du Prince-Eugène.

Alhambra, faub. du Temple.

Café-concert des Aveugles ou *du Sauvage*, au Palais-Royal. C'est le plus ancien de tous.

Vert-Galant, en bas du Pont-Neuf.

Folies-Dauphines, rue Contrescarpe-Dauphine.

—

BALS PUBLICS

L'excentricité des danses qui y sont exécutées attirent bon nombre de curieux.

Mabille et le Château des fleurs, aux Champs-Elysées. — Entrée : 3 fr. par cavalier, 1 fr. par dame.
Le jardin est coquettement aménagé. — Mardis, jeudis, samedis, dimanches.

Prado ou *Closerie des lilas*, rive g., carrefour de l'Observatoire. — Entrée : 1 fr. par cavalier. — Lundis, jeudis, dimanches.

Château-Rouge, à Montmartre. — Dimanches, lundis, jeudis. — 2 fr. par cavalier.

Casino-Cadet, rue Cadet, 16. — Lundis, mercredis, vendredis, dimanches.

Asnières, dans le parc. — A 5 k. de Paris par le ch. de fer de Saint-Germain : cavalier, 3 fr. ; dame 50 c. Dimanches : bal, concert, feu d'artifice. — Jeudis : fête de nuit. — (Voir les affiches).
Il existe en outre de nombreux bals de tout ordre aux anciennes barrières de Paris.

—

PASSE-TEMPS DU SOIR

La *flânerie*, le soir, est la vie même du vrai Parisien ; on la comprend quand on s'est attardé aux curiosités suivantes :

Magasins de luxe des rues de Rivoli, de la Paix, etc., et des boulevards, soit nouveaux, soit anciens, surtout entre la Porte-Saint-Martin et la Madeleine.

Les galeries du Palais-Royal sont extrêmement intéressantes.

Passages dignes d'être visités :

— **Jouffroy,** boul. Montmartre, 10, et rue Grange-Batelière, 9. — Très-fréquenté.

— **Verdeau,** qui fait suite au précédent.

Passage des Panoramas, boul. Montmartre, 11, et rue Vivienne, 38. — Très-beau.

— **Vivienne**, rue Neuve-des-Petits-Champs, 3, et rue Vivienne, 6. — Commerçant.

— **Colbert**, à côté du précédent.

— **Delorme**, rue Saint-Honoré, 287, et rue Rivoli, 188 et 190. — En face des Tuileries.

— **Choiseul**, rue Neuve-des-Petits-Champs, 44, et rue Neuve-Saint-Augustin, 19. — Près le théâtre Italien. — Animé.

— **de l'Opéra**, boul. des Italiens, 8 et 10, et r. Lepeltier, 10.

— **des Princes**, — id. — 5, et rue Richelieu, 97.

— **du Grand-Cerf**, rue Saint-Denis, 237, et rue des Deux-Portes-Saint-Sauveur, 8 et 10.

— **Bourg-l'Abbé**, rue Saint-Denis, 240, et rue de Palestro, au coin du boul. Sébastopol.

— **du Saumon**, rue Montmartre, 80, et rue Montorgueil, 65.

— **Véro-Dodat**, rue de Grenelle-Saint-Honoré, 29, et rue du Bouloi, 2.

C'est surtout dans les **bazars** que l'on voit *à son aise*, ces merveilleuses futilités de Paris qu'on achète souvent à titre de souvenirs.

Bazar Bonne-Nouvelle, près de la porte Saint-Denis, boulevard de ce nom, nº 20.

— **Européen**, dans les galeries Jouffroy.

— **de l'Industrie**, boulev. Poissonnière, 27.

— **du Commerce**, boulev. des Italiens, 7.

— **des Halles centrales**, boulev. Sébastopol, 5.

*
* *

Puissants *télescopes* sur les places Vendôme et de la Concorde (quelques centimes).

II

PLAISIRS ET DISTRACTIONS DU JOUR.

Panorama, au rond-point des Champs-Elysées (voir à cette avenue).

Hôtel et musée Pompéien, rive dr., r. Montaigne, 27 (entrée : voir la liste, p. 3). Omnib. **A**, **C**; omn. sur rails. — Construit pour le prince Napoléon sur le modèle des maisons découvertes à

Pompéï. — Cet hôtel a été vendu en 1866 et il est permis de le visiter moyennant une rétribution. — Atrium, au milieu duquel se trouve un bassin entouré de colonnes supportant le toit de l'impluvium. — Les salles ont été meublées et décorées à l'antique : beaux tableaux de Lancret, Léonard de Vinci, etc. Des expositions ont lieu parfois dans cet hôtel (v. aux affiches les conditions d'entrée).

Hippodrome, avenue de Saint-Cloud, près le bois de Boulogne. — Tous les jours à 3 heures, pendant l'été (voir les affiches du jour. Places : 50 c. à 2 fr. 50 c.)

Courses et steeple-chases d'avril à octobre. — Voir aux bois de Boulogne et de Vincennes.

CONCERTS :

Conservatoire de musique, faub. Poissonnière, 11. — Musique classique de janvier à avril (de deux en deux dimanches).

Concerts populaires de musique classique instrumentale du cirque Napoléon, les dimanches d'hiver, à 2 h.

Concerts des Champs-Elysées d'hiver donnés à deux heures les dimanches, au cirque du Prince impérial (rue de Malte).

Concerts du Pré-Catelan et tous autres, à jours variables (voir les affiches).

* * *

Paris voit éclore chaque jour des curiosités nouvelles de toute nature, des exhibitions, quelquefois très-intéressantes, de collections scientifiques ou artisques, de musées particuliers, etc., etc., qui s'installent pour un temps plus ou moins long, sur les boulevards, dans les passages, ou tout autre endroit fréquenté. Leur peu de stabilité s'oppose à ce qu'il en soit fait ici une mention spéciale.

Consulter les affiches et les journaux qui donnent à ce sujet tous les renseignements possibles.

TROISIÈME PARTIE

ENVIRONS DE PARIS

SOMMAIRE.

ENVIRONS DE PARIS

SAINT-CLOUD

ET LA MANUFACTURE DE SÈVRES.

—

Moyens de transport : *Chemin de fer de Versailles, rive dr.— Omnibus sur rails partant de la place de la Concorde. — Voitures partant de la rue du Bouloi,* n° 9. — *Chemin de fer d'Auteuil et de ceinture avec correspondance spéciale par les omnibus du chemin de fer de l'Ouest. — Bateaux à vapeur. (Voir au chapitre :* MOYENS DE TRANSPORT).

Saint-Cloud remonte à Clodowald, l'un des fils de Clovis qui, au sixième siècle, y fonda un monastère et une église. Ce prince, que des serviteurs chargés de le tuer avaient sauvé une première fois, n'échappa à la mort ordonnée par ses oncles qu'en se coupant lui-même les cheveux, marque de l'abdication irrévocable du pouvoir.

Saint-Cloud fut une résidence aimée et suivie par les rois de France, à partir de François Ier.— C'est là qu'Henri III fut assassiné par JacquesClément, en 1589.

La ville de Saint-Cloud (12 kil. de Paris) n'a rien de bien intéressant par elle-même; étagée sur le flanc d'une colline rapide, ses rues sont étroites et mal percées. Les jours de Courses à la Marche, les innombrables voitures qui défilent, donnent une animation inouïe à l'unique route traversant Saint-Cloud.

L'Eglise vient d'être reconstruite grâce à la munificence de l'Empereur, qui en paye la dépense sur sa cassette privée, par une cotisation de dix années.

Le château eut pour origine plusieurs maisons et propriétés voisines les unes des autres et dont Monsieur, frère de Louis XIV, fit successivement l'acquisition; celle du contrôleur Hervart fut restaurée, augmentée puis modifiée à diverses époques; elle est devenue le château actuel; sa forme est irrégulière et son emplacement n'est pas le meilleur qu'on eût pu trouver.

De graves événements s'y passèrent :

La dispersion du conseil des Cinq-Cents, par Bonaparte, le 19 brumaire;

Le mariage civil de Napoléon Ier et de Marie-Louise, le 1er avril 1810.

La capitulation de Paris y fut signée le 3 juillet 1815, — ainsi que les ordonnances de 1830 qui amenèrent la chute de Charles X. Henri IV y avait été reconnu roi en 1589, après la mort de Henri III.

Pour la visite du château, voir la liste des entrées, page 3; un garde accompagne les visiteurs et donne les explications nécessaires. — La principale curiosité consiste dans les belles peintures de la plupart des salles, parmi lesquelles nous citerons spécialement :

Le salon de Mars, décoré de peintures allégoriques d'une extrême beauté que Mignard exécuta en majeure partie. — La *galerie d'Apollon*, destinée aux grandes fêtes, est d'une extrême richesse décorative. C'est la plus belle de toutes. Remarquer surtout les nombreuses et magnifiques peintures allégoriques et les portraits exécutés par Mignard.

Le parc, extrêmement accidenté et d'une superficie de près de 400 hectares, est divisé en deux parties : le *parc réservé* attenant au château, et le *parc public*.

Visiter ce dernier dans l'ordre suivant, pour éviter tout chemin inutile :

Le *bas parc*, avenue de tilleuls où se tient la célèbre foire de Saint-Cloud en septembre; à l'extrémité des massifs d'arbres et près de la grille de Sèvres on a installé, le 15 mars 1867, les ateliers et la galerie de la *manufacture de Sèvres*. (Voir aux *Monuments et établissements civils*.)

La *grande cascade*, chef-d'œuvre du genre, construite par Lepaute; les eaux proviennent de Villeneuve-l'Etang, près Ville-d'Avray.

L'avenue du Tillet, qui traverse la cascade, passe auprès d'un bassin bien simple et très-connu pourtant par le *grand jet* du centre : la colonne d'eau monte à 128 pieds.

Ensuite il vous faut gravir les hauteurs de gauche, soit à pic, soit plus aisément par les routes en zigzags. Puis en montant l'esplanade gazonnée qui s'élève par étages en face du château vous arrivez au *point de vue* de la *lanterne de Diogènes*. Reproduction exacte d'une tour qui existe à Athènes. (Télescope : 25 c. pour regarder un point, 50 c. pour tout voir, y compris la chambre noire).

Après le repas et une promenade faite à votre guise dans les allées vertes du haut parc, vous quittez la lanterne en continuant votre chemin d'arrivée; à l'extrémité, tournez à gauche par une route sablée qui, en passant dans une carrière, atteint la large avenue ombreuse de Breteuil. — Prenant cette avenue à droite, vous passez devant le *pavillon de Breteuil*, et un unique chemin encaissé amène à la porte de Bellevue, ainsi nommée parce que la route qui fait face conduit droit à ce pays, voisin du château de Meudon, et au chemin de fer, rive g., par lequel on peut revenir à Paris. — L'omnibus sur rails passe devant cette porte. Si vous êtes fatigué, revenez au contraire dans le bas-parc entendre la musique militaire qui y est faite l'été, de 4 à 5 h. du soir.

—

BELLEVUE

A 10 kil. de Paris. — Chemin de fer de Versailles, rive gauche :
1re cl., 75 c. — 2e cl., 50 c.

Est l'un de ces nombreux pays que les chemins de fer ont fait naître ou développer aux environs de Paris; ce qui a contribué également au succès de Bellevue, c'est le bois, morcelé maintenant, mais qui était voisin, et le panorama qu'on découvre sur toute la vallée de la Seine, d une terrasse située à droite du chemin de fer.

En 1748, Mme de Pompadour s'étant enthousiasmée de cette vue, avait fait construire un château dont il reste peu de chose aujourd'hui, sous le nom de Brimborion.

C'est auprès de la station de Bellevue qu'eut lieu la catastrophe de 1843, dans laquelle Dumont d'Urville périt. Une chapelle commémorative a été élevée à gauche de la voie.

—

MEUDON

8 kil. de Pa. .s. — Chemin de fer de Versailles, rive gauche.

On se rend au château et à la terrasse avec plus de facilité par la station de Bellevue.que par celle de Meudon. Une superbe avenue de tilleuls y conduit directement.

La terrasse jouit d'une grande réputation pour le coup d'œil qu'on y découvre sur le Val-Fleury, le cours de la Seine et Paris. Malheureusement, au dire de beaucoup de monde, les maisons occupent trop d'espace maintenant et ont fait disparaître une grande partie du charme qu'on trouvait dans cette vue étendue. Montmartre, le mont Valérien, Montmorency, Villeneuve-St-Georges et les côtes de la vallée de la Marne forment l'horizon.

Cette terrasse, longue de 260 m. sur 120, a été créée vers 1660, par Servien, financier qui venait de faire l'acquisition du **château** neuf, construit quelques années plus tôt par Philibert Delorme pour le cardinal de Lorraine Ce vaste bâtiment devint propriété nationale pendant la Révolution et servit d'atelier de construction d'engins de guerre.

C'est aujourd'hui le château d'été du prince Napoléon.

La décoration intérieure n'a rien de bien remarquable, on y trouve pourtant quelques peintures et divers objets d'art d'une assez grande valeur.

Le parc, qu'on peut visiter avec un garde en l'absence du prince Napoléon, est très-vaste et très-giboyeux; de plus, il communique avec les *bois de Meudon*, fréquentés par de nombreux promeneurs parisiens.

—

VERSAILLES

ET LES TRIANONS.

Moyens de transport. — 1° Le chemin de fer de la *rive droite* (gare Saint-Lazare) ; départs toutes les heures, à la demie, depuis 7 heures 30 minutes. — Prix ; 1 fr. 50 c. et 1 fr. 25 c. — Jours de grandes eaux : 2 fr. et 1 fr. 50 c. ;

2° Le chemin de fer de la *rive gauche* (gare Montparnasse) ; départs toutes les heures, à l'heure, depuis huit heures : mêmes prix;

3° L'omnibus de la voie ferrée, place du Louvre ; départs toutes les heures ; prix : intérieur, 1 fr., impériale, 90 cent.; 25 cent. en plus les dimanches et fêtes ;

4° Le chemin de fer de ceinture qui donne correspondance avec les trains de Versailles.

—

Nota. — Une journée entière est le moins qu'on puisse accorder à Versailles ; encore tous les instants sont-ils comptés. Suivre donc à la lettre, pour éviter toute perte de temps, l'itinéraire que nous indiquons d'autre part (Voy. le premier dimanche de l'itinéraire de 15 jours).

—

Historique. — Versailles ne fut d'abord qu'un château très-modeste, sorte de rendez-vous de chasse, construit par Louis XIII, qui aimait à venir s'y reposer du fardeau des affaires, si pesant pour lui. Là se joua cette fameuse comédie enregistrée par l'histoire sous le nom de *Journée des Dupes*, (11 nov. 1650), et dans laquelle Richelieu, d'abord éloigné de la cour, sur les instances de la reine-mère, reconquit, par une démarche adroite, toute son influence sur l'esprit du roi.

Louis XIV, qui détestait Saint-Germain, décida la création d'un palais « suffisant pour loger sa grandeur » (Saint-Simon), et fit choix de Versailles comme emplacement. Les travaux, commencés en 1666, durèrent plus de vingt ans, et ne furent jamais terminés. On est peu d'accord sur le chiffre des dépenses qu'ils occasionnèrent. Mirabeau parle de douze cents millions ; d'autres, de plusieurs milliards. Où est la vérité ? Toujours est-il que Louis XIV, effrayé lui-même de sa prodigalité, brûla tous les mémoires concernant les travaux.

Le *grand roi* fixa définitivement en 1682 la résidence de la cour à Versailles, qui devint successivement le théâtre des fêtes brillantes du règne fastueux de Louis XIV, puis des royales débauches de Louis XV, et enfin des premiers événements de la Révolution.

Sous la république, l'Empire, et même la Restauration, on songea peu à Versailles.

Cet abandon avait amené le château, à un état de délabrement extrême, quand, le 1er septembre 1833, Louis-Philippe en ordonna la restauration complète et la création dans ses immenses galeries d'un musée historique, devenu aujourd'hui l'une des plus grandes curiosités de Versailles.

Versailles, chef-lieu du département de Seine-et-Oise, compte actuellement 35,600 habitants et une nombreuse garnison, qui ne suffit point à animer ses rues en général fort tristes. (Sous Louis XIV, la population était de 100,000 âmes.)

Visite. — En arrivant, se rendre immédiatement sur la *Place d'Armes*, devant le château, auquel font face les *Grandes* et *Petites Ecuries*, aujourd'hui transformées en casernes et que limitent les superbes *Avenues de Saint-Cloud, de Paris* et *de Sceaux*.

LE CHATEAU.

Pénétrez dans la *cour d'honneur*, fermée par une magnifique grille et décorée d'une statue équestre de Louis XIV, ainsi que de seize statues de grands hommes, dont voici les noms : à droite, Bayard, Colbert, Richelieu, Jourdan, Masséna, Tourville, Dugay-Trouin, Turenne ; à gauche, Du Guesclin, Sully, Suger, Lannes, Mortier, Suffren, Duquesne, Condé. Plusieurs de ces statues ornèrent pendant quelque temps le pont de la Concorde, à Paris.

Après avoir contemplé l'immense façade (au milieu de laquelle les constructions en briques de l'ancien château de Louis XIII font, par leurs proportions mesquines, un contraste assez choquant, avec les grandes lignes des bâtiments élevés par Mansard). On visite en détail les diverses ailes du palais, la *cour Royale*, située au milieu et précédant la *cour de Marbre*, ainsi nommée à cause de son dallage, enfin la *cour des Princes*, à gauche, et la *cour de la Chapelle*, à droite, par lesquelles on peut gagner les jardins et aller visiter l'autre façade du château; qui présente un immense développement et ne compte pas moins de 575 fenêtres.

LE MUSÉE.

C'est ordinairement par le passage de la cour de la Chapelle que l'on pénètre dans le musée. La salle d'entrée, au rez-de-chaussée, sert de vestibule à la *Chapelle* qui est richement décorée ; style florentin ; on y remarque surtout le maître-autel, en marbre et en bronze doré, de belles statues et quelques bonnes peintures.

Nota. — Le Musée — ouvert de 11 h. à 4 h. tous les jours, lundi excepté — renferme un nombre si considérable d'œuvres d'art qu'il nous eût été impossible d'énumérer même les plus remarquables. Nous préférons indiquer simplement l'ordre dans lequel on doit parcourir les galeries pour ne pas s'égarer dans cet immense dédale, et ne rien omettre des curiosités qui y sont accumulées. Hâtons-nous d'ajouter, du reste, que chaque tableau porte inscrit, au bas de son cadre, l'indication et la date de l'événement qu'il représente, ainsi que le nom du peintre.

Itinéraire. — Dans le vestibule de la chapelle s'ouvrent deux galeries : l'une, à droite, donnant sur des cours intérieures et renfermant des sculptures; l'autre, à gauche, donnant sur le parc, et par laquelle nous commencerons notre visite. — C'est la 1re *galerie de l'histoire de France*, qui se compose de 11 salles : tableaux des faits les plus mémorables depuis Clovis jusqu'à la Révolution.

Arrivé à l'extrémité, s'adresser au gardien qui y stationne pour visiter la *Salle de l'Opéra*, construite par Louis XV pour Mme de Pompadour. C'est dans cette salle qu'eut lieu, le 2 octobre 1789, la manifestation des gardes-de-corps, qui eût pour résultat d'amener le peuple à Versailles, pour conduire de force Louis XVI à Paris.

On passe ensuite dans la 1re *galerie de sculptures*, renfermant les statues et les tombeaux des rois de France, et qui donne accès dans les 4 *salles des Croisades :* magnifiques toiles de Blondel, Delacroix, Signol, etc.

Revenu au vestibule de la chapelle, prendre, à gauche, un petit escalier conduisant au premier étage, où se trouve un autre vestibule pour les tribunes de la chapelle et l'entrée de deux galeries, comme au rez-de-chaussée. Pénétrons cette fois dans la galerie de droite, qui renferme la suite des statues et tombeaux des rois de France. Au milieu, à droite, s'ouvrent les salles de la *Galerie de Constantine :* tableaux de Delaroche, Horace Vernet, Yvon, Couder, Steuben, etc., représentant les campagnes d'Afrique.

A l'extrémité de la galerie de sculptures se trouvent :

1o Un escalier conduisant au deuxième étage, où l'on visite une dizaine de salles consacrées aux *portraits historiques;*

2o A gauche, l'entrée de la 2e *galerie de l'histoire de France*, dont les tableaux représentent des événements postérieurs à 1797 (Gros, Gérard, Delaroche, etc.).

Arrivé à l'extrémité de cette galerie, on se retrouve au vestibule de la chapelle que l'on traverse pour gagner le *Salon d'Hercule* (immense plafond chargé d'ornements et de figures, par Le Moine) qui commence la série des galeries du centre du palais (1er étage).

On visite dans cette partie du château : les riches salles *de l'Abondance* (belles toiles de Van der Meulen), *des Etats-Généraux, de Vénus* (les trois Grâces, par Pradier), *de Diane* (beau buste de Louis XIV, par Le Bernin), etc., etc., *de la Guerre*, et l'on arrive à la grande *Galerie des glaces*, éclairée par 17 croisées en face desquelles sont autant d'arcades remplies de glaces dans toute leur hauteur. Tableaux de Lebrun.

De cette galerie on pénètre — première porte à gauche — dans les *appartements particuliers*, en commençant par la *Salle du Conseil*, où se voit une curieuse pendule avec automates, construite, en 1706, par Ant. Morand, qui n'était point horloger.

(*Nota.* — Dans la salle du Conseil se trouve l'entrée des *Petits appartements*, donnant sur la cour de Marbre, et que l'on peut visiter en s'adressant aux gardiens. — (Pourboire.)

Après la salle du Conseil viennent :

La *chambre à coucher de Louis XIV*, où mourut le grand roi : portrait d'Anne d'Autriche (Van Dyck); au plafond, Jupiter foudroyant les Titans (P. Véronèse); la *Salle de l'Œil de-Bœuf*, qui servait d'antichambre, l'*Antichambre du Roi* et la *Salle des gardes*.

On revient sur ses pas et l'on gagne, par la galerie des glaces, le *Salon de la Paix*, puis les *Appartements de la Reine*, qui conduisent à la *Salle du sacré.* — (Au plafond, le sacre de Napoléon, par David).

Visitant ensuite plusieurs salons, dont 6 sont consacrés aux aquarelles, on pénètre, à droite, dans la grande *Galerie des Batailles,* large de 13 mètres, longue de 120, et décorée avec la plus grande richesse. Elle est réservée aux toiles qui reproduisent les souvenirs de nos grands faits militaires.

A l'extrémité, le *Salon de* 1830 (scènes de la révolution de juillet), permet de pénétrer dans la 3e *galerie de sculptures,* adossée à la galerie des Batailles.

On visite ensuite au deuxième étage des salles de portraits faisant pendant à celles que l'on a parcourues dans l'aile nord du château. La dernière de ces salles, dite *de la Tourelle,* conduit à l'*Escalier de la Reine,* par lequel on arrive à l'*Escalier de marbre,* au bas duquel une série de vestibules conduisent : les uns, dans l'aile sud du palais, où se trouvent les *Galeries de l'Empire* (belles toiles de Gérard), les *Salons des Marines,* les salles des *Tombeaux* (dans une sorte de sous-sol) et une quatrième galerie de sculptures ; — les autres, dans la partie centrale du palais (rez-de-chaussée), où l'on parcourt les salles des Amiraux, des Connétables, des Maréchaux, des rois de France, des résidences royales, des guerriers célèbres, etc., etc., puis, une suite de vestibules ornés de sculptures terminent la visite du château.

LE PARC.

Ce parc est considéré comme le chef-d'œuvre de Le Nôtre. Entièrement dessiné dans le style français, qui n'admet que des avenues droites et des ronds-points réguliers, ce parc est pourtant l'une des plus jolies promenades que l'on puisse trouver, grâce aux charmilles qui le coupent en tous sens et aux grands arbres qui l'ombragent.

De plus, il est parsemé de constructions et d'œuvres d'art du plus haut mérite, qui le transforme en un véritable musée.

Nous vous en signalerons les principales curiosités, pour faciliter votre promenade :

Devant le château, s'étendent les *parterres d'eau.* — A gauche, se trouve l'*Orangerie*, limitée par deux magnifiques escaliers de 100 marches, et riche de plus de 1,200 grenadiers, citronniers et orangers, dont le plus âgé, le *Grand-Bourbon,* date de 1421. — Au-delà, on aperçoit la pièce d'eau dite *des Suisses* (parce qu'elle fut creusée par un régiment suisse), et les hauteurs de Satory.

A droite du palais, l'*allée d'eau,* bordée de nombreux groupes en bronze ou en marbre, conduit au *Bassin de Neptune* ou du Dragon, le plus remarquable de tous. (Il ne joue qu'en dernier — vers 5 h. du soir — les jours de *grandes eaux.*)

En contre-bas des parterres d'eau, s'étend le *Parterre de Latone,* où l'on accède par un escalier et deux rampes tournantes. Là surtout, plus encore que dans le reste du parc, les arbres sont taillés, rognés, avec cette régularité géométrique si en honneur autrefois dans les jardins. — Au milieu, on remarque le *Bassin de Latone,* et, plus bas, les deux petits *bassins des Lézards.* —A droite et à gauche, de nombreuses statues, vases, termes, etc., dont plusieurs par Coysevox.

Au delà de ce magnifique parterre s'ouvre une superbe avenue bordée de futaies et ayant au milieu un champ de gazon nommé le *Tapis-vert*. Elle conduit au *Bassin d'Apollon* (vulgairement connu sous le nom de *Char embourbé*), le plus grand après celui de Neptune, et à la suite duquel s'étend le *Grand canal*, large de 62 m. et long de 1,558 m. Ce canal est coupé en croix par un autre, de moindres dimensions, dont une des branches se termine à Trianon.

De chaque côté de l'allée du Tapis vert et du parterre de Latone, se trouvent une foule de bosquets, les uns toujours visibles, les autres ouverts seulement les jours de fêtes (on peut visiter ceux-ci en tout temps en s'adressant aux surveillants, dont le poste est situé à l'entrée du Tapis vert, à gauche. — Rétribution). Tous sont ornés de bassins avec jets d'eau. — Nous signalerons parmi les plus remarquables :

A droite, (en tournant le dos au château) : le *Rond vert*, les *Bains d'Apollon*, le bassin d'*Encelade*, l'*Obélisque*, etc.

A gauche : la *Salle de bal*, le *Bassin du miroir*, la *Colonnade*, etc.

Mentionnons tout spécialement de ce même côté : le *Bosquet* ou *Jardin du Roi* et celui *de la Reine*, dessinés à l'anglaise, et magnifiquement décorés de fleurs et d'arbres exotiques.

LES TRIANONS.

On s'y rend par une magnifique avenue qui commence au bassin de Neptune et qui communique avec le *boulevard de la Reine*. — *L'allée de la Reine*, derrière le bassin d'Apollon, conduit également aux Trianons (entrée ; voir la liste, p. 3)

Louis XIV fit bâtir le **Grand-Trianon**, en 1637, pour s'y reposer des ennuis du faste et de l'ostentation qui l'assiégeaient à Versailles. Construit sur les dessins de Mansard, ce château n'a qu'un rez-de-chaussée décoré de pilastres et couronné d'une balustrade.

Les *appartements*, entièrement restaurés sous Louis-Philippe, méritent une visite. Ils renferment de nombreux objets d'art. On y voit une superbe coupe en malachite donnée par Alexandre à Napoléon 1er.

Les *jardins*, ornés de bassins et de bosquets, ne sont qu'une imitation de ceux de Versailles.

Le **Petit Trianon**, à l'extrémité du parc du Grand-Trianon, est un pavillon carré, fort simple et de peu d'étendue. Il fut construit par Louis XV, en 1766, pour madame Dubarry.

Nota. — L'entrée de la cour est libre, ainsi que celle du parc ; s'adresser au concierge, à gauche, pour visiter le *château*, encore plus simple peut-être à l'intérieur qu'à l'extérieur.

Le *parc*, dessiné à l'anglaise, est décoré de jolies pièces d'eau et de plusieurs chalets formant ce que l'on appelle le *hameau*. C'est là que Marie-Antoinette aimait à venir jouer des scènes villageoises d'Opéra-Comique. Ce qui fait surtout l'ornement de ce parc, ce sont ses arbres magnifiques qui appartiennent, pour la plupart, à des essences étrangères. — Ne pas négliger d'y visiter, près de l'Orangerie, le *Jardin des fleurs*, créé en 1850, et où l'on admire de belles collections d'azalées, de rhododendrons et d'arbres toujours verts.

LA VILLE.

Les promeneurs accordent d'ordinaire fort peu de temps à la visite de la ville; leur attention étant absorbée par le château et ses dépendances. Pour ceux qui trouveraient le moyen de consacrer quelques instants à parcourir les principales rues, disons que les monuments offrant quelque intérêt sont, en général, assez voisins du château. Ce sont :

L'*Eglise Notre-Dame*, rue de la Paroisse (Mansard, arch., 1684-1686); édifice assez lourd, dont l'ornementation intérieure a disparu en grande partie pendant la révolution. Voir (2e chapelle à g.) le cénotaphe du comte de Vergennes, ministre sous Louis XIV.

L'*Eglise Saint-Louis*, place de ce nom (1743); construite par le petit-fils de Mansard, dans un style qui lui fait peu d'honneur. — On y voit quelques bons tableaux.

Le *Théâtre*, rue des Réservoirs, à côté de la *Préfecture*.

La *salle du jeu de paume*, célèbre par le fameux serment qu'y prêtèrent les membres de l'Assemblée nationale, le 20 juin 1789. Une inscription placée à l'intérieur rappelle cet événement. Cette salle, située près de l'avenue de Sceaux et de la place d'Armes, servit longtemps d'atelier à Horace Vernet.

Mentionnons enfin la statue du général *Hoche*, enfant de Versailles (place Hoche, quartier Notre-Dame), et la statue de l'*abbé de l'Epée*, au centre du marché Saint-Louis, rue Royale.

SCEAUX

ROBINSON — FONTENAY-AUX-ROSES — CHATILLON
BAGNEUX

SCEAUX.

Communications : Voitures dites gondoles, partant rue Dauphine, à Paris, et chemin de fer à la barrière d'Enfer, 11 k.— Les omnib. AG et I vont à la gare.

Il est préférable de prendre le chemin de fer, en allant, c'est une véritable curiosité, unique en son genre.

Construit en 1845, on s'est appliqué, à titre d'expérience, à établir des courbes dont le rayon descend jusqu'à 25 m., c'est-à-dire de 30 et 40 fois plus petit que dans les courbes les plus prononcées des grandes lignes ferrées; dans les gares de Paris et de Sceaux on a obtenu ainsi deux cercles complets, et sur le coteau de Sceaux, on a tracé un lacet cinq fois replié sur lui-même. Les wagons de cette ligne sont spéciaux et forment des trains dits articulés; en effet, les essieux, au lieu d'être fixes sous les caisses, pivotent sous l'action des courbes et se transmettent la déviation nécessaire pour rester dans la voie ; de plus, des galets ou petites roues courant sur le côté des rails, aident aux mouvements tournants et évitent les déraillements. — Ce système, qu'une longue expérience a fait reconnaître bon en lui-même, n'a pas été employé ailleurs; il entraîne certaines dépenses courantes qui atténuent d'autant l'économie réalisée sur les frais de construction.

On peut voir en passant à Arcueil, mais difficilement, un aqueduc romain qui traverse la vallée et amène à Paris les eaux réunies à Rungis, village distant de 3 lieues.

Deux mots sur Sceaux. — Sceaux est dans une charmante situation, sur une colline de 102 m. et au centre d'un ravissant pays. Ce ne sont que mamelons verdoyants, vallées fraîches et ondulées; un étang, des ruisselets, des bois dans le fond de la vallée principale; de l'autre côté, un horizon étendu. Ce n'est pas la grande campagne, mais on ne voit partout que villas coquettes, sentiers ombragés par des noyers, et surtout vastes cultures de fraises, de rosiers et de fleurs de toutes sortes.

Sceaux était un lieu de pèlerinage au douzième siècle. Simple hameau d'abord, puis village, il n'acquit une réelle importance qu'à la fin du dix-septième siècle, lorsque Colbert y construisit un magnifique château, célèbre par les fêtes dont il fut le théâtre à diverses reprises : fêtes de jour données par Colbert à toute la cour; fêtes de nuit données par la galante duchesse du Maine avec une prodigalité inouïe ; fêtes patriotiques, sous la République, en l'honneur de l'Agriculture et de la Liberté. — Ce magnifique château fut rasé en 1798. Une petite partie du parc, l'ancienne ménagerie, où s'arrête le chemin de fer, a été transformée depuis cette époque en *bal public* qui a hérité immédiatement de la vogue des fêtes qui venaient de finir.

L'église, construite en 1680 sur l'emplacement de l'ancienne chapelle de Saint-Mammès, mérite une visite pour une *Sainte Vierge couronnée par l'Enfant Jésus* et surtout pour le *Baptême du Christ*, véritable merveille de sculpture (Puget).

Sceaux, quoique n'ayant guère que 2,600 habitants, est l'une des deux sous-préfectures de la Seine ; un gracieux *Hôtel de ville* a été construit pendant ces dernières années.

—

ROBINSON.

AULNAY. — VALLÉE AUX LOUPS. — PLESSIS-PIQUET.

Moyens de transport : 20 à 30 minutes suffisent pour s'y rendre à pied par une route qui ne laisserait pas que d'être très-agréable, si une poussière effroyable n'était soulevée, les jours d'été, par les chars-à-bancs et les omnibus qui viennent de Sceaux (25 c. par place).

Robinson, avant 1848, était un lieu de calme et de repos ; un industriel eut l'idée d'installer une salle à manger dans les branches d'un énorme châtaignier, et fit peindre un Robinson sur son enseigne ; la spéculation réussit ; tous les grands châtaigniers, et ils sont nombreux, subirent cette transformation. — Aujourd'hui, Robinson est le lieu le plus bruyant qu'on puisse voir. Ce ne sont partout que marchands forains, tourniquets, chevaux de bois, ânes et chevaux de louage, tirs à l'arbalète ou à la carabine, etc. Ajoutez que tous les bois sont fermés de treillages et que l'air en cet endroit est rempli de molécules de grès impalpables, mais trop visibles, hélas, que soulève la foule, et vous comprendrez que nous vous engageons à ne jeter qu'un coup d'œil en passant sur cet endroit dont la vogue est si grande.

Si vous voulez voir la *Vallée aux Loups*, il faut prendre la petite route qui descend à gauche et passer par le hameau d'Aulnay ; vous vous trouverez dans une charmante et fraîche vallée remplie de belles habitations, parmi lesquelles figure, au pied même de la côte de Robinson, la maison de Châteaubriand qu'on reconnaît à ses créneaux et à son aspect moyen âge. — Les chemins de gauche de cette vallée ramènent sur la route de Sceaux à Robinson par une direction parallèle à la route d'Aulnay.

De Robinson, l'on revient à Fontenay-aux-Roses en 30 à 40 m., en suivant la route qui fait face à la rue de Robinson. L'on passe sur la digue de l'étang de *Plessis-Piquet* et l'on prend le chemin bordé de haies qui gravit la colline en biais en s'inclinant sur la droite. Du point culminant on aperçoit distinctement, au loin et droit au sud, la vieille tour démantelée du château féodal de Montlhéry.

—

FONTENAY-AUX-ROSES.

BAGNEUX. — CHATILLON.

Ce pays mérite encore son nom, quoi qu'on en dise, car la plupart de ses maisons et de ses murailles sont recouvertes de roses de toutes nuances auxquelles viennent se mêler les grappes violacées des glycines.

Ce village pourrait fort bien s'appeler à juste titre aussi Fontenay-aux-Fraises, depuis que la culture de ce fruit est devenue la principale ressource du pays.

Le sol de Fontenay est très-accidenté et la position générale est fort belle ; aussi les propriétés y sont-elles si nombreuses que le village et *Châtillon*, séparé d'elles jadis par 2 k. de distance, forme maintenant un groupe compacte de maisons entourées de jardins.

Deux voitures, les Fontenoises et les Montrougiennes relient Fontenay à Paris tous les quarts d'heure.

En revenant de Fontenay à Paris, la voiture laisse sur la droite **Bagneux** (l'antique Balneolum des Romains) qui, s'il lui reste ses fraises, n'a plus de bois depuis longtemps, quoi qu'en dise la chanson.

On traverse ensuite **Châtillon**, village fortifié au moyen âge et dont les rues sont tortueuses et rapides ; on découvre Paris tout entier en se mettant auprès des moulins à vent construits sur le plateau.

L'on rentre à Paris par les quartiers de Montrouge et du Luxembourg.

SAINT-DENIS

—

Moyens de transport. — *Chemin de fer du Nord* (7 k. de Paris) ; trains toutes les heures. — 1re classe, 80 c.; 2e classe, 60 c.; 3e classe, 40 c. Billets d'aller et retour à prix réduits. — *Voitures*, 40 c., tous les quarts d'heure, rue du Faubourg Saint-Denis, 41. — *Omnibus* par les Batignolles et Saint-Ouen, *en correspondance avec les omnibus de Paris*.

De la gare à la ville. — Prendre l'omnibus à la station pour l'église et la ville (10 c.), ou plutôt aller à pied (10 minutes) par la rue du Port, le cours Ragot, à gauche, et la rue Compoise, après avoir visité toutefois l'église neuve de *Saint-Martin de l'Estrée*, qui a remplacé la vieille paroisse de ce nom.

Deux mots sur Saint-Denis. — Auprès de la Seine ; l'un des deux chefs-lieux d'arrondissements de la Seine ; 17,000 habitants; fortifications se rattachant au système de défense de Paris.

Cette ville, aujourd'hui essentiellement industrielle, est très-ancienne.

La légende rapporte que saint Denis décapité, en 240, sur la butte Montmartre, porta sa tête jusqu'à l'emplacement actuel de la cathédrale et qu'une chapelle fut élevée au martyr. De nombreux pèlerins accoururent et, en 656, Dagobert fit construire une nouvelle église autour de laquelle la ville se groupa bientôt ; puis, des murailles furent élevées. Dès lors Saint-Denis se trouva mêlée à toutes les guerres du moyen âge.

*
* *

La célèbre **Abbaye de Saint-Denis** remonte également au temps des premiers rois de France ; elle eut 73 abbés, de 637 à 1692, époque où elle fut supprimée par madame de Maintenon qui favorisait la maison de Saint Cyr.

La puissance, la richesse et les immunités de l'abbaye de Saint-Denis furent immenses. Lieu d'asile pour tous les criminels, elle avait une juridiction distincte de celle du chapitre de Notre-Dame de Paris, et s'étendant sur un vaste territoire. — L'un de ses abbés, Suger, fut régent de France, et plusieurs rois de la deuxième race s'honoraient du titre d'abbés de Saint-Denis.

Les bâtiments (entièrement restaurés) qui s'élèvent à droite de l'église forment aujourd'hui la *maison de la Légion d'Honneur*, institution où sont élevées les filles de légionnaires sans fortune.

*
* *

BASILIQUE DE SAINT-DENIS. Elle fut construite au douzième siècle (1131-1151) par Suger, sur l'emplacement d'une église qui, au huitième siècle, avait remplacé la chapelle primitive élevée par sainte Geneviève en 440.—La basilique actuelle faillit être rasée en 1793; mais, à partir du Consulat, on s'est appliqué au contraire à la réparer; et depuis plusieurs années on exécute d'immenses travaux pour la rétablir *telle qu'elle était au temps de Suger*, ce programme est si rigoureusement observé que l'on enlève ou détruit tout ce qui a été fait sous le premier Empire, la Restauration et Louis-Philippe.

La forme de l'église est celle d'une croix de 108 m. de longueur sur 37 de largeur.

Extérieur. — La façade est divisée en trois parties. — Le portail central est orné de scènes du dernier Jugement. Celui de droite a pour sujet saint Denis communiant dans sa prison; dans les douze écussons des chambranles on voit les travaux de l'année. Les chambranles du portail de gauche figurent les signes du zodiaque; au-dessus, saint-Denis marchant au supplice est d'une bien mauvaise restauration.

Dans la partie supérieure de la façade, on remarque la rosace à douze branches transformée en cadran; huit statues de rois, rangés en 2 groupes, (à gauche, Clovis, Dagobert, Philippe IV, Charlemagne; à droite, Hugues Capet, Robert, Louis le Gros, Louis VII); enfin les créneaux qui couronnent l'édifice depuis les troubles qui suivirent la bataille de Poitiers.

Une tour, haute de 58 m., subsiste seule depuis 1846, époque où fut démolie la grande flèche de g., dont une partie avait été renversée par la foudre en 1837, et qui était encore trop pesante pour sa base. Déjà une première flèche avait été incendiée de la même manière en 1219. Le clocher actuel doit être détruit, et deux nouvelles flèches plus élancées seront construites, comme au temps de Suger, sur les deux tours.

Avant de pénétrer dans l'église, examiner le côté nord et la porte qui s'y trouve (rue Napoléon). C'est là que le style ogival de l'édifice est le plus pur. Remarquer surtout la dimension et la hardiesse extraordinaire de la rosace au-dessus du portail.

Intérieur. — Pour visiter: S'adresser aux gardiens chargés de montrer et de décrire les curiosités qu'on ne pourrait pas d'ailleurs voir sans leur office (rétribution volontaire).

Rien ou peut s'en faut ne subsiste, ou du moins ne subsistera, de la dernière église, ainsi que des restaurations faites de 1806 à 1848. Tout le gros œuvre, du reste, est déjà fait ou restauré.

Le *porche* et les vitraux qui l'éclairent remontent aux onzième et douzième siècles. Il doit être reconstruit entièrement.

La nef est d'une très-belle exécution. Les *vitraux* qui la décorent et représentent 56 rois de France doivent disparaître. Il en sera de même de tous ceux qui ornent le chœur et retracent soit le martyre de Saint-Denis, soit au-dessus, sur trois lignes différentes, les portraits des rois, des reines de France, et des 73 abbés de Saint-Denis.

De même, les vitraux rappelant les visites de Napoléon et de Louis-Philippe doivent faire place aux copies des vieilles verrières qui y étaient placées primitivement. Les grandes rosaces des branches de la croix de l'église doivent perdre aussi leurs vitraux (nord : généalogie de la Vierge — sud : création du monde, zodiaque et travaux des saisons).

On voit derrière le chœur, de belles verrières remontant à saint Louis, spécimen de ce qui doit être replacé. Ce chœur ne fut terminé qu'en 1281, sous Philippe III; les colonnes sont romanes. Le maître-autel doit être peint et doré comme au moyen âge; les chapelles absidiales, fond bleu semé d'étoiles d'or.

Tombeaux. — Saint-Denis est depuis dix siècles la sépulture des rois et des reines de France, dont les mausolées ont été placés tour à tour dans l'église supérieure et dans l'église inférieure. Le premier roi inhumé à Saint-Denis fut Dagobert dont le tombeau est dans la partie droite du chœur; le dernier roi placé dans l'église supérieure fut Henri II; après ce roi et jusqu'à Louis XVIII, les corps furent placés dans l'église souterraine. Des princes du sang et même quelques grands hommes furent inhumés à Saint-Denis.

C'est du 12 au 24 octobre 1793 qu'eut lieu la violation des tombeaux. Tous les ossements des rois et les objets trouvés dans les sarcophages furent jetés pêle-mêle dans une fosse creusée hors de l'église. Sous la Restauration on rechercha ces ossements et le peu qu'on en retrouva fut déposé dans des cercueils placés par ordre chronologique dans la crypte ; les lacunes furent remplies par des cercueils vides.

Depuis 1860 on ne visite plus la crypte, mais les mausolées qui, avant 1793, étaient disséminés dans l'église haute (Dagobert à Henri II), ont été remis exactement à leur place primitive.

Les mausolés les plus remarquables comme sculptures sont ceux de :

Côté droit : Louis d'Orléans, frère de Charles VI, et Valentine de Milan; orné de 24 statues de martyrs et d'apôtres. — Une urne renfermant le cœur de François Ier et le monument de François Ier et de sa famille (1550, Germain Pilon). Les bas-reliefs représentent la bataille de Marignan, etc.

Côté gauche : Tombeaux de Louis XII, en marbre blanc, puis de Catherine de Médicis et de Henri II (Germain Pilon).

Parmi les autres monuments, nous citons :

A droite : ceux de Charles, comte d'Etampes ; Clovis, Charles Martel, Philippe III, Philippe IV, Carloman, Pépin le Bref, René de Bourbon, Dagobert, Charles V, Charles VI, Isabeau de Bavière, Duguesclin, Turenne, Frédégonde (mosaïque).

A gauche : les tombeaux de la famille des Valois.

Au centre : quatre dalles donnent accès au caveau impérial qui s'étend sous l'autel.

* *
*

La **ville** n'est pas intéressante. Outre la grande rue centrale, terminée par une place ornée d'une gracieuse fontaine en bronze (Sauvageot) placée en 1865 sur un puits artésien, il existe de larges boulevards extérieurs passant, au nord, auprès de grandes casernes.

Sur le cours Ragot a lieu, en juin, la *foire du Landy*, bien déchue de son importance. Instituée dans un but religieux, il y a 1000 ans, lorsque Charles le Chauve donna un morceau de la vraie croix à l'église Saint-Denis, cette foire était devenue au seizième siècle un immense marché universel.

Saint-Denis a une spécialité : les *talmousés*, gâteau dont la réputation est centenaire et qu'on ne trouve que là.

De l'autre côté du canal et du chemin de fer, la Seine forme une Ile, repaire de seigneurs pillards, au neuvième siècle, et aujourd'hui bien connue des canotiers, de la jeunesse joyeuse de Paris et des amateurs de friture.

ENGHIEN & MONTMORENCY

ENGHIEN

Moyens de transport. — Chemin de fer du Nord, ligne de Pontoise (13 k. de Paris). — Trains toutes les heures. — 1re classe: 1 fr. 35 c.; 2e classe: 1 fr.; 3e classe: 75. — Billets d'aller et retour à prix réduits.

Petite ville toute moderne, très-animée et qui doit sa fortune rapide à trois causes : à sa position dans une vallée ravissante, ombragée d'arbres fruitiers nombreux, surtout de cerisiers; à un lac charmant, le seul qui soit aussi près de Paris; à des sources abondantes d'eaux minérales sulfureuses.

La ville. — En sortant de la gare, longer le chemin de fer à gauche jusqu'à la grande rue qui, par la droite, conduit directement à l'établissement thermal et au lac. Cette voie est une route départementale venant d'Argenteuil et allant à Montmorency. Les rues latérales ou perpendiculaires à cette rue sont bordées de propriétés qui, plus petites que celles du lac, sont en général peu intéressantes pour l'étranger. L'*église* est une construction récente d'une grande simplicité.

Une fois à l'extrémité de la grand'rue, vous êtes au plus bel endroit d'Enghien.

Le lac. — Surface de 42 hectares, soit 420,000 mètres carrés.

La plupart des propriétés qui entourent le lac se recommandent à votre attention par leur aspect ou par le nom de leurs propriétaires anciens ou actuels. Ainsi nous citerons :

Derrière vous (car vous regardez le lac sans aucun doute), le moulin qui a remplacé celui du meunier, premier habitant de cette campagne; à côté, au n° 91, le pavillon qui appartint à Talma, aujourd'hui transformé en restaurant. — Tout au fond du lac, le château crénelé de M. Bocquet; à côté et un peu à gauche, le manoir gothique que fit construire M. de Girardin; mais on ne peut pas l'apercevoir de l'endroit même où vous êtes. — Plus à gauche encore et dans les arbres, le chalet de Mme Darcier, cantatrice. — Sur la rive droite, la grande propriété de M. Delhaye et le chalet de Mme Osy, ancienne actrice des Variétés. — Puis, tout près, le petit parc des Roses donnant accès à l'embarcadère des bateaux de location.

Bateaux : 2 fr. 50 c. par heure pour une personne, et 50 c. de supplément pour chaque promeneur en plus. — On ne peut aborder à aucune rive faisant partie de propriétés particulières.

Tour du lac. (3 ou 4 kil.) — Prenez l'avenue Saint-Gratien, à droite, au delà de la digue et promenez-vous à votre inspiration par les routes circulaires. Vous contournerez d'autant plus près le lac et vous ferez d'autant moins de chemin, que vous appuierez plus constamment sur la droite. D'ailleurs, quels que soient les chemins que vous suiviez (et ils s'écartent très-peu les uns des autres), vous trouverez de jolies échappées de vue et de coquettes villas ornées de constructions genre moyen âge.

L'extrémité du lac d'Enghien touche à la commune de *Saint-Gratien* (jolie église avec le tombeau de Catinat), où la princesse Mathilde possède un château, qu'on aperçoit de l'avenue de ceinture, en passant entre le grand et le petit lac.

MONTMORENCY.

Communication avec Enghien par un petit embranchement de chemin de fer de 4 k. — Prix : 1re cl.: 50 c 2e cl.; 35 c.

Montmorency est une ville de 2,600 habitants, placée dans une belle situation, sur une colline d'où la vue embrasse la vallée et les environs et Paris. Elle s'adosse, en outre, à une forêt chère aux Parisiens amateurs de parties d'ânes.

La location des ânes et des chevaux pour promenades est une industrie importante de la localité. (*Prix variables, régler ses conditions par avance.*)

Un mot sur Montmorency. — C'est en ce lieu que la famille des Montmorency vint s'établir, au neuvième siècle, en la personne de Bouchard le Barbu, voisin assez gênant, dont les abbés de Saint-Denis avait obtenu du roi Robert l'éloignement de l'île de Saint-Denis. Un château fort, construit dès cette époque, acquit bientôt une grande importance. Renversé et reconstruit à deux reprises, il fut définitivement détruit au quatorzième siècle par les Anglais. La ville, qui peu à peu s'était formée auprès du manoir, survécut à la forteresse et même, pendant trois siècles encore, prit une part active aux luttes du moyen âge.

Aujourd'hui, Montmorency n'est plus qu'une petite ville bien calme la semaine et remplie d'une joie bruyante les dimanches d'été. Que d'écrivains et d'artistes y ont passé des heures de folle gaîté à l'hôtel du *Cheval-Blanc* (sur la grande place), dont la double enseigne, placée sous verre, est due aux pinceaux d'Isabey et de Gérard.

L'**église**, aux deux tiers de la côte, domine toute la vallée d'Enghien. (Voir le panorama de la terrasse.)

C'est un beau monument du seizième siècle, où l'ogive et le plein-cintre s'harmonisent ; les *vitraux* du côté sud et du chœur, les seuls qui restent depuis 1793, sont d'une richesse de coloris merveilleuse. Les nombreux tombeaux de la famille de Montmorency ont disparu à cette époque ; il ne reste plus que les écussons, en grande partie effacés, qui décoraient toutes les colonnes et les clefs de voûte. — Dans la chapelle, à gauche du porche de l'église, le *mausolée* des généraux polonais Kniaziewicz et Niemcewicz, et la plaque de marbre voisine consacrée à la mémoire des Polonais morts en 1831. — On voit aussi plusieurs beaux tableaux.

On se rend de l'église à la grande place par les rues de l'Eglise d'Enghien, de l'Hôtel-de-Ville, de l'Hospice et du Marché.

Le souvenir de J. J. Rous[illegible]séparable de Montmorency; il y habita, du 15 décembre [illegible]ril 1762, une maison dite le Petit Mont-Louis et située sur le revers qui regarde la vallée et son étang comme on l'appelait alors, aujourd'hui lac d'Enghien.—C'est dans cette maison que Rousseau composa *Emile, le Contrat social* et qu'il finit *la Nouvelle Héloïse*, commencée par lui à l'Ermitage, retraite où il s'était installé le 9 avril 1756 et dont, quoique amoureux de la solitude, il fit tant parler.

Si vous voulez, de la place du Marché, aller à l'Ermitage, il vous faut prendre le chemin suivant (1,500) : Rue de Montmorency, rue St-Jacques, à g., et rue Grétry, à dr., en face de la belle propriété de M. Mora. (Pour raccourcir, quitter la route à la rue de la Châtaigneraie, à g., que vous suivez jusqu'à un petit carrefour, d'où le sentier du milieu, défendu par un gros poteau de bois, ramène sur la route).

L'approche de l'ermitage est signalé par deux restaurants champêtres avec bal, le dernier adossé à la *Châtaigneraie de J.-J.* (120 beaux châtaigniers).—Aussitôt après, on trouve l'Ermitage. La maison blanche à volets verts (rez-de-chaussée et 1er étage) porte le buste de Grétry et cette inscription :

GRÉTRY

Ton génie est partout,

Mais ton cœur n'est qu'ici;

Les Liégeois n'en ont enlevé que la poussière.

Et au dessous :

AU LIEU SOLITAIRE

DE

GRÉTRY

—

CHATAIGNIER

DE

J.-J. ROUSSEAU.

En effet, Grétry acheta cette propriété en l'an IV, et c'est là qu'il mourut.

Robespierre y dressa une liste de proscription 3 jours avant son arrestation.

Tout est bien changé ici depuis Jean-Jacques : la maison, par les adjonctions qui en forment maintenant la partie principale, et le jardin, par des transformations.

Malgré les établissements industriels voisins, on peut encore, certains jours un peu tristes, comprendre la solitude de ce lieu qui avait charmé Rousseau : l'horizon y est juste assez étendu et assez restreint tout à la fois, pour faire penser au « *Grand Etre* » et pour ne pas être distrait.

ASNIÈRES & SAINT-GERMAIN

—

ASNIÈRES.

A 6 k. de Paris, sur le chemin de fer de l'Ouest, r. dr.— *Départs* toutes les demi-heures. — *Prix des places:* Semaine, 1re cl., 50 c.; 2e cl., 35 c.— Dimanches et jours de fête, 1re cl., 65 c.; 2e cl., 50 c. — Billets d'aller et retour à prix réduits.

Asnières (1,300 habit.), situé sur la rive gauche de la Seine, est le principal rendez-vous des canotiers parisiens, et chaque dimanche il voit affluer sur son territoire une nombreuse jeunesse, qui vient se livrer bruyamment aux exercices du sport nautique. Là, d'ailleurs n'est pas son seul sujet d'attraction. Asnières possède dans son château — ancienne propriété de madame de Parabère, la maîtresse du Régent — un *bal public* où, tous les dimanches pendant la belle saison, se donnent des fêtes brillantes (entrée de 2 à 5 fr. par cavalier) très-suivies par un certain monde. A ce point de vue, Asnières mérite une visite de la part de l'étranger qui peut y faire de curieuses études de mœurs parisiennes.

Asnières n'a rien de plus à montrer, et la vogue dont il jouit auprès de certains amateurs de villégiature a pour principale cause sa proximité de Paris, un trajet de 7 ou 8 minutes, étant suffisant pour se rendre à ce séjour d'été.

—

SAINT-GERMAIN-EN-LAYE.

Communications : Chemin de fer, gare St-Lazare, 21 kil. — 1re cl., 1 fr. 50 c., 2e cl., 1 fr. 25 c. — Voitures pour Paris, rue du Bouloi, 1 fr. — Omnibus pour Poissy, 30 c.

Le chemin de fer traverse tout le Vésinet, ancien bois transformé en propriétés, et monte à St-Germain par une rampe très-forte appelée *chemin de fer atmosphérique*, le système de traction par l'air ayant été longtemps employé sur cette voie.

La ville (13,200 habit.) est aérée quoique irrégulière; chef-lieu de canton; commerce important pour les blés et les produits des tanneries; grandes casernes de cavalerie. — L'origine de cette ville remonte à un monastère bâti au onzième siècle et dédié à saint Germain, et à un château qui fut construit tout auprès un siècle plus tard. — Ce château, ruiné à plusieurs reprises, fut définitivement reconstruit sous François Ier, qui aimait beaucoup cette résidence, où fut célébré son mariage. Le voisinage de la forêt en faisait un excellent séjour pour les rois amateurs de chasse.

Le fameux duel de La Châtaigneraie et de Jarnac, où ce dernier blessa son adversaire au jarret par un coup imprévu, eut lieu dans le parc, en 1547, devant Henri II. — C'est le dernier combat solennel en champ clos qu'on vit en France.

Sous Henri IV et Louis XIII le vieux château fut abandonné pour un nouveau château construit plus en avant de la colline, au point où s'élève le restaurant du Pavillon Henri IV.

C'est là que naquit Louis XIV. — Ce château menaçant ruine (il n'en reste guère que les assises), Louis XIV, devenu roi, ramena la cour au vieux château, où il fit de grandes dépenses; mais il l'abandonna bientôt pour Versailles.

On ignore le motif réel de ce départ; mais il est permis de supposer que l'église de St-Denis s'estompant à l'horizon y contribua beaucoup. Louis XIII s'était écrié douloureusement à cette vue, peu de temps avant de mourir : « *Mes amis, voilà ma dernière demeure.* » Une telle perspective devait plaire médiocrement au roi fastueux qui déjà cherchait à se croire immortel.

Après de longues années d'abandon complet, ce château fut transformé en prison militaire.

Enfin l'on entreprit des travaux de restauration pendant ces dernières années, pour y installer un **musée celte et gallo romain**, réunissant les antiquités de France de tous les âges et principalement de l'époque gallo-romaine. Ce musée a été inauguré le 12 mai 1867, et nous le recommandons tout spécialement à l'attention des antiquaires et des amateurs. (Pour les entrées : Voyez la liste, p. 3.)

Le parterre, qui s'étend devant le château, a été créé sous François 1er, et dessiné de nouveau par Le Nôtre, sous Louis XIV.

La terrasse, à l'extrémité orientale du Parterre, est la grande merveille de Saint-Germain ; c'est une magnifique promenade large de cent pieds, longue de deux kilomètres et demi, et qui domine la Seine de 60 mètres. Commencée par Henri IV, elle fut terminée sous Louis XIV.

Le panorama est d'une beauté incomparable :

La vaste plaine que la Seine arrose est encadrée, en face, par le Mont-Valérien et Montmartre avec la cathédrale de Saint-Denis ; à gauche par les côtes ondulées d'Argenteuil, de Cormeil et d'Herblay ; à droite, par les hauteurs boisées de Rueil, de la Malmaison, de Bougival et de Marly, surmontées par l'aqueduc de Louveciennes, qui porte à Versailles les eaux de la Seine.

La fameuse *machine élévatoire de Marly* est au-desssous de cet aqueduc au bord du fleuve (3 kil. de Saint-Germain).

La forêt, qui occupe une presqu'île de la Seine tout entière, a 4,400 hectares et est peuplée de gibier de toute sorte. Les nombreuses routes qui la sillonnent mesurent plus de mille kilomètres! L'Empereur y chasse souvent.

Les points intéressants de la forêt sont : le **château du Val**, belle propriété située à l'extrémité de la Terrasse ; le **château de la Muette**, au centre de huit grandes routes dans la partie reculée de la futaie, et surtout les **Loges** anciens bâtiments d'une abbaye d'Augustins, aujourd'hui succursale de la maison de la Légion d'honneur de Saint-Denis. C'est en cet endroit que se tient, le premier dimanche de septembre, la célèbre *fête des Loges*, pèlerinage au siècle dernier, maintenant foire tumultueuse au dernier point. On s'y rend en un quart d'heure par la route de forêt qui fait face au château.

—

VINCENNES.

La citadelle et le donjon : Voyez au *Chapitre des établissements militaires.*

Le bois, les **courses** et les **environs** : Voyez *Promenades de Paris.*

FONTAINEBLEAU

Communications. — Chemin de fer de Lyon. — 59 kil. de Paris. — 1re cl., 6 fr. 60 c. ; 2e cl., 4 fr. 95 c.; 3e cl., 3 fr. 65 c. — Billets d'aller et retour, 8 fr. 20 ; 6 fr. 20 et 4 fr. 50, valables (par tous les trains) 2 jours ou du samedi au lundi.—Train de plaisir les dimanches d'été (aller, vers neuf heures du matin, et retour, vers neuf heures du soir) : 2e cl., 4 fr. 50; 3e cl., 3 fr. 50.

A Fontainebleau, de la gare à la ville, 2 kilom.; omnibus à 30 c.

Les bons marcheurs se rendront à la ville par la forêt en une heure. (Voir aux itinéraires — journée de Fontainebleau).

La ville — 9,400 habitants, chef-lieu d'arrondissement — offre peu d'intérêt. Les rues, quoique assez irrégulières, sont larges et aérées. — Sur la place du Palais de Justice, on voit la statue du général Damesme, tué à Paris, en juin 1848.

Il existe des casernes de cavalerie.

La fabrication et la vente de jolis objets en genévrier et autres bois de la forêt est une industrie importante.

LE CHATEAU est un des plus intéressants des environs de Paris. — S'adresser aux gardiens chargés de montrer les appartements tous les jours, de 11 h. à 4 h. pendant l'absence de la cour.— Rétribution volontaire.

Historique. Fontainebleau remonte à Louis VII. Une charte de cette époque constate l'existence d'une habitation royale dans la forêt. — Une chapelle dédiée à saint Saturnin fût construite. — Saint Louis augmenta les bâtiments existants, créa une maison de Mathurins, et la ville, insignifiante jusqu'à cette époque, prit une extension rapide.

Dès lors, tous les rois de France aimèrent cette résidence placée au milieu d'une contrée sauvage et offrant de magnifiques chasses. Sous François 1er, le château fut reconstruit presque totalement, sur des dimensions bien autrement vastes que les précédentes. Ce roi, pour embellir sa résidence, fit venir les célèbres artistes italiens de son temps, entre autres le Primatice. Les fêtes les plus brillantes s'y succédèrent constamment avec les tournois et les chasses; Charles-Quint y vint en 1539. — Henri II, Henri IV et Louis XIII se plurent à embellir à tel point le château qu'il fut qualifié de « *merveille incomparable.* » Louis XIV y fit aussi travailler. Napoléon et Louis-Philippe y firent exécuter d'importants travaux de restauration.

Philippe le Bel et Louis XIII sont nés dans ce château.

Le 10 novembre 1657, la reine Christine de Suède (réfugiée après son abdication) y fit assassiner le marquis de Monaldeschi, son amant, qu'elle accusait d'infidélité.

Trois actes d'une importance extrême furent signés au château de Fontainebleau :

La révocation de l'édit de Nantes, par Louis XIV, le 21 octobre 1685 ;

Le concordat par lequel le Pape renonçait au pouvoir temporel le 25 janvier 1813.

La double abdication de Napoléon, les 4 et 6 avril 1814.

Intérieur. — La plupart des salles et des galeries sont extrêmement remarquables et d'une très-grande richesse, ainsi que l'ameublement. Les objets d'art sont très-nombreux et la plupart méritent l'attention. Une description détaillée dépasserait la limite de notre guide destiné principalement à Paris ; nous laisserons donc ce soin au cicerone chargé d'accompagner tous les visiteurs.

Toutefois nous vous engagerons à ne pas négliger l'examen des curiosités suivantes, que nous mentionnons dans l'ordre ordinaire de leur visite :

La *grande chapelle de la Trinité*, fondée par saint Louis, construite sous François 1er, et splendidement décorée sous Henri IV et Louis XIII ; c'est l'une des principales curiosités du château ;

La *galerie des Assiettes ou des Fresques*, ornée de 20 tableaux du temps de Henri IV et de 80 assiettes peintes en porcelaine de Sèvres ;

Les *appartements des reines-mères* où résida Pie VII. Tableaux et meubles remarquables ;

Les *portes* de l'antichambre des grands appartements ;

La *grande galerie de François Ier*, longue de 60 mètres, qui date de 1530, et est ornée de salamandres et de tableaux allégoriques retraçant la vie du roi-chevalier ;

Dans les *appartements de l'Empereur*, remarquez surtout le *salon d'abdication;* on y voit le petit guéridon sur lequel Napoléon a signé son acte de déchéance, le 4 avril 1814 ;

La riche *salle du Trône* et la superbe *galerie de Diane*, la plus vaste de toutes (80 mètres), décorée de nombreuses peintures murales et de tableaux historiques.

Après, vient la visite des *appartements des chasses*, ainsi nommés à cause des tableaux cynégétiques qui y sont placés.

Puis les *salons de réception* suivants :

Salon des Tapisseries, tendu d'étoffes flamandes; remarquer le plafond du XVIe siècle.

Salon de François Ier, où la belle cheminée renaissance et le plafond attirent surtout l'attention ; tapisserie des Gobelins.

Salon de Louis XIII, ancienne chambre à coucher des reines de France et où Louis XIII naquit en 1601 ; voir surtout les peintures.

Salles de saint Louis, ne formant en réalité qu'une pièce qui servit de chambre à coucher à saint Louis. — Peintures se rapportant surtout à Henri IV.

La *salle des Gardes* est remarquable à tous égards par son ornementation datant de Louis-Philippe, par sa galerie de peinture et surtout par son admirable parquet et son plafond sur le même dessin, véritables chefs d'œuvre.

L'*Escalier du Roi*, construit sous Louis XV, à la place de la chambre de la duchesse d'Etampes, est enrichi de peintures murales tirées de l'histoire d'Alexandre.

Au delà des *petits appartements de Mme de Maintenon*, on arrive dans la *galerie d'Henri II ou salle des fêtes*, la plus grande merveille du château de Fontainebleau, qui en contient tant. Bâtie sous François Ier et décorée sous Henri II, elle appartient complétement au style de la renaissance. Admirer surtout le plafond en noyer, à grands caissons octogones, dont les lignes se retrouvent dans le dessin du parquet; puis, les riches ornements en or et en argent et les peintures exécutées par Niccolo (restaurées par M. Alaux) sur les dessins du Primatice, qui en a pris les 62 sujets dans la mythologie.

Aux extrémités de la salle : une galerie pour l'orchestre et une vaste cheminée. Partout les chiffres entrelacés de Henri II et de Diane de Poitiers.

Cette salle n'est pas la plus vaste du château, bien qu'elle mesure 30 m. sur 10. Les croisées sont profondes de plus de 3 m.

Viennent ensuite :

La *Chapelle supérieure*, créée sous François Ier et, en dessous, la chapelle *Saint-Saturnin*, bâtie sous Louis VII et reconstruite sous François Ier. Pie VII y officia pendant sa captivité.

Remarquer les vitraux, exécutés à Sèvres, sur les dessins de la princesse Marie d'Orléans.

Enfin la *salle des Colonnes*, placée sous la galerie Henri II, et construite pendant le règne de Louis-Philippe.

Toutes les salles précédentes, depuis la salle des chasses, entourent la *cour ovale* ornée, dans les 2/3 de son circuit, par une galerie formée de 45 colonnes.

La *Porte dorée* termine la visite. — On y voit la date de 1528 et la salamandre de François Ier.

Extérieur. — Manque presque partout d'ensemble et de régularité, le château de Fontainebleau étant plutôt une réunion de châteaux qu'un seul monument.

La *cour des Adieux* ou grande cour, est devenue célèbre par la triste cérémonie du 20 avril 1814, où Napoléon se sépara de sa vieille garde après son abdication. — Au milieu de la façade du château, se déploie le grandiose *escalier du Fer-à-Cheval* qui mérite sa réputation.

Un passage couvert dans l'angle de droite, conduit à la *cour de la Fontaine*, ainsi nommée d'une fontaine représentant Ulysse; c'est sans contredit la cour la plus gracieuse de toutes, et la perspective de l'*étang* ajoute au charme de ce lieu; au centre de cet étang, on voit un petit pavillon reconstruit sous le premier Empire.

En traversant la cour de la Fontaine, on gagne, par un second passage, l'avenue de Maintenon d'où l'on peut jeter des morceaux de pain aux *fameuses carpes* si amusantes par leur voracité.

*
* *

Le jardin anglais contourne deux des trois côtés de l'étang : on y pénètre par la cour de la Fontaine. Il a été dessiné en 1806 et l'on y a planté une belle collection d'arbres, de haute futaie, de presque tous les pays.

Le parterre s'étend à gauche de l'avenue de Maintenon, devant le château; c'est le véritable jardin, dessiné par Le Nôtre dans le genre français, limité au sud par le Bréau, pièce d'eau en forme de fer-à-cheval.

Le **parc**, d'une superficie de 84 hectares, est traversé dans toute sa longueur, par le *canal;* — la fameuse *treille du Roi*, plantée sous Louis XV, et qui produit de 3 à 4,000 kilos de chasselas par an, limite le parc dans toute sa partie nord, sur un développement de 1,400 m.

—

LA FORÊT.

C'est le grand attrait de Fontainebleau. On ne saurait la comparer à aucune autre, car sa principale beauté consiste dans ses énormes roches de grès entassées dans un chaos indescriptible; ces amas forment des monts et des vallées entières d'un aspect extrêmement sauvage, que séparent des espaces plus ou moins grands couverts de magnifiques futaies.

La forêt, qui entoure la ville, est merveilleusement disposée pour les promenades et tout l'honneur en revient à M. Dennecourt, auteur d'un guide, que nous ne saurions trop recommander aux touristes désireux de visiter les roches : La forêt entière est divisée en excursions de 2, 4 ou 6 h. à pied ou en voiture et, à cet effet, d'innombrables chemins plus ou moins larges ont été tracés dans tous les endroits pittoresques. Des numéros noirs indiquent les curiosités; des flèches et des marques bleues très-rapprochés et soigneusement entretenues permettent à elles seules d'accomplir chacune des tournées indiquées par M. Dennecourt; elles guident le piéton vers les endroits les plus intéressants, et le font pénétrer sans crainte dans des sentiers où, sans ces indications, il n'aurait pas osé s'aventurer.

D'ailleurs, il est littéralement impossible de s'égarer dans la forêt de Fontainebleau, grâce aux larges marques rouges peintes à tous les carrefours: le chemin qui leur fait face exactement est toujours la route la plus directe pour rentrer à la ville.

Voici les promenades qu'accomplit le voyageur qui vient passer une ou deux journées à Fontainebleau (voyez a cet égard nos indications, aux itinéraires — journée de Fontainebleau).

De la station à la ville par la forêt. — Prendre à dr., le premier sentier qui monte à la route de la Reine-Amélie que vous suivez jusqu'au Calvaire dominant l'avenue du chemin de fer. Très-beaux points de vue et quelques roches. — Vous découvrez sur la droite toute la ville et le château que vous gagnez aisément par les sentiers qui descendent du Calvaire et par la grande route de Melun que vous tournez à gauche.

Gorges de Franchard, 16 k. environ; soit 6 h. à pied. — Belle promenade, à faire surtout à pied, par les bons marcheurs.— Elle commence au premier sentier marqué de flèches bleues qui se sépare à g. de la route de Paris, à 2 minutes au-delà de la barrière de ce nom; les flèches l'accompagnent dans toute sa longueur,—mais nous répétons qu'un exemplaire du guide Dennecourt est nécessaire pour bien voir, sans recourir à un conducteur. — Les beautés de cette excursion sont: la *gorge du Houx*, de beaux chênes, et toute la vallée de Franchard (il y a un restaurant), ou l'on voit *la roche qui pleure*. La promenade de la vallée mesure 3 k. et ne peut être faite qu'à pied au milieu des roches.

Gorges d'Apremont, encore plus grandioses que les précédentes (5 h. à pied). — Masses énormes de rochers, vue admirable et étendue du belvédère *de Lantara* et de l'*Observatoire des Brigands*, près de la *Caverne*.

La promenade commence, ainsi que pour Franchard, route de Paris à gauche, mais à 7 ou 8 minutes de la barrière. Vous verrez en chemin la magnifique futaie de *la Tillaie*, où se trouve le *Pharamond*, le doyen des chênes de la forêt.

Les visiteurs qui prennent une voiture (prix variable suivant l'affluence, 15 à 25 fr.) réuniront les deux promenades ci-dessus.

Rocher d'Avon (2 h.). — Roches énormes et beaux points de vue sur la vallée de la Seine et sur Fontainebleau. On y voit la *roche branlante*. — Le départ a lieu par l'avenue de Maintenon, jusqu'à la route de Moret que l'on traverse ; les flèches bleues commencent à gauche et sont d'une extrême facilité à suivre.

Des **courses** ont lieu chaque année pendant l'été. Voir à cet égard les affiches publiées spécialement. L'hippodrome a été tracé dans *la vallée de la Sole*, c'est-à-dire au nord de Fontainebleau, dans la partie de la forêt comprise entre les routes de Paris et de Melun. L'affluence des promeneurs indique suffisamment le chemin à suivre pour se rendre au **champ de courses.**

COMPIÈGNE ET PIERREFONDS

Moyens de transport : Chemin de fer du Nord (101 kil.) — 1re cl., 9 fr. 40 c.; 2e cl., 7 fr. 05 c.; 3e cl.; 5 fr. 15 c. — Billets d'aller et retour à prix réduits. — Trains de plaisir, tous les dimanches, pendant la belle saison: 1re cl., 9 fr.; 2e cl., 7 fr.; 3e cl., 5 fr.; départ de Paris vers 8 h. 1/2 du matin, et de Compiègne, vers 9 h. 1/2 du soir. — Consulter les affiches de la Compagnie.

Deux mots sur Compiègne. — Compiègne (10,800 habit.), sous-préfecture du département de l'Oise, est situé dans une position ravissante, au confluent de l'Oise et de l'Aisne, et à l'entrée d'une forêt magnifique.

Sans raconter l'histoire de Compiègne, dont l'origine fut une de ces nombreuses métairies que possédaient les rois Mérovingiens, disons que cette ville joua un rôle important dans les guerres du moyen âge, et que ce fut en la défendant que Jeanne d'Arc tomba au pouvoir des Bourguignons, qui la livrèrent aussitôt aux Anglais.

Séjour favori de plusieurs rois de France, Compiègne est encore aujourd'hui une magnifique résidence, que l'on visite avec intérêt.

La ville, assez bien construite dans sa partie neuve, possède comme monuments, outre son château : l'*Hôtel-de-Ville*, construction du seizième siècle, assez bien conservée, où l'on visite une collection artistique et archéologique, connue sous le nom de *Musée Vivenel*; et deux *églises* (St-Antoine et St-Jacques) des douzième et treizième siècles, qui ne sont pas sans mérite.

Le **château**, construit sous Louis XV, d'après les dessins de Gabriel, fut restauré par ordre de Napoléon, pour servir de séjour à Charles IV d'Espagne qui n'y réside que quelques mois. (On le visite, sans billet ni passeport, tous les jours, excepté le lundi, de midi à quatre heures. Des gardiens accompagnent les visiteurs et donnent les explications nécessaires.)

Le **parc** (entrée libre), habilement dessiné, possède un berceau en fil de fer, long de 1,800 mètres, et construit pour rappeler à Marie-Louise une treille de Schœnbrunn, où elle aimait à se promener.

La **forêt**, de 14,509 hect., renferme un grand nombre de sites pittoresques, buts d'autant d'excursions intéressantes : les *Beaux-Monts*, le *mont Saint-Marc*, *Saint-Corneille*, et tant d'autres, mais par-dessus tout le *château féodal de Pierrefonds*.

PIERREFONDS est situé à 12 kilom. de Compiègne. (Des voitures y conduisent de la gare de Compiègne et de la place de l'Hôtel de Ville. — 2 fr. aller et retour. — Départs à 11 h. 30, à 2 h. 30; retour à 5 h. et 7. h.)

Dans un vallon pittoresque, ce bourg, (1,500 hab.) possède des eaux minérales employées en bains, en douches et comme boisson, contre diverses affections, et notamment celles des organes respiratoires. L'*établissement des bains*, construit au bord d'un petit lac (*barque* de promenade, 2 fr. l'heure ; un *rameur*, 50 c.), reçoit chaque année un grand nombre de malades.

Le *château de Pierrefonds*, construit en 1390 par le duc d'Orléans, frère de Charles VI, est un des rares spécimens encore debout de ces gigantesques forteresses féodales qui servaient de repaires à des seigneurs bandits et routiers. Ce furent les déprédations des possesseurs de Pierrefonds qui décidèrent Richelieu à faire démanteler les murailles de ce château, dont les restes ont encore un aspect imposant.

Pendant ces dernières années, de grands travaux de restauration, dirigés par M. Viollet-Leduc, ont reconstitué en partie l'antique donjon qui vient de recevoir une curieuse collection d'armes (entrée libre, le jeudi et le dimanche, de midi à 4 h.)

MOYENS DE TRANSPORT

OMNIBUS.

1° Lignes régulières.

Ligne A. — Du Palais-Royal à Auteuil. — Dessert l'entrée principale de l'Exposition (pont d'Iéna).

Ligne B. — Du chemin de fer de l'Est au pont d'Iéna.

Ligne Y. — De la porte St-Martin à Grenelle. — Dessert les portes de Tourville et de Suffren.

Ligne Z. — De la Bastille à Grenelle. — Arrêt à la porte de Tourville.

Ligne AC. — De la Petite-Villette à la porte Labourdonnaye.

Ligne AD. — Du Château-d'Eau à la porte Rapp.

2° Lignes supplémentaires.

I. — De la Madeleine à la porte Rapp.

II. — De St-Sulpice à la porte Rapp.

III. — Du Palais-Royal à la porte Rapp.

CHEMIN DE FER AMÉRICAIN.

Service spécial, du Palais-Royal au pont d'Iéna. — Voitures à 50 places partant toutes les 5 minutes.

Service régulier, de la place du Louvre à Sèvres et Boulogne, avec arrêt au pont d'Iéna. — Départs toutes les 10 minutes.

BATEAUX OMNIBUS.

Service régulier, du pont Napoléon (Bercy) au viaduc d'Auteuil. Départs tous les quarts d'heure. — *Service supplémentaire,* du Châtelet à l'Exposition. — Départs très-fréquents.

Dix escales. — Prix uniforme : 25 c.

Service du chemin de fer (v. p. 8).

EXPOSITION UNIVERSELLE.

RENSEIGNEMENTS GÉNÉRAUX

—

Prix d'entrée: de 10 h. à 6 h. : 1 fr. pour le *parc* et le *palais*; 1 fr. 50 si l'on entre par le *jardin réservé*.

De 6 h. à 10 h. : 2 fr. (2 fr. 50 c. par les portes du *jardin réservé*). — Quelle que soit l'heure : 50 c. de supplément pour passer du parc dans le *jardin*.
On entre par des portes garnies de tourniquets compteurs. — *On ne rend pas de monnaie*.
Bureaux de change près des portes.

Billets de semaine, 6 fr. nominatifs et personnels, donnant le droit d'entrer partout et à toute heure de la journée.

Cartes d'abonnement nominatives et personnelles, pendant toute la durée de l'Exposition : 60 fr. pour les dames et pour les hommes.
Le palais ferme à 6 h., mais les portes du parc restent ouvertes jusqu'à onze heures.

Le Champ de Mars, choisi pour l'emplacement de l'Exposition universelle, mesure, à l'intérieur des clôtures, une superficie de 446,000 mètres carrés. Au milieu s'élève le **Palais**, occupant une surface de 146,568 mètres; le surplus a été transformé en un parc d'environ 30 hectares.

9 entrées donnent accès dans cette immense enceinte.

L'entrée d'honneur fait face au pont d'Iéna. Trois entrées sont placées au milieu des façades des autres côtés. Quatre sont situées dans les pans coupés des angles. La neuvième, à l'extrémité sud-ouest, est réservée aux visiteurs qu'amène le chemin de fer de ceinture.

—

LE PALAIS.

Construit à un seul étage, il présente extérieurement l'aspect d'un immense colysée dont le pourtour, de 1,500 mètres, est orné de colonnades. Il mesure 490 mètres dans son plus grand axe, et 280 dans son plus petit. L'espèce de marquise dont il est entouré est divisée en deux parties : l'une close et attribuée aux buffets, restaurants, postes de sapeurs-pompiers, water-closets, etc.; l'autre, non close, formant un promenoir couvert de 5 mètres de large.

La dépense totale de cette gigantesque construction s'élève à plus de 11,000,000 fr.

A l'intérieur, le palais est divisé en galeries circulaires et concentriques, que coupent des allées transversales, et qui laissent au centre de l'édifice un espace libre disposé en jardin.

Chaque galerie circulaire correspond à un groupe spécial des produits exposés. Les allées transversales limitent les diverses classes de chacun de ces groupes.

La **Grande Galerie**, dite des **Arts usuels** (35 m. de large, 25 m. de haut, développement 1,310 m.), — est affectée à l'Exposition des machines, lesquelles sont disposées sur deux rangs, et mises en mouvement par 12 chaudières installées dans le parc.

Au milieu de cette galerie s'élève une plate-forme de 5 mètres de large, à laquelle on accède par de nombreux escaliers, et, d'où l'on peut contempler l'ensemble de la marche des machines.

A la suite de la grande galerie, on en rencontre trois autres de construction légère, d'une largeur totale de 69 m., séparées par des couloirs de dégagement et qui sont consacrées aux produits manufacturiers. Ce sont :

La **galerie des produits des industries extractives**, formant une suite de salles de diverses dimensions, qui renferment des produits bruts des industries extractives : roches, métaux, produits de la chasse et de la pêche, etc.;

La **galerie du vêtement**, où sont réunis tous les éléments du vêtement et de ses accessoires: costumes de luxe, ornements sacerdotaux, uniformes de toutes sortes, etc.;

La **galerie du mobilier**, contenant, outre tout ce qui concerne l'ameublement pur et simple, les produits de l'horlogerie et les objets de fantaisie.

Viennent ensuite deux autres galeries en maçonnerie, larges ensemble de 23 m. et réservées aux produits des Beaux-Arts, savoir:

La **galerie du matériel des arts libéraux**, où la librairie et l'imprimerie occupent la plus large place;

La **galerie des œuvres d'art.**

Enfin, on arrive au **jardin central**, servant à l'exposition des végétaux les plus rares, et qui est entouré d'un portique affecté aux outils, instruments, armes, ornements, etc., appartenant à toutes les époques et retraçant l'*histoire du travail.*

Grâce à l'heureux choix de la forme elliptique adoptée pour le palais de l'Exposition, on a pu disposer les produits de telle sorte que tous ceux d'un même pays sont groupés ensemble, bien que tous les articles de même nature, à quelque pays qu'ils appartiennent, soient également réunis. En effet, quand l'on suit une des galeries transversales qui rayonnent du jardin central à la circonférence du palais, on traverse l'exposition de tout un même pays, dont on passe tour à tour en revue les diverses productions. Si l'on suit, au contraire, l'une des galeries circulaires, tous les contingents de même nature s'offrent successivement aux yeux du visiteur; ce qui facilite singulièrement les études comparatives.

Voici l'emplacemeet affecté aux produits des diverses nations.

La **section française** occupe presque toute la partie gauche du palais. Commençant à l'entrée d'honneur, elle s'étend du côté de l'avenue de La Bourdonnaye, jusqu'à la hauteur de l'angle formé par cette avenue et celle de la Motte-Piquet.

La Section étrangère commence aussitôt après par l'exposition des *Pays-Bas*, à laquelle fait suite celle de *Belgique*.

On traverse l'allée faisant face à l'Ecole militaire, et l'on trouve dans l'autre moitié du Palais les expositions suivantes:

Centre de l'Europe : Prusse, Allemagne, Autriche et Suisse.

Nord de l'Europe : Etats Scandinaves et la Russie qui est un peu plus loin.

Sud de l'Europe: Espagne et Portugal, Grèce, Italie et Turquie.

Les contrées asiatiques, depuis la Perse jusqu'au Japon.

L'Afrique et l'Océanie.

Les deux Amériques.

Enfin *l'Angleterre et ses colonies* qui, en se terminant à l'entrée d'honneur, complétent le cercle dont elles occupent presque le quart.

LE PARC.

Le parc est divisé en quatre parties égales par deux larges voies formant la croix, et dont les extrémités sont reliées par une avenue elliptique longeant les clôtures. Il est sillonné en tous sens par une multitude d'allées dont la longueur totale est évaluée à 65 kilomètres. Des mouvements de terrain, de très-grands arbres, des rivières, un lac, des constructions pittoresques, habilement éparpillées, font de ce parc un des principaux attraits de l'Exposition.

Il comprend :

1° La section française;

2° La section étrangère;

3° Le jardin réservé.

En arrivant par le pont d'Iéna, la partie que l'on aperçoit à gauche est la section française. A droite, au contraire, se trouve une moitié de la section étrangère, dont l'autre moitié est située à l'angle de l'Ecole militaire et de l'avenue de Suffren. La quatrième partie du parc, à l'angle de l'école militaire et de l'avenue de La Bourdonnaye, forme le jardin réservé.

Section française. Ce qui attire immédiatement les regards en y entrant, c'est la *chapelle*, construite dans le style du treizième siècle, et destinée à l'exposition des objets d'art religieux à l'usage du culte catholique.

Tout à côté se trouve le *lac*, alimenté par le réservoir du Trocadéro. Il est dominé par un superbe *phare* métallique de 50 mètres de hauteur. Plus loin on aperçoit les *ateliers photographiques* de M. Pierre Petit. Le long de l'avenue de La Bourdonnaye sont les hangars destinés aux produits du génie civil (chemins de fer, etc.,) et devant lesquels s'élèvent les bâtiments de la *boulangerie militaire*, de la *manutention civile et militaire*, du *théâtre international*, les hangars des *presses* et des *appareils réfrigérants*. Au delà se trouvent la *maison des ouvriers de Paris* et de grands *générateurs à vapeur*. En revenant sur ses pas et obliquant ensuite à gauche, on visite un *chalet* modèle, une *blanchisserie*, des établissements de *galvanoplastie* et *d'électro-métallurgie*, une *stéarinerie*, un *moulin à vent*, la *photosculpture*, l'*exposition des vitraux*, et enfin le *pavillon impérial*.

Section étrangère. — On y remarque principalement :

Dans la partie du parc voisine de la Seine dite *quart anglais:*

Le cercle Internationnal et la salle des Conférences, le long du quai; plus loin, le palais du bey de Tunis, le bâtiment des Missions protestantes, la Caserne-Hôpital, le palais du vice-roi d'Egypte, une mosquée turque, le temple d'Edfou, les plans en relief et le panorama du canal de l'isthme de Suez, et le plan-relief de l'Egypte, une maison d'école turque, les appareils perforateurs du Mont-Cenis, le musée Pompéïen, une pagode chinoise, etc.

Dans la partie opposée (*quart allemand*) :

Le grand restaurant pour les ouvriers délégués, la maison d'école et l'annexe des machines agricoles de Prusse, l'annexe des Beaux-Arts (Suisse), les maisons suédoise, russe, tyrolienne, hongroise, etc.

Jardin réservé. — Chaque groupe de plantes y possède son quartier, soit en pleine terre, soit dans les serres, suivant sa provenance ou sa nature.

En pénétrant dans ce magnifique jardin par la porte de Tourville, on trouve d'abord, à droite, trois serres pour les végétaux nouvellement introduits en Europe, les plantes utiles et les Orchidées; plus loin, la galerie d'exposition des légumes. Contre l'avenue circulaire sont deux autres serres pour végétaux fleuris. Au centre de l'allée que limite l'avenue de l'Europe se voit une galerie-volière, et, à l'extrémité de la même allée, un diorama muni d'un grand nombre d'objectifs, permettant d'admirer toutes les plantes qui, n'ayant pu être apportées dans le jardin, ont été photographiées sur place.

A gauche de cet édifice se trcuve la serre aux Palmiers; à dr., le vaste hangar pour l'exposition des produits agricoles, devant lequel s'élève la serre aux Broméliacées.

Presque en face la porte de Tourville, s'étend le grand lac, dominé par une large assise de rochers d'où s'élance une cascade. Sur cette assise s'élève un vaste palais de cristal pour les concours de végétaux exotiques. Dans le lac, sont placées les carpes centenaires de Fontainebleau.

Suivant les sinuosités de la rivière qui sort du lac, on arrive à une seconde pièce d'eau avec rocher et cascade, où se trouve l'aquarium d'eau douce. Plus loin on atteint l'aquarium maritime, également placé dans une grotte.

Laissant à gauche la tente de repos de l'Impératrice, et le kiosque pour les fanfares de la musique militaire, on arrive enfin au palais des oiseaux exotiques, qui termine la promenade.

Sur la berge, près du pont d'Iéna, se trouvent échelonnés divers bâtiments parmi lesquels nous citerons : les hangars de la marine, contenant des machines françaises et anglaises, des restaurants, etc.

Mentionnons encore des machines élévatoires fort remarquables et, entre autres, une grue gigantesque.

ANNEXE DE BILLANCOURT

Elle est située dans l'île St-Germain, hors Paris, à 4 kil. en descendant la Seine. — On s'y rend par le chemin de fer de ceinture, l'omnibus sur rails et les bateaux-omnibus.

Cette annexe est spécialement destinée aux produits agricoles de toutes les nations, aux machines, aux bestiaux et aux expériences comparatives qu'il est nécessaire de faire pour juger du mérite des objets exposés.

(NOTA. — Pour plus de détails, consulter le *Catalogue officiel*, édité par la maison Dentu, et les divers plans ou guides publiés par cette même librairie, seule concessionnaire de toute publication officielle concernant l'Exposition universelle).

RENSEIGNEMENTS SPÉCIAUX

Curiosités soumises à un péage spécial :

La Chapelle, visible de 10 h. du matin à la nuit, 50 c. — Musique les vendredis et dimanches, à deux heures.

Temple de Xochicalco et musée Mexicain, visible de 10 h. à 6 h. — 50 c.

Exposition Chinoise : Le jour 50 c. et le soir 1 fr. 50 c.

Le gros tonneau, foudre monumental (210,000 litres). — 25 c.

Appareil plongeur, sur la berge, visible de 1 h. à 6 h. — 15 c.

Annexes dont l'entrée est complètement libre :

Palais du vice-roi d'Egypte, Panorama de l'isthme de Suez, Temple d'Edfou, Palais du bey de Tunis, Mosquée, Okel, etc., de midi à 5 h. (Dans l'*Okel* ou caravansérail, on offre du café aux personnes munies de jetons délivrés gratuitement au commissariat de l'Exposition Egyptienne — au palais du Sénat).

Catacombes de Rome, visibles de midi à 4 h. 1/2.

Exposition des haras militaires d'Autriche, visible de midi à 2 h. — Les chevaux sont promenés dans le parc, de 4 h. 1/2 à 5 h., les lundis, mardis et vendredis.

Ecuries russes, ouvertes de 1 h. à 6 h. Mais, entre 3 h. et 5 h., les chevaux sont promenés dans le parc.

La Cristallerie (allée de Bretagne) et, en face, la *Machine à dégraisser les laines*, sont en activité de 11 h. à 6 h.

La *Blanchisserie mécanique* et la *Stéarinerie* (voisines de la cristallerie), fonctionnent de midi à 5 h.

La *Boulangerie mécanique* (près du Théâtre international), manutentionne vers 2 h., puis de 4 à 10 h. du soir.

La *Taillerie de diamants* hollandaise (près du parc réservé) est publique de 11 à 5 h.

La *musique militaire* (corps de musique d'un régiment de la Garde Impériale) se fait entendre, dans le jardin réservé, à 3 h. 1/2.

Phares électriques et *phares des rochers de Douvres*, entrée libre de midi à 3 h.

Les presses du *Programme quotidien* de l'Exposition fonctionnent vers cinq heures, dans le parc (hangar des presses typographiques).

CHEMIN DE FER

LIGNE D'AUTEUIL (*trajet en une heure*).

SERVICE SPÉCIAL ENTRE LA GARE SAINT-LAZARE ET L'EXPOSITION.

Semaine :

Aller.	**Retour.**
Trains toutes les heures, aux 20 minutes, depuis 7 h. 20' du matin, jusqu'à 8 h. 20' du soir.	Trains toutes les heures, aux 25 minutes, depuis 8 h. 25' du matin, jusqu'à 11 h. 25' du soir.

Dimanches et fêtes.

Trains toutes les heures, aux 42 minutes, depuis 6 h. 42' du matin, jusqu'à 8 h. 42' du soir.	Trains toutes les heures, aux 7 minutes, depuis 8 h. 7' du matin, jusqu'à 11 h. 7' du soir.
Trains supplémentaires à 11 h. 12' — 12 h. 12' — 1 h. 12' — 2 h. 12'.	Trains supplémentaires à 4 h. 37' — 5 h. 37' — 7 h. 37'.

LIGNE DE CEINTURE (*trajet en 1 h. 1/2*).

SERVICE ENTRE LA GARE DE L'AVENUE DE CLICHY ET L'EXPOSITION (*via Bercy*).

Semaine.

Aller.	**Retour.**
Trains toutes les heures, aux 30 minutes, depuis 6 h. 30' du matin, jusqu'à 7 h. 30' du soir.	Trains toutes les heures, aux 12 minutes, depuis 8 h. 12' du matin, jusqu'à 9 h. 12' du soir.

Dimanches et fêtes.

Même service.	Trains toutes les heures, aux 17 minutes, depuis 8 h. 17' du matin, jusqu'à 10 h. 47' du soir.
Trains supplémentaires : A l'heure, de 10 h. du matin, jusqu'à 8 h. du soir; et à 8 h. 30' soir.	Trains supplémentaires, aux 47 minutes, toutes les heures, depuis 10 h. 47' du matin, jusqu'à 9 h. 47' du soir.

TABLE

INDEX ALPHABÉTIQUE

Paris. — Typ. de Rouge frères, Dunon et Fresné, rue du Four-St-Germ., 43.

DICTIONNAIRE-INDICATEUR

DES

RUES DE PARIS

DICTIONNAIRE-INDICATEUR

DES

RUES DE PARIS

AVEC LES NOUVELLES DÉNOMINATIONS [1]

CLASSÉES PAR ORDRE ALPHABÉTIQUE

A

ARR.	RUES.	TENANTS.	ABOUTISSANTS.
6	Abbaye (pass. de l')	Gozlin	du Four.
18	Abbaye (pl. de l')	de l'Abbaye-Montm.	de la Cure.
6	Abbaye (de l')	Echaudé	Bonaparte.
18	Abbaye-Montm. (de l')	ch. des Martyrs	Lepic.
5	Abbé-de-l'Epée (de l')	St-Jacques	Enfer.
10	Abbeville (d')	pl. Lafayette	Rocroi.
18	Abreuvoir (de l')	Saussaies	des Brouillards.
15	Acacias-Vaug. (p. des)	du Transit	des Vignes.
18	Acacias-Montm. (des)	ch. de Clignancourt	ch. des Martyrs.
17	Acacias-Ternes (des)	av. de la Grande-Arm.	av. des Ternes
4	Adam	quai de Gèvres	av. Victoria.
18	Affre	Jessaint	Constantine.
8	Aguesseau (d')	Faub.-St-Honoré	de Suresne.
16	Aguesseau-Aut. (pl. d')	Molière	Verdelet.
1	Aiguillerie (de l')	St-Denis	Ste-Opportune.
8	Albe (d')	François Ier	av. des Champs-Elys
10	Albouy	Marais-St-Martin	des Vinaigriers.
14	Alembert (d')	av. de la Santé	Nve-Tombe-Issoire.
15	Alexandre (pass.)	boul. des Fourneaux.	du Chemin-de-Fer.
1	Alger (d')	de Rivoli	St-Honoré.
18	Alger-Chapelle (d')	(voy. rue *Affre*)	
10	Alibert	quai Jemmapes	Claude-Vellefaux
1	Aligre (pass. d')	Bailleul	St-Honoré,
12	Aligre (d')	de Charenton	pl. du Marché-Beauv
11	Allée-Verte (pas. de l')	Pet.-Rue-St-Pierre	quai Valmy.
19	Allemagne (d')	boul. de Butte-Chau.	boul. Serrurier.
7	Allent	Lille	Verneuil.
15	Alleray (pl. d')	d'Alleray	Dutot.
15	Alleray (d')	Grande-Rue de Vaug.	Ch.-des-Fourneaux.
8	Alma (av. de l')	av. Montaigne	av. des Champs-Elys
7	Alma (boul. de l')	av. de Lowendal	av. de Ségur.
7	Alma (boul. de l')	(voy. av. *Bosquet*)	

1. Pour les nouveaux noms de Rues, classés à part, voyez à la fin du Dictionnaire-Indicateur.

ARR.	RUES.	TENANTS.	ABOUTISSANTS
7	Alma (boul. de l')......	(voy. av. *Duquesne*).	
16	Alma-Auteuil..........	Grande-Rue.........	boul. Murat
20	Alma-Belleville........	(v. rue d'*Eupatoria*).	
7	Alma (cité d').........	av. du Ch.-de-Mars.	
7	Alma (pass. de l')......	St-Dominique.......	de Grenelle.
7	Alma (pont de l')......	quai de Billy........	quai d'Orsay.
19	Alouettes (des).........	de la Villette........	des Petits-Chaumo.
11-20	Amandiers (b. des).....	des Amandiers......	boul. d'Aunay.
20	Amandiers-Bell. (imp.).	des Amandiers......	
20	Amandiers-Bell. (des)..	boul. des Amandiers.	ch. Ménilmontant.
11	Amandiers-Pop. (des)..	Popincourt..........	boul. des Amandiers.
5	Amandiers-Ste-Genev...	(voy. rue *Laplace*)...	
5	Amboise (pass. d')......	place Maubert.......	
2	Amboise (d')........ ...	de Richelieu........	Favart.
14	Amboise-Montrou. (d')..	(voy. rue *Thibaut*)...	
10	Ambroise-Paré........	Maubeuge........ .	boul. Magenta.
18	Amélie-Montmartre....	(voy. rue *Puget*).....	
7	Amélie...............	St-Dominique.......	de Grenelle.
11	Amelot...............	boul. Richard-Lenoir.	St-Sébastien.
8-9	Amsterdam (d')........	St-Lazare...........	boul. de Batignolles.
6	Ancien.-Coméd. (de l')..	St-André-des-Arts....	Ecole-de-Médecine.
3	Ancre (pass. de l').....	Turbigo............	St-Martin.
16	Andréine.............	av. Bugeaud........	av. de l'Impératrice.
18	Androüet.............	Trois-Frères.........	du Poirier.
1	Anglade (de l').........	Fontaine-Molière.....	de l'Evêque.
3	Anglais (imp. des)......	Beaubourg..........	
5	Anglais (des).........	Galande............	boul. St-Germain.
13	Anglaises (des).........	de Lourcine.........	du Petit-Champ.
11	Angoulême (cité d').....	d'Angoulême........	
11	Angoulême (pass. d')...	Oberkampf.........	d'Angoulême.
11	Angoulême (place d')...	Fossés-du-Temple. .	d'Angoulême.
8	Angoul.-St-Hon. (d')...	av. des Champs-Elys.	Faub.-St-Honoré.
11	Ang.-du-Temple (d')....	boul. du Temple.....	des Trois-Couronnes.
4	Anjou (q. d').........	St-Louis-en-l'Ile.....	des Deux-Ponts.
6	Anjou-Dauphine (d')....	Dauphine	de Nevers.
3	Anjou-Marais (d')......	Charlot............	Enfants-Rouges.
8	Anjou-St-Hon. (d').....	Faub.-St-Honoré....	Pépinière.
19	Annelets (des).........	des Solitaires.......	de Crimée.
8	Antin (av. d').........	Cours-la-Reine......	av. des Champs-Elys.
9	Antin (cité d').........	de Provence........	Ch.-d'Antin.
8	Antin (imp. d')........	avenue d'Antin	
18	Antin (imp. d')........	Grande-Rue.........	
17	Antin-Batig. (d').......	(Voy rue *Biot*)......	
2	Antin (d')............	Nve-des-Petits-Ch...	du Port-Mahon.
6	Antoine-Dubois........	Ecole-de-Médecine...	Monsieur-le-Prince
18	Antoinette............	pl. St-Pierre.......	de l'Abbaye.
19	Arago...............	de Meaux..........	la Butte.
5	Arbalète (de l')........	Mouffetard.........	Charbonniers.
1	Arbre-Sec (de l').......	Pr.-St-Germ.-l'Auxe.	St-Honoré.
17	Arc-de-Tr. (pl. de l')...	av. Wagram.......	av. de la Grande-Ar.
17	Arc-de-Tr. (de l').......	pl. de l'Arc-de-Tr...	des Accacias.
18	Arcade (pass. de l').....	de l'Abbaye........	des Trois Frères.
8	Arcade (de l').........	boul. Malesherbes....	St-Lazare
18	Arcade-Montm. (de l')..		(Voy. rue *Androüet*).
17	Arcade-Tern. (de l')....	(Voy. rue *Bayen*)....	

ARR.	RUES.	TENANTS.	ABOUTISSANTS.
17	Arcet (d')	boul. de Batignolles	des Dames.
4-5	Archev. (pont de l')	q. de l'Archevêché	q. de la Tournelle.
4	Archev. (quai de l')	q. Napoléon	pont au Double.
4	Arcole (pont d')	pl. de l'Hôtel-de-Ville.	q. Napoléon.
4	Arcole (d')	q. Napoléon	St-Cristophe.
14	Arcueil (boul. d')	de la Tombe-Issoire	route d'Orléans.
14	Arcueuil (ch. d')	de la Glacière	boul. Jourdan.
19	Ardennes (des)	q. de la Marne	d'Allemagne.
1	Argenteuil (d')	des Frondeurs	St-Roch.
19	Argonne (pl. de l')	de l'Argonne	
19	Argonne (de l')	q. de l'Oise	de Flandre.
17	Amaillé (d')	(Voy. av. d'*Essling*)	
5	Arras (d')	St-Victor	Clopin.
15	Arrivée (de l')	boul. Montparnasse	av. du Maine.
4	Arsenal (pl. de l')	de l'Orme	de la Cerisaie.
16	Artistes (des)	de la Tour	Grande-Rue.
14	Arts (pass. des)	de Vanves	Couesnon.
1	Arts (pont des)	q. du Louvre	q. Conti.
16	Arts (des)	(Voy. rue *Géricault*).	
20	Arts-Belleville (des)	de Constantine	des Couronnes.
11	Asile (pass. de l')	pass. Moufle	Popincourt.
11	Asile de (l')	Moufle	Popincourt.
17	Asnières (route d')	Cardinet	boul. Berthier.
6	Assas (d')	du Cherche-Midi	de Vaugirard.
19	Asselin	boul. du Combat	la Butte.
16	Assomption (de l')	Boulainvillers	boul. Montmorency.
8	Astorg (d')	Ville-l'Evêque	de la Pépinière.
1	Athènes (pass. d')	St-Honoré	cloître St-Honoré.
9	Auber	boul. des Capucines	de la Ferm.-des-Math.
2	Aubert (pass.)	Ste-Foy	St-Denis.
18	Aubervilliers (d')	du Bon-Puits	pl. Hébert.
1	Aubry-le-Boucher	St-Martin	b. Sébastopol.
18	Audran	Véron	de la Cure.
20	Auger	boul. de Montreuil	de Montreuil.
3	Aumaire	Volta	St-Martin
20	Aumaire-Charonne	St-Germain	boul. Davoust.
9	Aumale (d')	St-Georges	La Rochefoucault.
20	Aunay (boul. d')	St-André	des Amandiers.
11	Aunay (ch. de r. d')	de la Roquette	des Amandiers.
11	Aunay (d')	de la Folie-Regnault.	ch. de ronde d'Aunay.
12-13	Austerlitz (p. d')	pl. Mazas	pl. Walhubert.
13	Austerlitz (q. d')	pont de Bercy	p. d'Austerlitz.
7	Austerlitz-des-Inv. (d')	(Voy. rue *Fabert*)	
13	Aust.-St-Marcel (d')	(Voy. rue *Esquirol*)	

B

ARR.	RUES.	TENANTS.	ABOUTISSANTS.
1	Babille	des Deux-Ecus	de Viarmes.
7	Babylone (de)	du Bac	boul. des Invalides.
7	Bac (du)	quai Voltaire	de Sèvres.
13	Bac-Ivry (du)	du Chevaleret	route de Choisy
17	Bas-d'Asnières (du)	pl de Lévis	de Paris-Batignolles.
18	Bachelet	Nicolet	Lécuyer.
6	Bagneux (de)	du Cherche-Midi	de Vaugirard.

ARR.	RUES.	TENANTS.	ABOUTISSANTS.
—	—	—	—
19	Bagnolet-Bellev. (de)...	de Romainville......	boul. Serrurier.
20	Bagnolet-Char. (de)....	pl. de la Mairie......	boul. Mortier.
1	Baillet..............	de la Monnaie.......	de l'Arbre-Sec.
1	Bailleul..............	de l'Arbre-Sec.......	du Louvre
3	Bailly...............	St-Paxent...........	Henri.
17	B lagny..............	aven. de Clichy......	av. de St-Ouen.
19	Ballets (des)..........	des Annelets........	des Alouettes.
8	Balzac..............	av. des Champs-Elys.	Faub.-St-Honoré.
2	Banque (de la).........	pl. de la Bourse.....	Nve-des-Pet.-Champs.
13	Banquier (du).........	Marché-aux-Chevaux.	Mouffetard.
15	Baran...............	(Voy. rue *Ginoux*)...	
7	Barbet-de-Jouy........	de Varenne..........	de Babylone.
19	Barbette (cité)........	du Centre...........	du Plateau.
3	Barbette.............	des Trois-Pavillons...	Vieille-du-Temple.
15	Basque..............	Plumet.............	Dutot.
9	Baromètre (gal. du)....	boul. des Italiens....	pass. de l'Opéra.
6	Barouillère (de la)......	de Sèvres...........	du Cherche-Midi.
13	Barrault (ruelle).......	boul. d'Italie........	Butte-aux-Cailles.
4	Barres (des)..........	quai de la Grève.....	St-Antoine.
4	Barres-St-Paul (des)....	St-Paul............	du Fauconnier.
9	B.-Blanche (pl. de la)..	Blanche............	
13	B.-des-Gobelins (de la)..	boul. d'Ivry.........	boul. de l'Hôpital.
13	Bar.-d'Ivry (pl. de la)..	Mouffetard..........	
9	B.-Blanche (pl. de la)..	Blanche............	
3	Barrois (pass.)........	des Gravilliers.......	Aumaire.
19	Bartéhlemy (cité)......	de la Villette........	
15	Barthélemi...........	av. de Breteuil......	boul. de Sèvres.
2	Basfour (pass.)........	de Palestro..........	St-Denis.
11	Basfroi..............	de Charonne........	de la Roquette.
16	Basse-Passy..........	Gr.-Rue-Passy.......	de Boulainvilliers.
5	Basse-des-Carmes......	Montagne-Ste-Genev.	des Carmes.
16	Basse-St-Pierre........	quai de Billy........	de Chaillot.
9	Basse-du-Rempart.....	Chaussée-d'Antin....	pl. de la Madeleine.
15	Basse-du-Transit.......	Croix-Nivert........	Blomet.
4	Basse-des-Ursins.......	des Chantres........	d'Arcole.
20	Basses-Vignoles (des)...	Madame-Charonne...	des Haies.
16	Bassins (des).........	Newton............	boul. de Rome.
16	Bassins-Passy (des)....	(Voy. rue *Copernic*)..	
4	Bassompierre.........	boul. Bourdon......	de l'Orme.
11-12	Bastille (pl. de la)......	boul. Richard-Lenoir.	Faub.-St-Antoine
16	Batailles (des).........	Gasté..............	Benjamin-Delessert.
17	Batignollaises (des).....	boul. de Batignolles..	des Dames.
17	Batignolles (boul. des)..	Grande-Rue.........	de Lévis.
5	Battoir (du)...........	Puits-de-l'Ermite....	de Lacépède.
16	Bauches (des).........	de Boulainvilliers....	de la Glacière.
18	Baudelicque (imp.).....	Chemin-de-la-Process.	
18	Baudelicque..........	des Portes-Blanches..	
9	Baudin..............	pl. Lafayette.......	Bellefond.
4	Baudroirie (imp. de la)..	de Venise 5.........	
8	Baume (de la).........	de Courcelles.......	av. Percier.
15	Bausset..............	pl. de la Mairie.....	Groult-d'Arcy.
8	Bayard..............	Cours-la-Reine......	av. Montaigne.
15	Bayard-des-Invalides...	(Voy. rue *Hoche*)....	
17	Bayen...............	des Dames..........	boul. Gouvion.
3-4	Beaubourg............	Maubuée............	Réaumur.

ARR.	RUES.	TENANTS.	ABOUTISSANTS.
3	Beauce (de)	d'Anjou	de Bretagne.
8	Beaucour (aven.)	Faub.-St-Honoré	
11	Beauharnais (cité)	des Boulets, 30	
1	Beaujolais (pass. de)	de Montpensier	de Richelieu.
1	Beaujolais (de) P.-R.	de Valois	de Montpensier.
3	Beaujolais-Temple (de)	de Bretagne	du Forez.
8	Beaujon	av. de Wagram	de Balzac.
4-11	Beaumarchais (b. de)	pl. de la Bastille	Pont-aux-Choux.
7	Beaune (de)	quai Voltaire	de l'Université.
19	Beaune-Belleville (de)	de Paris	Basse-St-Denis.
12	Beaune-Bercy (de)	d'Orléans	de Bercy.
19	Beauregard (imp.)	(Voy. imp. *Compans*)	
9	Beauregard-des-Mart.	(Voy. rue *Lallier*)	
2	Beauregard-B.-Nouv.	de Cléry	boul. Bonne-Nouvelle.
2	Beaurepaire	des Deux-Portes	Montorgueil.
16	Beauséjour (boul.)	Ch.-de-la-Muette	de l'Assomption.
4	Beautreillis	des Lions-St-Paul	St-Antoine.
8	Beauveau (pl.)	av. de Marigny	Miroménil.
12	Beauveau	(Voy. rue *Beccaria*)	
6	Beaux-Arts (des)	de Seine	Bonaparte.
16	Beethoven	quai de Passy	Basse-Passy.
12	Beccaria (de)	de Charenton	Marché-Beauveau.
12	Bel-Air (av. du)	av. de St-Mandé	pl. du Trône.
12	B.-Air-St-M. (av. du)	boul. Soult	boul. St-Mandé.
13	Bel-Air-Gentilly	Moulin-des-Prés	boul. Kellermann
16	Bel-Air-Passy	(Voy. rue *Lauriston*).	
18	Bel-Homme (pl.)	de la Nouv.-France	Bel-Homme.
18	Bel-Homme	b. des Poissonniers	de la Nation.
15	Bellar	Pérignon	boul. de Sèvres.
7	Bellechasse (pl.)	Bellechasse	
7	Bellechasse (de)	quai d'Orsay	de Varennes.
9	Bellefond	Faub.-Poissonnière	Rochechouart.
11-20	Belleville (boul. de)	des Couronnes	de Paris-Belleville.
20	Belleville-Char. (de)	de Bagnolet	des Partants.
19	Bellev.-Villette (de)	d'Allemagne	Ch.-des-Carrières.
19	Bellevue-Bellev. (de)	Basse-St-Denis	des Lilas.
16	Bellevue-Passy (de)	du Bel-Air	des Bouchers.
16	Belleyme (de)	av. d'Eylau	Petit-Parc.
13	Bellièvre	quai d'Asterlitz	de la Gare.
16	Bellini	de la Tour	des Moulins.
19	Bellot	Tanger	des Vertus.
8	Bel-Respiro (du)	av. des Champs-Elys.	Beaujon.
10	Belzunce	boul. Magenta	de Maubeuge.
17	Bénard-Batignolles	des Dames	d'Orléans.
14	Bénard-Montrouge	Ch.-des-Plantes	Terrier-à-Lapins.
16	Benjamin-Delessert	des Batailles	Franklin.
16	Benoit-Auteuil	(Voy. rue de *Musset*).	
15	Béranger (imp.)	Vaugirard	
3	Béranger	Charlot	du Temple.
12	Bercy (boul. de)	de Bercy	de Charenton.
12	Bercy-St-Ant. (de)	boul. de Bercy	boul. Contrescarpe.
4	Bercy-St-Jean (de)	Vieille-du-Temple	Bourtibourg.
12-13	Bercy (pont de)	quai de la Rapée	quai de la Gare.
12	Bercy (port de)	boul. de la Rapée	boul. Poniatowski.
1	Berger	boul. Sébastopol	Vauvilliers.

ARR.	RUES.	TENANTS.	ABOUTISSANTS.
9	Bergère (cité)..........	Faub.-Montmartre...	Bergère.
9	Bergère (galerie).......	Montyon...........	Geoffroy-Marie.
9	Bergère...............	Faub.-Poissonnière. .	Faub.-Montmartre.
15	Bergers (des)..........	de Javel...........	St-Paul Grenelle.
13	Berges (ruelle des).....	de la Croix-Rouge....	boul. de Masséna.
8-9	Berlin (de)...........	de Clichy..........	pl. de l'Europe.
6	Bernard-Palissy........	de l'Egout..........	du Dragon.
5	Bernardins (des).......	quai de la Tournelle..	St-Victor.
8	Berri (de).............	av. des Champs-Elys..	Faub.-St-Honoré.
8	Berryer (cité)..........	Royale.............	de la Madeleine.
3	Berthaud (imp.)........	Beaubourg, 26.......	
18	Berthe...............	du Télépraphe.......	du Poirier.
17	Berthier (boul.)........	av. de Clichy........	route de la Révolte.
13	Berthollet	des Feuillantines....	boul. Arago.
1	Bertin-Poirée..........	quai de la Mégisserie.	de Rivoli.
7	Bertrand..............	Eblé..............	de Sèvres.
17	Berzelius..............	av. de Clichy........	ch. des Bœufs.
11	Beslay (pass.).........	Neuve-Popincourt...	Popincourt.
17	Bessières (boul.).......	av. de St-Ouen......	av. de Clichy.
4	Béthune (quai de)......	St-Louis...........	des Deux-Ponts.
17	Beudant	boul. de Batignolles..	des Dames.
15	Beuret...............	Cambronne	Grande-Rue-Vaugir.
6	Beurrière.............	Four-St-Germain....	du Vieux-Colombier.
10	Bichat...............	Faub.-du-Temple....	quai de Jemmapes.
16	Biches (des)...........	av. d'Eylau...... ..	av. Dauphine.
8	Bienfaisance (de la)....	du Rocher..........	av. de Plaisance.
5	Bièvre (de)............	quai de la Tournelle.	boul. St-Germain.
16	Billancourt (de)........	Galilée.............	boul. Murat.
4	Billettes (des).........	de la Verrerie.......	Ste-Croix-de-la-Bret.
16	Billy (quai de)........	quai de la Conférance.	quai de Passy.
17	Biot.................	boul. de Batignolles..	des Dames.
4	Birague (de)...........	St-Antoine..........	place Royale.
14	Biron................	(voy. rue *Humboldt*).	
18	Biron-Montmartre......	ch. Clignancourt.....	Bachelet.
12	Biscornet.............	des Terres-Fortes....	b. de la Contrescarpe.
16	Bizet................	av. Montaigne.......	de Chaillot.
9	Blanche (pl. de la bar.)..	Blanche	de Clichy
9	Blanche..............	St-Lazare...........	pl. de la Bar.-Blanche.
16	Blanche-Passy.........	(voy. rue *Greuze*)....	
4	Blancs-Manteaux.......	Vieille-du-Temple....	du Temple.
9	Bleue................	Faub.-Poissonnière ..	Cadet.
2	Bleus (cour des).......	de Palestro.........	St-Denis.
15	Blomet...............	de Sèvres...........	St-Lambert.
2-3	Blondel..............	St-Martin...........	St-Denis.
14	Blottière.............	Perrel.............	de la Procession.
9	Bochard-de-Saron......	av. Trudaine........	boul. Rochechouart.
17	Bœufs (ch des)........	av. de St-Ouen......	boul. Bessières.
2	Boieldieu (pl.).........	Favart.............	de Marivaux.
1	Boileau...............	de la Ste-Chapelle....	quai des Orfèvres.
16	Boileau-Auteuil........	Molière............	Galilée.
19	Bois-Belleville (des).....	du Pré.............	boul. Serrurier.
20	Bois-Charonne (du).....	de Paris...........	des Hautes-Vignolles.
10	Bois-de-Boulog. (p. du)..	Faub.-St-Denis......	boul. St-Denis.
16	Boislevent............	pl. de la Mairie-Pas.	de Boulainvilliers.
16	Boissière....	boul. de Passy.......	rd-point de la Plaine.

R.	RUES.	TENANTS.	ABOUTISSANTS.
[illegible]	Bonaparte.............	quai Malaquais......	Vaugirard.
0	Bondy (de).............	de la Douane.........	Porte-St-Martin.
1	Bonne-Graine (p. de la).	Fb.-St-Antoine, 115..	pass. Josset, 7.
10	Bonne-Nouv. (boul.)....	Porte-St-Denis......	Faub.-Poissonnière.
[illegible]	Bon-Puits (du).........	St-Victor...........	Traversine.
[illegible]	Bons-Enfants (des).....	St-Honoré..........	Baillif.
6	Bons-Enf.-Aut. (des)....	(voy. rue *Désaugiers*).	
6	Bons-Hommes (des)....	boul. Longchamps...	Batailles.
[illegible]	Bony (imp.)...........	St-Lazare, 130.......	
[illegible]	Borda................	Volta...............	Montgolfier.
2	Bordeaux (de).........	Port de Bercy.......	de la Côte-d'Or.
9	Bordeaux-Villette (de)..	de Flandre..........	quai de Seine.
6	Bornes (des)..........	des Moulins.........	r. p. de Longchamps.
0	Borrégo (du)..........	Charonne...........	de Vincennes.
[illegible]	Bosquet (av.)..........	pont de l'Alma......	av. Lamotte-Piquet.
0	Bossuet (de)..........	Lafayette...........	Belzunce.
0	Bouchardon...........	Bondy..............	Château-d'Eau.
[illegible]	Boucher..............	de la Monnaie.......	des Bourdonnais.
[illegible]	Boucherie (pas. de la)..	Bourbon-le-Château.	Gozlin.
[illegible]	Bouch.-des-Inv. (de la)..	quai d'Orsay........	St-Dominique.
6	Bouchers (des)........	av. de l'Impératrice..	de Bellevue.
9	Bouchet (imp.)........	de Meaux, 22........	
8	Boucry...............	de l'Est.............	r. p. de la Chapelle.
6	Boudon (av.)..........	des Vignes..........	Molière.
[illegible]	Boudreau.............	Auber...............	Caumartin.
[illegible]	Boufflers (cité)........	du Petit-Thouars, 16.	
6	Boulainvilliers (de).....	q. de Passy.........	Gr.-Rue-Passy.
[illegible]	Boulangers............	St-Victor...........	Fossés-St-Victor.
4	Boulard..............	Champ-d'Asile......	Brézin.
7	Boulay...............	av. de Clichy.......	ch. des Bœufs.
2	Boule-Bl. (pass. de la)..	Charenton..........	Faub.-St-Antoine
[illegible]	Boule-Rouge (de la)....	Montyon............	Richer.
1	Boulets (des).........	de Montreuil........	Charonne.
7	Boulevard (du)........	boul. des Batignolles.	des Dames.
[illegible]	Boulogne (de).........	Blanche............	Clichy.
9	Boulogne-Villette (de)..	Nantes.............	q. de la Gironde.
[illegible]	Bouloi (du)...........	Cr.-des-Petits-Ch....	Coquillère.
6	Bouquet-des-Ch. (du)...	de Longchamps......	boul. des Bassins.
6	Bouq.-de-Longch. (du)..	de Longchamps......	de la Croix-Boissière.
[illegible]	Bougainville..........	Chevert............	av. de la Motte-Piq.
[illegible]	Bourbon (quai)........	des Deux-Ponts......	St-Louis-en-l'Ile.
[illegible]	Bourb.-le-Chât. (de)...	de Buci............	de l'Échaudé.
[illegible]	Bourb.-Villeneuve......	du Petit-Carreau....	St-Denis.
[illegible]	Bourdaloue...........	Ollivier............	St-Lazare.
[illegible]	Bourdin (imp.)........	av. Montaigne.......	
[illegible]	Bourdon (boul.)........	boul. Morland.......	St-Antoine.
	Bourdonn. (imp. des)...	des Bourdonnais, 37.	
	Bourdonnais..........	q. de la Mégisserie...	de la Poterie.
9	Bouret...............	d'Allemagne........	de Meaux.
[illegible]	Bourg-l'Abbé (du)......	St-Martin...........	boul. Sébastopol.
[illegible]	Bourg-l'Abbé (pass.)...	de Palestro.........	St-Denis.
2	Bourgogne (cour de)....	Charenton..........	F.-St-Antoine.
	Bourgogne (de)........	q. d'Orsay.........	de Varenne.
2	Bourgogne-Bercy (de)..	q. de Bercy........	de Bercy.
13	Bourguinons (des).....	de Lourcine........	de la Santé.

R.	RUES.	TENANTS.	ABOUTISSANTS.
14	Bournisien (pass.)......	de Constantine......	Blottière.
9	Boursault............	Blanche...........	Pigalle.
18	Boursault-Batignolles...	boul. des Batignolles.	des Dames.
2	Bourse (pl. de la).......	N.-D.-des-Victoires..	Vivienne.
2	Bourse (de la).........	Vivienne...........	Richelieu.
4	Bourtibourg...........	de la Verrerie.......	Ste-Cr.-de-la-Breton.
4	Boutarel.........	q. d'Orléans.........	St-Louis-en-l'Ile.
5	Boutebrie.............	Parcheminerie......	boul. St-Germain.
1	Bouteille (imp. de la)...	Montorgueil, 31.....	
13	Boutin...............	de la Glacière.......	de la Santé.
11	Bouvines (aven. de)....	pl. du Trône........	de Montreuil.
11	Bouvines (de)	des Ormeaux........	av. des Ormeaux.
10	Brady (pass.)..........	Faub.-St-Martin.....	Faub.-St-Denis.
15	Brancion..............	pl. de l'Unité-Italien.	Les Champs.
3	Brantôme.............	Beaubourg..........	St-Martin.
3	Braque (de)...........	du Chaume.........	du Temple.
6	Bréa.................	N.-D.-des-Champs...	boul. Montparnasse.
12	Brèche-aux-Loups......	Charenton..........	de la Lancette.
12	Brèche-aux-L. (ruelle)...	de la Lancette.......	chem. de Reuilly.
9	Bréda (pl.)............	Clausel............	Bréda.
9	Bréda................	N.-D.-de-Lorette.....	de Laval.
17	Brémontier............	boul. Berthier.......	Jouffroy.
10	Bretagne (c. de)........	F.-du-Temple, 99....	
3	Bretagne (imp. de)... .	Commines, 7........	
3	Bretagne (de)..........	Vieille-du-Temple....	du Temple.
7-15	Breteuil (av. de).......	pl. Vauban..........	de Sèvres.
7-15	Breteuil (pl. de).......	av de Breteuil.......	Duroc.
3	Brezreuil..............	Réaumur..........	Vaucauson.
4	Bretonvilliers..........	q. de Béthune.......	St-Louis-en-l'Ile.
17	Brey.................	av. de Wagram......	de la Plaine.
14	Brézin.......... ...	route d'Orléans......	Chaussée-du-Maine.
9	Briare (pass.)........	Rochechouart.......	Lamartine.
17	Bridaine..............	Truffaut...........	Bénard.
18	Briquet (pass.).........	la Carrière..........	Briquet.
18	Briquet..............	boul. Rochechouart..	des Acacias.
4	Brisemiche............	cl. St-Merry.........	Nve-St-Merry.
4	Brissac (de)...........	boul. Morland.......	de Crillon.
17	Brochant.............	av. de Clichy........	pl. des Fêtes.
2	Brongniart.......	Montmartre.........	N.-D.-des-Victoires.
18	Brouillards (des).......	Lepic..............	St-Vincent.
13	Bruant...............	boul de la Gare.....	des Deux-Moulins.
14	Brune (boul.)..........	porte d'Orléans......	Ch. de fer de l'Ouest.
17	Brunel.........	Brémontier..........	boul. Malesherbes.
8-9	Bruxelles (de)..........	pl de la Bar.-Blanche.	St-Pétersbourg.
5	Bûcherie (de la)........	pl. Maubert........	pl. du Petit-Pont.
6	Buci (de).............	de l'Ancienne-Coméd.	pl. Gozlin.
9	Buffault..............	Faub.-Montmartre...	Lamartine.
5	Buffon (de)...........	boul. de l'Hôpital....	Geoffroy-St-Hilaire.
18	Bugeaud (av.)..........	rond point deSt-Cloud	av. de l'Impératrice.
10	Buis (du).............	Molière.	Verderet.
10	Buiss.-St-Louis (pass.du)	Buisson-St-Louis, 13.	
0	Buisson-St-Louis (du)...	St-Maur...........	boul. de la Chopinette.
13	Buot................	Butte-aux-Cailles....	de l'Espérance.
18	Burcq...............	de l'Abbaye.........	Durantin.
13	Butte-aux-Cailles.......	du Moulin-des-Prés..	Vendrezanne.

AR.	RUES.	TENANTS.	ABOUTISSANTS.
—	—	—	—
19	B.-Chaum. (b. de la)...	de Meaux..........	d'Allemagne.
10	B.-Chaumont (de la)....	boul. du Combat.....	Château-Landon.
12	Buttes (des)............	de Reuilly..........	Picpus
19	Buzelin (pass.).........	imp. St-Nicolas......	de Meaux.
18	Buzelin	des Tournelles.......	du Bon-Puits.

C

9	Cadet (pl.).............	Cadet..............	Bleue.
9	Cadet.................	du Fg-Montmartre...	Lamartine.
3	Cafarelli	de Bretagne.........	pl. de la Rotonde.
13	Caillaux..............	route de Choisy.....	pass. Gandon.
2	Caire (passage du).....	place du Caire......	St-Denis.
2	Caire (place du)........	Bourbon-Villeneuve..	du Caire.
2	Caire (du).............	boul. Sébastopol.....	pl. du Caire.
20	Calais (impasse de).....	de Calais, 48........	
9	Calais (de)............	Blanche.............	pl. Vintimille.
20	Calais-Belleville (de)...	de Paris............	ch. Ménilmontant.
19	Calais-Villette (de)......	(Voy. r. *Rouvet.*)....	
16	Callot................	de Galilée...........	de la Municipalité.
5	Cambrai (place)........	des Ecoles..........	Collége de France.
19	Cambrai-Villette (de)...	St-Denis............	le chemin de fer.
15	Cambronne (place).....	boul. de Sèvres......	boul. de Meudon.
15	Cambronne............	pl. Cambronne.......	Gr.-Rue-Vaugirard.
14	Campagne-Première....	b. Montparnasse.....	boul. d'Enfer.
13	Campo-Formio (de).....	boul. de l'Hôpital....	Pinel.
10	Canal-St-Martin (du)....	F.-St-Martin.........	quai de Valmy.
6	Canettes (des).........	du Four St-Germ....	pl. St-Sulpice.
6	Canivet (du)...........	Servandoni.........	Féron.
18	Caplat................	de la Charbonnière..	de la Goutte-d'Or.
18	Capron...............	Gde-Rue-Batignolles .	Forest.
2	Capucines (boul. des)...	boul. des Italiens....	boul de la Madeleine.
14	Capucins (des).........	de la Santé.........	Faub -St-Jacques.
6	Cardinale.............	Furstenberg.........	de l'Abbaye.
5	Cardinal-Lemoine (du)..	q. de la Tournelle....	St-Victor.
17	Cardinet..............	aven. de Clichy.....	Courcelles.
5	Carmes (des)..........	boul. St-Germain....	St-Hilaire.
6	Carnot...............	de l'Ouest..........	N.-D.-d.-Champs.
17	Caroline-Batignolles....	du Boulevard........	av. de l'Hôtel-de-V.
20	Caroline-Belleville.....	des Couronnes......	Vilin.
4	Caron................	m. Ste-Catherine. ...	Jarente.
6	Carpentier	du Gindre	Cassette.
20	Carrières-d'Am. (Ch. des)	de Belleville.........	
18	Carrière (de la)........	boul. Rochechouart..	pl. St-Pierre.
19	Carr.-Bellev. (Ch. des)..	de Meaux...........	Fessart.
16	Carr.-Passy (imp. des)..	Grande-Rue, 22.....	
18	Carr.-Batign. (des).....	Grande-Rue.........	du Ch.-des-Dames.
20	Carrières-Bellev. (des)..	des Amandiers.......	du Chaudron.
16	Carrières-Passy (des)...	Grande-Rue.........	de la Tour.
15	Carrières-Vaugir. (des)..	(Voy. r. *Lacretelle*)..	
19	Carrières-Villette (des)..	de Meaux...........	de Crimée.
1	Carrousel (pl. du)......		palais des Tuileries.
1-5	Carrousel (pont du)....	quai du Louvre......	quai Voltaire.
20	Cascades (des).........	de la Mare.........	ch. Ménilmontant.

ARR.	RUES.	TENANTS.	ABOUTISSANTS.
6	Casimir-Delavigne......	Monsieur-le-Prince...	pl. de l'Odéon.
7	Casimir-Périer.........	St-Dominique.......	Grenelle-St-Germain.
6	Cassette..............	du Vieux-Colombier..	Vaugirard.
14	Cassini	Fg-St-Jacques, 34....	d'Enfer.
8	Castellane (de).........	Tronchet	de l'Arcade.
4	Castex...............	de la Cerisaie.......	St-Antoine.
1	Castiglione (de)........	de Rivoli...........	St-Honoré.
1	Catinat (de)...........	de la Vrillière.......	pl. des Victoires.
18	Cauchois..............	Lepic...............	Ste-Marie-Blanche.
9	Caumartin (de)........	Basse-du-Rempart...	St-Lazare.
18	Cavé	des Cinq-Moulins....	des Gardes.
20	Célestins-Bell. (imp. d.).	du Pressoir, 16.....	
4	Célestins (quai des).....	du Petit-Musc.......	St-Paul.
14	Cels................	Chaussée du Maine..	Nve-de-la-Pépinière.
5-13	Cendrier (du)..........	Marc.-aux-Chevaux..	des Foss.-St-Marc.
20	Cendriers (des)........	boul. des Amandiers.	des Amandiers.
5	Censier..............	Geoffroy-St-Hilaire...	Mouffetard.
8	Centre (du)...........	de l'Oratoire........	Balzac.
17	Centre-Batign. (du).....	aven. de Clichy......	de l'Entrepôt.
19	Centre-Belleville (du)...	Houssard, 16........	des Alouettes.
20	Centre-Charonne (du)...	de Paris............	pl. de la Réunion.
4	Cerisaie (de la).........	boul, Bourdon.......	du Petit-Musc.
2	Chabannais (de)........	Nve-des-Petits-Ch...	Rameau.
10	Chabrol..............	boul. Magenta	Lafayette.
18	Chabrol-Chapelle (de)...	boul. des Vertus.....	Grande-Rue.
15	Chabrol-Grenelle (de)...	boul. de Javel.......	quai de Grenelle.
16	Chabrol-Passy (de).....	de la Faisanderie....	du Petit-Parc.
8-16	Chaillot (de)..........	de Longchamps	av. des Ch.-Elysées.
7	Chaise (de la)..........	de Grenelle-St-G....	de Sèvres.
17	Chalâbre.............	aven. de Clichy......	de l'Entrepôt.
12	Chaligny (de)..........	Erard	faub.-St-Antoine.
18	Châlons (de)...........	de Rambouillet......	boul. Mazas.
7	Champagny	Casimir-Périer......	Martignac.
13	Champ-de-l'Alouette (du)	de Lourcine.........	boul. des Gobelins.
14	Champ-d'Asile (du).....	boul. Montrouge.....	Chaussée du Maine.
5-14	Champs-des-Capucins..	de la Santé..........	des Capucins.
7	Champ-de-Mars (aven).	(Voy. aven. *Rapp*)...	
7	Champ-de-Mars (du)...	Duvivier	av. de Labourdonnais.
16	Champs (des).........	de Longchamps......	de Lubeck.
20	Champs-Charonne (des).	de Bagnolet.........	chemin des Partants.
8	Ch.-Elysées (av. des)...	pl. de la Concorde...	pl. de l'Etoile.
8	Champs-Elysées (des)...	pl. de la Concorde...	Faub.-St-Honoré.
7	Chanaleilles (de).......	Vanneau.	Barbet-de-Jouy.
1-4	Change (pont au)......	pl. du Châtelet......	quai de l'Horloge.
4	Chanoinesse...........	du Cloître-N.-Dame..	de la Colombe.
12	Chantier (pass. du).....	F.-St-Antoine	de Charenton.
5	Chantiers (des)........	Fossés-St-Bernard....	du Cardinal-Lemoine.
4	Chantres (des)........	quai Napoléon.......	Chanoinesse, 12.
14	Chapelle (aven. de la)...	(Voy. r. d'*Alembert*).	
10-18	Chapelle (boul. de la)..	Grande-Rue.........	des Poissonniers.
10	Chapelle (de la)........	Lafayette..........	boul. des Vertus.
19	Chapelle-Vill. (de la)...	de Flandre.........	des Vertus.
3	Chapon...............	du Temple.........	St-Martin.
9	Chaptal..............	Pigalle............	Blanche.
18	Charbonnière (de la)....	boul. de la Chapelle..	de Jessaint.

ARR.	RUES.	TENANTS.	ABOUTISSANTS.
20	Ch.-de-Fer-Charr. (du)..	de Paris............	Gde-Rue-Montreuil.
14	Ch.-de-Fer-G nt. (du)...	de la Glacière.......	ch. de fer de Sceaux.
14-15	Ch.-de-Fer-Vaugir. (du).	boul. des Fourneaux.	de Vanves.
18	Ch.-des-D.-Frères (du)..	des Brouillards......	
15	Chem.-des-Fourn. (du)..	boul. des Fourneaux.	du Transit.
11	Chemin-de-Lagny (du)..	(Voy. r. *Bouvines*)...	
18	Chemin-des-Dames.....	des Dames..........	aven. St-Ouen.
12	Chem.-des-Marais (du)..	(Voy. r. *Michel Bizot*.	
20	Chemin-Neuf-de-Ménil..	de Belleville........	boul. Mortier.
20	Chem.-des-Partants (du).	des Amandiers......	de Belleville.
14	Chemin-des-Plantes....	Benard............	passage Léonidas.
12	Chem.-de-Reuilly (du)..	boul. de Reuilly.....	boul. Poniatowski.
15	Chem.-des-Tournelles..	(Voy. r. d'*Alleray*)..	
19	Chemin-de-St.-Ouen...	de Cambrai.........	des Vertus.
16	Ch.-de-Versailles (du)...	(Voy. r. *Galilée*).....	
11	Chemin-Vert (du)......	boul. Beaumarchais..	Popincourt.
14	Chemins-de-Fer (des)...	de la Tombe-Issoire.	de la Voie-Verte.
2	Chénier...............	Ste-Foy............	de Cléry.
8	Cherbourg (galerie de)..	de la Pépinière......	de Laborde.
6-15	Cherche-Midi (du)......	du Vieux Colombier.	de Vaugirard.
17	Cherroy..............	boul. des Batignolles.	des Dames.
2	Chérubini............	de Chabannais......	Ste-Anne.
13	Chevaleret (du)........	boul de la Gare.....	boul. Masséna.
20	Chevaliers (imp. des)...	de Calais, 59........	
7	Chevert..............	b. Latour-Maubourg.	av. de Tourville.
9	Cheverus (de).........	St-Lazare..........	Blanche.
6	Chevreuse (de).........	N.-D. des-Champs...	boul. Montparnasse.
6	Childebert............	d'Erfurth..........	Ste-Marthe.
20	Chine (de la)..........	Cour des Noues......	des Hautes-Gatines.
2	Choiseul (passage)......	Nve-des-Pet.-Ch.....	Nve-St-Augustin.
2	Choiseul (de)..........	Nve-St-Augustin.....	boul. des Italiens.
13	Choisy (route de).......	boul d'Ivry,.........	boul. Masséna.
10-19	Chopinette (boul. de la).	de Paris-Belleville...	Rébeval.
10	Chopinette (de la)......	St-Maur...........	ch. de r. de la Chopin.
18	Christiani............	Poissonniers........	Levisse.
6	Christine............	des Gr.-Augustins....	Dauphine.
16	Cimarosa............	boul. de Passy......	du Bel-Air.
18	Cimetière (avenue du)..	boul. de Clichy......	
5	Cimetière-St-Benoît (du).	St-Jacques..........	Fromentel.
12	Cimetière (ruelle du)....	(Voy. ruelle *Gondi*)..	
13	Cinq-Diamants (des)....	Jonas..............	de l'Espérance.
18	Cinq-Moulins (des).....	de Jessaint..........	Doudeauville.
16	Circulaire (partie sud).	(Voy. r. *Presbourg*)..	
7	Circulaire (part. nord)..	(Voy. r. *de Tilsit*....	
8	Cirque (du)...........	aven. Gabriel.......	Faub.-St-Honoré.
6	Ciseaux (des).........	Gozlin.............	du Four-St-Germ.
4	Cité (de la)..........	quai Napoléon......	Neuve-Notre-Dame.
14	Cité-d'Ant. (pass. de la).	de l'Ouest.........	de Vanves.
12	Cîteaux..............	Crozatier..........	Abbaye-St-Antoine.
3	Clairvaux (impasse)....	St-Martin, 180	
9	Clary (square)........	Nve-des-Mathurins...	St-Nicolas-d'Antin.
16	Claude-Lorrain........	de la Municipalité...	Boileau.
10	Claude-Vellefaux.......	Alibert............	Grange aux-Belles.
9	Clausel..............	Martyrs...........	place Breda.
5	Clef (de la)..........	d'Orléans..........	de Lacépède.

ARR.	RUES.	TENANTS.	ABOUTISSANTS.
6	Clément	de Seine	Mabillon.
7	Clerc	St-Dominique	av. Lamothe-Piquet.
2	Cléry (de)	Montmartre	boul. Bonne-Nouvelle.
17	Clichy (avenue de)	Gde-Rue-Batignolles	boul. Bessières.
9-18	Clichy (boul. de)	Lepic	de Clichy.
9	Clichy (de)	St-Lazare	boul. de Clichy.
4	Cloche-Perce	St-Antoine	du Roi-de-Sicile.
4	Cloître-N.-Dame (du)	q. Napoléon	d'Arcole.
5	Cloître-St-Benoît (du)	(Voy. r. *Fontanes*)	
1	Cl.-St-Honor. (pass. du)	des Bons-Enfants	Croix-des-Pet.-Ch.
1	Cloître-St-Jacques (du)	Grande-Truanderie	Mauconseil.
4	Cloître-St-Merri (du)	du Renard	St-Martin.
5	Clopin	des Foss.-St-Victor	d'Arras.
16	Clos (des)	(V. r. *Claude-Lorrain*)	
20	Clos-Charonne (des)	St-Germain	Courat.
5	Clos-Bruneau	Montagne-Ste-Genev.	des Carmes.
1	Clos-Georgeau	Fontaine-Molière	Ste-Anne
20	Clos-Rasselin (du)	Madame	Gde-Rue de Montreuil.
20	Clos-Réglisse (du)	de Madame	St-Germain.
5	Clotaire	place du Panthéon	Fossés-St-Jacques.
5	Clotilde	de Clovis	de la Vieille-Estrap.
5	Clovis (de)	Fossés-St-Victor	place Ste-Genev.
18	Cloys (des)	du Ruisseau	les Carrières.
5	Cluny (de)	(V. r. *Victor-Cousin*)	
4	Cocatrix	de Constantine	des Trois-Canettes.
5-13	Cochin	Pascal	de Lourcine.
14	Cœur-de-Vé (impasse)	route d'Orléans, 54	
2	Colbert (passage)	Nve-des-Pet.-Champs	Vivienne.
2	Colbert	Vivienne	Richelieu.
4	Coligny (de)	quai Henri IV	boul. Morland.
8	Colisée (du)	av. des Ch.-Elysées	Faub.-St-Honoré.
5	C.-L.-le-Gr. (pl. du)	(Voy. pl. *Gerson*)	
15	Collége (du)	(Voy. r. *Olier*)	
5-13	Collégiale (pl. de la)	des Francs-Bourgeois	Pierre-Lombard.
13	Collégiale (de la)	du Fer-à-Moulin	place de la Collégiale.
19	Colmar (de)	de Marseille	Evette.
4	Colombe (de la)	quai Napoléon	des Marmousets.
2	Colonnes (des)	Filles-St-Thomas	Feydeau.
0-19	Combat (boul. du)	Rébeval	de Meaux.
7	Combes	Nicot	Malar.
7	Comète (de la)	St-Dominique	de Grenelle.
14	Commandeur (av. du)	Nve-de-la-Tombe-Iss.	Chem. de servitude.
6	Commerce (cour du)	pass. du Commerce	de l'Anc.-Comédie.
6	Commerce (pass. du)	St-André-des-Arts	de l'Ecole-de-Méd.
12	Commerce-Bercy (du)	de Bercy	de Charenton.
15	Commerce-Gren. (du)	boul. de Grenelle	des Entrepreneurs.
3	Commines	St-Louis	boul. des Filles-du-C.
19	Compans (impasse)	Compans	
19	Compans	Passy-Belleville	Belleville.
10	Compiègne (de)	boul- Magenta	de Dunkerque.
8	Concorde (pl. de la)	quai des Tuileries	av. des Ch.-Elysées.
1	Concorde (pont de la)	place de la Concorde	quai d'Orsay.
6	Condé	des Quatre-Vents	de Vaugirard.
8	Conférence (quai de la)	pont de la Concorde	pont de l'Alma.
9	Conservatoire (du)	Bergère	Richer.

ARR.	RUES.	TENANTS.	ABOUTISSANTS.
—	—	—	—
12	Charbonn.-St-Ant. (des).	de Châlons..........	Charenton.
5	Charb.-St-Marc. (des)..	de l'Arbalète........	des Bourguignons.
19	Charente (quai de la)...	à la gare circulaire..	au pied du glacis.
12	Charenton (boul. de)....	de Charenton........	chem. de Reuilly.
12	Charenton (de).........	pl. de la Bastille.....	boul. de Charenton.
12	Charenton-Bercy (de)...	boul. de Bercy.......	boul. Poniatowski.
4	Charlemagne (pass.)....	Charlemagne........	St-Antoine.
4	Charlemagne..........	St-Paul.............	les Nonains-d'Hyère
4	Charles V............	Petit-Musc..........	St-Paul.
15	Charlot (imp.).........	de Vaugirard, 149...	
3	Charlot...............	des Quatre-Fils......	boul. du Temple.
14	Charlot-Montrouge.....	(Voy. r. *Poinsot*).....	
17	Charlot-Ternes........	aven. de Wagram...	de la Plaine.
11-20	Charonne (boul. de)....	Gde-Rue-Montreuil..	de Paris.
11	Charonne (de).........	Fb.-St-Antoine......	boul. de Fontarabie.
19-20	Charonne-Belleville (de).	de Belleville........	de Paris.
5	Chartière........	St-Hilaire..........	de Reims.
17	Chartres-Batignoil. (de).	Lemercier....... ...	av. de Clichy.
18	Chartres Chapelle (de)..	boul. de la Chapelle..	de la Goutte-d'Or.
17	Chasseurs (aven. des)..	boul. Pereire.......	les Champs.
10	Chastillon...........	(Voy. r. *Vicq-d'Azir*).	
20	Château-Charonne (du).	de Paris............	des Ecoles.
18	Château-Montm. (du)...	ch. Clignancourt.....	Marcadet.
14	Château-Montr. (du)....	chaussée du Maine...	de Vanves.
8	Châteaubriand (de).....	de l'Oratoire........	du Bel-Respiro.
10	Château-d'Eau (du).....	de la Douane........	Fg-St-Denis.
8	Château-des-Fleurs (du).	des Vignes..........	av. Ch.-Elysées.
10	Château-Landon (de)...	Faub.-St-Martin.....	boul. des Vertus.
13	Château-des-Rent. (du)..	boul. d'Ivry.........	Boul. Massena.
18	Château-Rouge (pl. du).	Lévisse............	Poulet.
14	Châtelain.............	de l'Ouest..........	de Vanves.
1-4	Châtelet (pl. du).......	pont au Change.....	St-Denis.
14	Châtillon (route de)....	route d'Orléans......	boul. Brune.
9	Chauchat.............	Rossini............	de la Victoire.
10	Chaudron.............	Faub.-St-Martin.....	Château-Landon.
20	Chaudron-Belleville.....	des Amandiers......	des Carrières.
3-4	Chaume (du)..........	des Blancs-Manteaux.	des Quatre-Fils.
17	Chaumière-T. (de la)...	(Voy. r. *Laugier*)....	
9	Chauss.-d'Antin (de la).	boul. des Italiens....	St-Lazare.
18	Chaussée-Clignancourt..	boul. Rochechouart..	Marcadet.
14	Chaussée-du-M. (de la)..	boul. des Fourneaux.	route d'Orléans.
18	Chaussée-des-Martyrs..	boul. des Martyrs...	de la Mairie.
3	Chaussée-des-Minimes..	des Vosges.........	St-Gilles.
20	Chauss.-Ménilmontant..	boul. des Amandiers.	St-Fargeau.
16	Chaussée-de-la-Muette..	de Boulainvilliers....	boul. Beauséjour.
10	Chausson (passage).....	du Château-d'Eau...	des Marais.
8	Chauveau-Lagarde.....	boul. Malesherbes...	pl. de la Madeleine.
14	Chauvelot.............	Perceval...........	Schomer.
17	Chazelles.............	Courcelles..........	boul. de Malesherbes
13	Chemin-du-Bac (du)....	Château des Rentiers	route de Choisy.
17	Chemin des-Bœufs.....	avenue St-Ouen.....	boul. Bessière.
19	Chemin-d.-Carrières...	de Belleville........	boul. Serrurier.
16	Chemin-de-la-Cr. (du)..	de la Tour..........	de la Croix.
13	Ch.-de-Fer (av. du).....	Chemin de fer d'Orl.	du Chevaleret.
16	Ch.-de-F.-Auteuil (de)..	de la Fontaine.......	[illegible] de Montmorency.

ARR.	RUES.	TENANTS.	ABOUTISSANTS.
4-5	Constantine (pont de)...	quai de Béthune.....	quai St Bernard.
4	Constantine (de)........	d'Arcole...........	boul. du Palais.
20	Const.-Belleville (de)...	des Trois-Couronnes.	des Couronnes.
18	Const.-La-Chap. (de)....	des Cinq-Moulins....	des Poissonniers.
14	Const.-Plaisance (de)...	Médéah	du Transit.
8	Constantinople (de)	place de l'Europe	du Rocher.
3	Conté.................	pl. du M.-St-Martin..	Breteuil.
6	Conti (impasse de)......	quai de Conti, 11....	
6	Conti (quai de).........	Dauphine...........	q. Malaquais.
1	Contrat-Social..........	Vauvilliers..........	Prouvaires.
12	Contrescarpe (boul.)....	pl. Mazas...........	pl. de la Bastille.
6	Contrescarpe-Dauphine.	Dauphine...........	St-André-des-Arts.
5	Contrescarpe-St-Marcel.	Fossés-St-Victor.....	Tournefort.
16	Corpernic..............	b. des Bassins......	r. de la Plaine.
15	Copreaux..............	Blomet.............	Gde-Rue-Vaugirard.
9	Coq (av. du)...........	St-Lazare, 97	
1	Coq-Héron.............	Coquillière..........	Pagevin.
4	Coq-St-Jean (du)........	Rivoli..............	de la Verrerie.
9	Coquenard (pass.)......	imp. Briare.........	Lamartine.
1	Coquillière............	Vauvilliers..........	Cr.-des P.-Champs.
10	Corbeau...............	Bichat..............	St-Maur.
12	Corbineau.............	de Bercy............	b. de Bercy.
13	Cordelières (des).......	Pascal..............	Lourcine.
1	Corderie (imp. de la)...	(V. imp. *Gomboust*)..	
3	Corderie (pl. de la).....	Dupetit-Thouars.....	Dupuis.
1	Corderie (de la)........	(V. rue *Gomboust*.)..	
5	Cordiers (des)..........	St-Jacques..........	Victor-Cousin.
6	Corneille..............	pl. de l'Odéon.......	de Vaugirard.
13	Cornes (des)...........	du Banquier.........	Fossés-St-Marcel.
18	Cortot................	St-Denis............	de la Saussaie.
15	Corvisart (pass.).......	St Paul.............	av. St-Charles.
1	Cossonnerie (de la).....	b. Sébastopol........	des Halles-Centrales.
12	Côte-d'Or (de la).......	de Bordeaux	de Bourgogne.
12	Cotte (de).............	de Charenton.......	Faub. St-Antoine.
18	Cotin (pass.)...........	ch. de Clignancourt..	de Fontenelle.
14	Couesnon..............	de Vanves..........	du Château-du-Maine.
20	Cour-des-Noues (de la)..	de Perlet...........	de la Chine.
20	Courat................	St-Germain.........	des Clos.
1	Courbaton (imp.).......	de l'Arbre-Sec, 23....	
8-17	Courcelles (boul. de)...	de Courcelles........	av. des Ternes.
8	Courcelles (de)........	de la Pépinière......	b. de Courcelles.
17	Courcelles-Batign. (de).	b. de Courcelles	b Berthier.
20	Couronnes-Bellev. (des).	b de Belleville.......	ch. Ménilmontant.
18	Couronnes-Chap. (des)..	(V. rue *Polonceau*)..	
20	Couronnes-B. (imp. des).	des Couronnes, 40 ...	
20	Couronnes (boul. des)...	ch. Ménilmontant....	des Couronnes.
8	Cours la Reine........	pl. de la Concorde...	av. Montaigne.
1	Courtalon.............	St-Denis............	pl. Ste-Opportune.
7	Courty................	de Lille............	de l'Université.
18	Coustou...............	Lépic..............	boul. Pigalle.
4	Coutellerie (de la)......	de Rivoli...........	av. Victoria.
3	Coutures-St-Gervais....	de Thorigny........	Vieille-du-Temple.
6	Crébillon (de)	Condé.............	pl. de l'Odéon.
9	Crétet................	Bochard-de-Saron....	Beauregard.
4	Crillon (de)...........	b. Morland.........	de l'Orme.

ARR.	RUES.	TENANTS.	ABOUTISSANTS.
19	Crimée (de)	d'Allemagne	de Beaune.
2	Croissant (du)	du Sentier	Montmartre
16	Croix-Auteuil (de la)	de la Fontaine	de la Pet.Fontaine
12	Croix-Bercy (de la)	chemin des Meuniers.	ch. de la Cr.-Rou
16	Croix-Passy (de la)	(V. r. *Decamps.*)	
16	Croix-Boissière (de la)	de Longchamps	b. du Roi-de-Rom
18	Croix-de-l'Evang. (de la).	pl. Hébert	ch. d'Aubervillier
1	Croix-des-Petits-Champs	St-Honoré	pl. des Victoires.
15	Croix-Nivert	pl. Cambronne	de Sèvres.
6-7	Croix-Rouge (pl. de la)	Dragon	de Sèvres.
13	Croix-Rouge-Ivry (de la).	du Chevaleret	Château-des-Renti
12	Croix-R.-St-Mand. (de la)	b. de Picpus	b. Poniatowski.
8	Croix-du-Roule (de la).	Faub.-St-Honoré	de Courcelles.
13	Croulebarbe (de)	Mouffetard	du ch. de l'Alouet
12	Crozatier	de Charenton	F.-St-Antoine.
11	Crusssol (cité)	Oberkampf, 7	
11	Crussol	b. du Temple	Folie-Méricourt.
18	Cugnot	Tournelle	les champs.
16	Cuissard	(V. rue *Hérold.*)	
3-4	Culture-Ste-Catherine	St-Antoine	du Parc-Royal
16	Cure (de la)	de l'Assomption	ch. des Fontis.
5	Cuvier	q. St-Bernard	St-Victor.
14	Cybelle (de la)	de la Glacière	b. Jourdan.
1	Cygne (du)	b. Sébastopol	Mondétour.

D

ARR.	RUES.	TENANTS.	ABOUTISSANTS.
2	Dalayrac	Méhul	Monsigny.
17	Dames-Batignolles (des).	Gde-Rue	de Lévis.
18	Dames-Montmart. (des).	Lepic	ch. des Dames.
17	Dames-Ternes (des)	av. des Ternes	de Courcelles.
7	Dames-de-la-V.-S^e-Marie	pass. Ste-Marie	de Grenelle.
2	Damiette	cour des Miracles	du Caire.
11	Damoye (pass.)	pl. de la Bastille	Daval.
18	Dancourt (pl.)	du Théâtre	des Acacias.
16	Dangeau	chemin des Fontis	de la Cure.
14	Danville	de la Pépinière	de La Rochefouc
8	Dany (imp.)	du Rocher, 40	
14	Dareau	b. de la Santé	route d'Orléans.
5	Daubenton	Geoffroy-St-Hilaire	Mouffetard.
12	Daumesnil (av.)	de Lyon	pl. de Reuilly.
1	Dauphin (du)	de Rivoli	St-Honoré.
16	Dauphine (av.)	(V. av. *Bugeaud.*)	
6	Dauphine (pass.)	Dauphine	Mazarine.
1	Dauphine (pl.)	de Harlay	pl. du Pont-Neuf.
6	Dauphine	q. des Augustins	de Buci.
11	Daval	b. Beaumarchais	St-Sabin.
16	David	de la Tour	des Moulins.
20	Davoust (b.)	cours de Vincennes	de Bagnolet.
17	Davy	av. de St-Ouen	Balagny.
16	Decamps	de la Pompe	de Longchamps.
1	Déchargeurs (des)	de Rivoli	St-Honoré.
11	Decrès	de la Procession	du Transit.
2	Degrés (des)	de Cléry	Beauregard.

	RUES.	TENANTS.	ABOUTISSANTS.
18	Dejean	des Poissonniers	ch. Clignancourt.
20	Delaitre	des Panoyaux	ch. Ménilmontant.
14	Delambre	b. d'Enfer	Montparnasse.
16	Delaroche	Vital	pl. Possez.
11	Delatour	(V. r. *Rampon.*)	
11	Delaunay (imp.)	de Charonne, 123	
15	Delecourt (av.)	Violet	en Impasse.
19	Delesse	Rébeval	Nve-Pradier.
1	Delouvain	pl. de l'Eglise	de la Villette.
19	Delorme (pass.)	de Rivoli	St-Honoré.
9	Delta (du)	Faub.-Poissonnière	Rochechouart.
16	Demi-Lune (de la)	Galilée	b. Murat.
17	Demours	av. des Ternes	de Courcelles.
10	Denain (b.)	b. Magenta	pl. Roubaix.
20	Dénoyez	de Paris-Belleville	de l'Orillon.
14	Deparcieux	du Champ-d'Asile	de la Pépinière.
15	Départ (du)	b. Mont-Parnasse	b. de Vanves.
8-19	Département (du)	Tanger	Gde-Rue-Chapelle.
19	Dépotoir (du)	de Meaux	d'Allemagne.
19	Dépotoir (imp. du)	d'Allemagne, 171	
13	Dervilliers	Champ-de-l'Alouette	des Anglaises.
4	Desaix (q.)	pont Notre-Dame	pont au Change.
15	Desaix	av. de Suffren	b. de Javel.
16	Désaugiers	Molière	du Buis.
16	Desbordes-Valmore	Ste-Claire	de la Tour.
5	Descartes	Montagne-Ste-Genev.	de Fourcy.
20	Deschamps (pass.)	b. des Tr.-Couronnes.	du Pressoir.
17	Descombes	de Louvain	b. Gouvion-St-Cyr.
8-9	De Sèze	Basse-du-Rempart	pl. de la Madeleine.
17	Desgranges	b. de Courcelles	Desrenaudes.
10	Désir (pass. du)	F.-St-Martin	F.-St-Denis.
20	Désirée-Charonne	chemin des Partants.	des Poiriers.
13	Désirée (imp.)	du Moulin-des-Prés.	
15	Desnouettes	Gde-Rue-Vaugirard.	Pied-du-Glacis.
16	Despréaux (av.)	Boileau	Molière.
14	Desprez-Plaisance	de Constantine	de l'Ouest.
17	Desrenaudes	b. de Courcelles	des Dames.
1	Deux Boules (des)	des Lavandières	Bertin-Poirée.
17	Deux-Cousins (imp. des)	Fontaine-des-Ternes.	
1	Deux-Ecus (des)	des Prouvaires	Grenelle-St-Honoré.
4	Deux-Ermites (des)	de Constantine	des Marmousets.
14	Deux-Lions (imp. des)	b. Jourdan	
13	Deux-Moulins (des)	b. de l'Hôpital, 109	boul. de la Gare.
1	Deux-Pavillons (p. des)	de Beaujolais	N.-D.-des-P.-Champs.
4	Deux-Ponts (des)	q. d'Orléans	q. d'Anjou.
2	Deux-P.-St-Sauv. (des)	du Petit-Lion	Thévenot.
4	Deux-P. St-Jean (des)	de Rivoli	de la Verrerie.
9	Deux-Sœurs (pass. des)	F.-Montmartre	Lamartine.
18	Diard	Marcadet	aux Carrières.
17	Dier (pass.)	av. de Clichy	ch. des Bœufs.
17	Docteur (du)	ch. des Bœufs	boul. Bessières.
5	Domat	St-Jacques	des Anglais.
15	Dombasle	Grande-Rue	Transit.
16	Dôme (du)	du Bel-Air	av. d'Eylau.
16	Donizetti	de la Fontaine	Neuve.

ARR.	RUES.	TENANTS.	ABOUTISSANTS.
13	Doré (cité)	pl. de la barr. d'Ivry.	Deux-Moulins.
4	Dormesson	(Voy. r. *Omerson*) (d')	
16	Dosue	de la Pompe	av. de l'Impératrice.
9	Douai (de)	Pigalle	b. de Clichy.
10	Douane (de la)	Bondy	q. de Valmy.
4-5	Double (pont au)	q. de l'Archevêché	q. Montebello.
18	Doudeauville	Gr.-Rue-Chap	des Poissonniers.
18	Doudeauville (pass.)	Doudeauville	Marcadet.
8	Douze-Maisons (p. des)	av. Montaigne	Marbeuf.
3	Douze-Portes (des)	Nve-St-Pierre	St-Louis.
6	Dragon (cour du)	de l'Egoût	du Dragon.
6	Dragon (du)	Taranne	de Grenelle.
19	Droin-Quintaine	(Voy. r. *Puebla*)	
9	Drouot	b. des Italiens	boul. Montmartre.
12	Druinot (impasse)	Citeaux	
10	Dubail (pass.)	des Vinaigriers	Faub.-St-Martin.
20	Dubois (impasse)	du Pressoir, 22	
13	Dubois (pass.)	Toutay	ruelle Barreau.
15	Duclos	ch. de la Procession	boul. Lefevre.
4	Ducolombier	St-Antoine	d'Ormesson.
14	Ducouëdic	Tombe-Issoire	route d'Orléans.
20	Duée (de la)	des Pavillons	de Calais.
6	Duguay-Trouin	de l'Ouest	de Fleurus.
15	Duguesclin	Bayard	Dupleix.
17	Dulac (pass.)	de Vaugirard	des Fourneaux.
15	Dulong	des Dames	Cardinet.
16	Dumont-Durville	Galilée	av. d'Iéna.
9-10	Dunkerque (de)	F.-St-Denis	Rochechouart.
19	Dunkerque (de)	q. de la Gironde	pl. de l'Argonne.
13	Dunois	de la Croix-Rouge	b. de la Gare.
9	Duperré	Font.-St-Georges	pl. de la barr. Mont.
3	Dupetit-Thouars	du Temple	pl. Rot.-du-Temp.
1-8	Duphot	St-Honoré	b. de la Madeleine.
6	Dupin	Sèvres	Cherche-Midi.
15	Dupleix (place)	Dupleix	ruelle Dupleix.
15	Dupleix	av. de Suffren	boul. de Grenelle.
15	Dupleix (ruelle)	av. Lamotte-Piquet	pl. Dupleix, 29.
16	Dupont	Basse-St-Pierre	de Chaillot.
3	Dupuis	Dupetit-Thouars	Béranger.
6	Dupuytren	de l'Ecole-de-Médec	Monsieur-le-Prince.
7	Duquesne (avenue)	av. Lamotte-Piquet	av. de Breteuil.
11	Duranti	St-Maur	de la Folie-Regnault.
18	Durantin	du Vieux-Chemin	Lepic.
8	Duras (de)	F.-St-Honoré	Marché-d'Aguess.
20	Duris	des Amandiers	des Cendriers.
7	Duroc	boul. des Invalides	pl. de Breteuil.
15	Dutot	de la Procession	rond p. des Tournel.
7	Duvivier	de Grenelle	av. Lamotte-Piquet.

E

ARR.	RUES.	TENANTS.	ABOUTISSANTS.
16	Eaux (pass. des)	q. de Passy	Voûte de l'Eglise.
7	Eblé	b. des Invalides	av. de Breteuil.
3	Echaudé-Marais (de l')	Vieille-du-Temple	de Poitou

AR.	RUES.	TENANTS.	ABOUTISSANTS.
6	Echaudé-St-Germ. (de l')	de Seine	Gozlin.
1	Echelle (de l')	de Rivoli	St-Honoré.
10	Echiquier (de l')	Fg.-St-Denis	Fg.-Poissonnière.
10	Ecluse-St-Martin (des)	Grange-aux-Belles	Fg.-St Martin.
15	Ecole-Vaugirard (de l')	(Voy. r. *Cambronne*).	
6	Ecole (imp. de l')	Nve-Coquenard	
1	Ecole (place de l')	q. de l'Ecole	de l'Arbre-Sec.
1	Ecole (quai de l')	pl. des Trois-Maries	du Louvre.
6	Ecole-de-Méd. (pl. de l')	Ecole-de-Médecine	Antoine-Dubois.
6	Ecole-de-Médecine (de l')	b. Sébastopol	pl. Gozlin.
15	Ecole-Milit. (ch. de r. de)	av. de Lowendal	barr. de Grenelle.
5	Ecole-Polyt. (pl. de l')	Descartes	de la Mont.-Ste-Gen
5	Ecole-Polytechn. (de l')	Montagne-Ste Genev.	des Sept-Voies.
5	Ecoles (des)	St-Nic.-du-Chardonnet	boul. Sébastopol.
20	Ecoles-Charonne (des)	(Voy. r. *Vitruve*)	
5	Ecosse (d')	St-Hilaire	du Four.
4	Ecouffes (des)	de Rivoli	des Rosiers.
8	Ecuries-d'Artois (des)	d'Angoulême	Fg.-St-Honoré.
2	Eginhard	Montmartre	Petit-Carreau.
7	Eglise (de l')	(Voy. r. *Cler*)	
7	Eglise-Batignolles (de l')	de la Paix	pl. de l'Eglise
5	Eglise-Grenelle (de l')	Pourt.-de-l'Eglise	St-Louis.
12	Eglise St-Mandé (de l')	de la Voûte-du-Cours	boul. Soult.
16	Eglise-Passy (de l')	Basse	G.-R.-Passy.
15	Eglise-Vaugirard (de l')	G.-R.-Vaugirard	pl. de l'Eglise.
17	Eglise-Batignol. (pl. de l')	Cler	pl. des Fêtes.
10	Eglise-Bellev. (pl. de l')	(Voy. r. *Lassus*)	
12	Eglise-Bercy (pl. de l')	de Bercy	du Commerce.
15	Eglise-Grenelle (pl. de l')	St-Louis	Pourt.-de-l'Eglise.
6	Egout (de l')	Taranne	du Four.
16	Egout-Auteuil (de l')	(Voy. r. *Callot*)	
20	Elisa-Borey	des Amandiers	Oulon.
8	Elysée (de l')	av. Gabriel	Fg.-St-Honoré.
18	Elys.-des-B.-A. (p. de l')	boul. Pigalle	de l'Abbaye.
15	Emeriau	pont de Grenelle	Chabrol.
16	Empereur (boul. de l')	pl. du Roi-de-Rome	q. de Billy.
18	Empereur (de l')	(Voy. r. *Lepic*)	
3	Enfants-Rouges (des)	Pastourel	Molay.
14	Enfer (av. d')	Campagne-Première	boul. d'Enfer.
14	Enfer (boul. d')	b. Montparnasse	d'Enfer.
5-14	Enfer (d')	Soufflot	boul. d'Enfer.
10	Enghien (d')	Fg.-St-Denis	Fg.-Poissonnière.
10	Entrepot (pass. de l')	des Marais	de l'Entrepôt.
10	Entrepôt (de l')	Fg.-du-Temple	de Lancry.
17	Entrepôt-Batign. (de l')	Cardinet	boul. Bessières.
15	Entrepôt-Gren. (de l')	(Voy. r. *Rouelle*)	
19	Entrepôt-Villette (de l')	(Voy. r. *Bellot*)	
15	Entrepreneurs (pas. des)	des Entrepreneurs	q. de Javel.
15	Entreperneurs (des)	Croix-Nivert	pl. de la Mairie.
20	Envierges (des)	de la Mare	Piat.
5	Epée-de-Bois (de l')	Gracieuse	Mouffetard.
6	Eperon (de l')	St-And.-des-Arts	du Jardinet.
17	Epinettes (des)	chemin des Bœufs	au chem. de fer.
12	Erard	de Charenton	de Reuilly.
6	Erfurth (d')	Childebert	Gozlin.

ARR.	RUES.	TENANTS.	ABOUTISSANTS.
16	Erlanger	boul. Murat	Michel-Ange.
20	Ermitage (de l')	des Rigolles	chauss. Ménilmont.
18	Ernestine	Doudeauville	Marcadet.
13	Espérance (de l')	Butte-aux-Cailles	de la Colonie.
13	Esquirol	pl. de la barr. d'Ivry	Deux-Moulins.
13	Essai (de l')	Poliveau	marché aux Chev.
17	Essling (d')	pl. de l'Etoile	des Acacias.
5-6	Est (de l')	boul. Sébastopol	carr. de l'Observat.
18	Est-Chapelle (de l')	(Voy. r. *Cugnot*)	
1	Estienne	Boucher	de Rivoli.
5	Estrapade (pl. de l')	Vieille-Estrapade	des Postes.
7	Estrées (d')	boul. des Invalides	pl. Fontenoy.
17	Etoile (cité de l')	(Voy. av d'*Essling*)	
16	Etoile (pl. de l')	(V. pl. de l'*Arc-de-Tr.*)	
16	Etoile (chem. de r. de l')	boul. de l'Alma	Galilée.
2	Etoile (pass. de l')	Thévenot	cour des Miracles.
4	Etoile (de l')	q. des Ormes	des Barrés.
17	Etoile-Ternes (de l')	av. de Wagram	des Acacias.
20	Eupatoria (d')	Couronnes	de la Mare.
8	Europe (pl. de l')	de Berlin	de Constantinople.
1	Evêque (de l')	Frondeurs	des Orties.
19	Evette	q. de la Marne	de Thionville.
16	Eylau (av. d')	pl. de l'Arc-de-Tr.	porte de la Muette.
16	Eylau (pl. d')	av. d'Eylau	Bugeaud.

F

ARR.	RUES.	TENANTS.	ABOUTISSANTS.
7	Fabert	q. d'Orsay	Grenelle-St-Germ.
16	Faisanderie (de la)	av. de l'Impératrice	av. d'Eylau.
19	Faucheux (pass.)	de Paris-Belleville	Rébeval.
17	Fauconnier (impasse)	de Lévis, 20	
4	Fauconnier (du)	Hôtel-de-Ville	Charlemagne.
18	Fauvet	av. de St-Ouen	des Carrières.
2	Favart	de Grétry	boul. des Italiens.
15	Favorites (pass. des)	G.-R.-Vaugirard	Pet.-R. de la Proce
6	Félibien	Clément	Lobineau.
17	Félicité (de la)	de la Santé	route d'Asnières.
4	Femme-sans-Tête (de la)	St-Louis	q. Bourbon.
9	Fénelon (cité)	Nve-Coquenard	Tour-d'Auvergne.
10	Fénelon (de)	d'Abbeville	Belzunce.
15	Fénoux	Groult-d'Arcy	pl. de l'Eglise-Vaug
5	Fer-à-Moulin	Fossés-St-Marcel	Mouffetard.
11	Ferdinand	(Voy. r. *Morand*)	
3	Ferdinand-Berthoud	Mongolfier	Vaucanson.
14	Fermat	champ d'Asile	Pépinière.
20	Ferme (cour de la)	de Paris-Belleville	
15	Ferme-de-Gren. (de la)	av. Lamotte-Piquet	av. Suffren.
10	Ferme-St-Laz. (p. de la)	boul. Magenta	de Chabrol.
8-9	Ferme-des-Math. (de la)	Basse-du-Rempart	St-Nicolas.
17	Fermiers (des)	de la Santé	route d'Asnières.
6	Férou	pl. St-Sulpice	de Vaugirard.
1	Ferronnerie (de la)	St-Denis	de la Lingerie.
14	Ferrus	boul. de la santé	Ferme.
19	Fessart (impasse)	Fessart	

ARR.	RUES.	TENANTS.	ABOUTISSANTS.
19	Fessart	de Meaux	de la Villette.
5	Feuillantines (des)	St-Jacques	d'Ulm.
10	Feuillet (pass.)	Ecluses-St-Martin	Canal-St-Martin.
18	Feutrier-Montmartre	St-André	Muller.
2	Feydeau (gal.)	St-Marc	gal. des Variétés.
2	Feydeau	Montmartre	de Richelieu.
10	Fidélité (pl. de la)	église St-Laurent	de la Fidélité.
10	Fidélité (de la)	Faub.-St-Martin	du Fg-St-Denis.
4	Figuier (du)	Charlemagne	de l'Hôtel-de-Ville.
3-11	Fille-du-Calv. (b. des)	boul. du Temple	boul. Beaumarchais.
3	Filles-du-Calvaire (des)	St-Louis	boul. Fill.-du-Calv.
2	Filles-Dieu (des)	St-Denis	Bourbon-Villeneuve.
2	Filles-St-Thomas (des)	Vivienne	de Richelieu.
19	Flandre (de)	boul. de la Villette	boul. Macdonald.
9	Fléchier	Ollivier	du F.-Montmartre.
17	Fleurs (cité des)	avenue de Clichy	ch. des Bœufs.
4	Fleurs (quai aux)	pont Notre-Dame	pont au Change.
6	Fleurus (de)	jardin du Luxemb.	N.-D.-des-Champs.
12	Fleury-Bercy	boul. de Reuilly	Raoul.
18	Fleury-Chapelle	boul. de la Chap.	d. la Charbonnière.
19	Florence	Lauzin	la Butte-Chaumont.
18	Florentine	(Voy. r. *Coustou*).	
19	Florentine (cité)	de La Villette, 82	
3	Foin-Marais (du)	Ch.-des-Minimes	St-Louis.
11	Folie-Méricourt (de la)	Oberkampf	Fontaine-au-Roi.
11	Folie-Regnault (de la)	de la Muette	des Amandiers.
15	Fondary-Vaugirard	Gde-Rue	boul. Lefèvre.
15	Fondary-Grenelle	Croix-Nivert	de Grenelle.
12	Fonds-Verts (des)	de Charenton	du Commerce.
5	Fontaine-S-Marcel (de la)	d'Orléans	Puits-de-l'Ermite.
16	Fontaine-Auteuil (de la)	route de Versailles	des Vignes.
20	Fontaine-Bellev. (de la)	(Voy. r. du *Borégo*).	
20	Fontaine-Char. (de la)	de la Chine	de Belleville.
16	Fontaine-Passy (de la)	(Voy. r. *Lekain*).	
18	Fontaine-du-But (de la)	St-Vincent	Marcadet.
9	Fontaine-St-Georges (...)	Chaptal	pl. de la b. blanche.
1	Fontaine-Molière (de la)	St-Honoré	de Richelieu.
13	F.-à-Mulard (ch. d. la)	Moulin-des-Prés	du Pot-au-Lait.
11	Fontaine-au-Roi	F.-du-Temple	St-Maur.
17	Font.-des-Ternes (de la)	de Louvain	b. Gouvion-St-Cyr.
1	Fontaines (cour des)	des Bons-Enfants	de Valois.
3	Fontaines (des)	du Temple	Volta.
5	Fontanes	Mathurins	des Ecoles.
20	Fontarabie (boul. des)	de Paris-Charonne	Roquette.
11	Fontarabie (ch. de r. de)	de Charonne	de la Roquette.
20	Fontarabie (de)	du Centre	du Chemin-de-Fer.
20	Fontarabie (Pet.-Rue)	(Voy. r. *Galleron*).	
18	Fontenelle (de)	ch. de Clignancourt	des Rosiers.
7	Fontenoy (pl.)	Ecole Militaire	av. de Saxe.
18	Forest	boul. de Clichy	Capron.
3	Forez (du)	Charlot	pl. de la Rotonde.
11	Forge-Royale (p. de la)	Faub.-St-Antoine, 165	
2	Forges (des)	Damiette	du Caire.
8	Fortin	de Ponthieu	Ecuries-d'Artois.
17	Fortin-Batignolles	(Voy. r. *Beudant*).	

ARR.	RUES.	TENANTS.	ABOUTISSANTS.
5	Fossés-St-Bernard (des).	quai de la Tournelle.	St-Victor.
1	Foss.-St-Germ.-l'Auxerr.	Rivoli	pl. du Louvre.
5	Foss.-St-Jacques (des)..	St-Jacques..........	pl. de l'Estrapade.
5	Fossés-St-Marcel (des)..	Fer-à-Moulin.........	Mouffetard.
10	Fossés-St-Martin (des) .	de la Chapelle.......	du F.-St-Denis.
2	Fossés-Montmartre (des)	Vide-Gousset.........	Montmartre.
11	Fossés-du-Temple (des).	Oberkampf	Faubg-du-Temple.
5	Fossés-St-Victor (des) ..	St-Victor	Descartes.
5	Fouarre (du)...........	de la Bûcherie......	Galande.
6	Four-St-Germain (du)..	Montfaucon.........	carref. de la C.-Rouge
1	Four-St-Honoré (du) ...	(Voy. r. *Vauvilliers*).	
5	Four-St-Jacques (du)..	des Sept-Voies.......	d'Ecosse.
4	Fourcy-St-Antoine (de)..	de Jouy............	St-Antoine.
5	Fourcy-St-Marcel (de)..	Mouffetard..........	de la V.-Estrapade.
15	Fourneaux (boul. des)..	ch. du Maine........	ch. d. Fourneaux.
15	Fourneaux (des).......	de Vaugirard	chemin de ronde.
15	Fourneaux (pass. des) ..	ch. des Fourneaux...	de la Procession.
17	Fournial..............	boul. de Monceau...	Chazelle.
1	Fourreurs (des)........	Pl. Ste-Opportune...	des Déchargeurs.
2	Française.............	du Petit-Lion	Mauconseil.
18	France-Nouvelle (de la).	b. des Poissonniers ..	pl. Belhomme.
16	François-Gérard	Molière.............	de la Fontaine.
8	François Ier (pl.).	Bayard.............	Jean-Goujon.
8	François Ier...........	Cours-la-Reine......	pl. François Ier.
4	François-Miron........	Jacques-de-Brosse ...	Lobau.
3-4	Francs-Bourgeois (des)..	Pavée..............	Vile-du-Temple.
18	Francs-Bourgeois (des)..	Gde-Rue-Chapelle ...	d'Aubervilliers.
13	Francs-Bourgeois-St-M.	pl. de la Collégiale...	Fossés-St-Marcel.
16	Franklin..............	Vineuse	boul. de Longchamp.
16	Franklin (aven.).......	quai de Billy........	des Batailles.
15	Frémicourt............	du Commerce.......	pl. Cambronne.
3	Frépillon (pass.).......	rue Volta...........	pass. du Commerce.
20	Fréquel (pass.)	des Ecoles-Charonne.	de Fontarabie.
5	Fresnel...............	St-Victor	Traversine.
14	Friant................	route de Châtillon ...	boul. Brune.
8	Friedland (aven. de)....	pl. de l'Etoile.......	du F.-St-Honoré.
9	Frochot...............	de Laval...........	pl. barr. blanche.
9	Frochot (aven.)........	de Laval, 26........	
3	Froissard	St-Louis............	Commines.
5	Fromentel	Chartière...........	Cimet.-St-Benoît.
1	Frondeurs (des)........	St-Honoré	de l'Anglade.
13	Fulton................	quai d'Austerlitz.....	de la Gare.
6	Furstenberg (de)	Jacob..............	de l'Abbaye.

G

ARR.	RUES.	TENANTS.	ABOUTISSANTS.
8	Gabriel (aven.)	Pl. de la Concorde...	av. Matignon.
18	Gabrielle..............	la Butte-Montmartre.	du Vieux-Chemin.
9	Gaillard (cité).........	Blanche............	Léonie.
8	Gaillard (pass.)........	av. Montaigne	Marbeuf.
2	Gaillon (carrefour).....	Gaillon.............	de la Michodière.
2	Gaillon...............	Nve-des-Pts-Champs.	N.-St-Augustin.
14	Gaîté-Montr. (de la)....	boul. de Montrouge..	chaussée du Maine.
14	Gaîté-Plaisance (de la)..	chaussée du Maine...	du Chemin-de-Fer.

ARR.	RUES.	TENANTS.	ABOUTISSANTS.
15	Gaîté-Vaug. (ch. de la).	du chemin-de-Fer ...	ch. des Fourneaux.
14	Gaîté (imp. de)........	de la Gaîté, 7.	
5	Galande..............	pl. Maubert.........	du Petit-Pont.
2	Gal.-de-Fer (pass. des).	de Choiseul.........	b. des Italiens.
8	Galilée..............	av. des Ch.-Elysées..	boul. de Passy.
20	Galleron.............	du Château.........	St-Germain.
12	Gallois (de).........	port de Bercy.......	de Bercy.
17	Galvani..............	de la Chaumière....	b. Gouvion-St-Cyr.
11	Gambey..............	Oberkampf..........	d'Angoulême.
13	Gandon..............	Caillaux............	boul. Masséna.
6	Garancière...........	St-Sulpice..........	de Vaugirard.
17	Gare-Batignolles (du)..	(Voy. r. *Gauthey*).	
18	Gare-Chapelle (des).	des Couronnes.......	de Constantine.
13	Gare (boul. de la).....	quai de la Gare.....	Nationale.
13	Gare (ch. de ronde de la)	quai d'Austerlitz.....	barr. d'Ivry.
13	Gare (de la)..........	ch. de r. de la Gare..	boul. de l'Hôpital.
12	Gare-Bercy (de la).....	(Voy. r. *Corbineau*).	
15	Gare-Vaugirard (de la).	boul. des Fourneaux..	ch. de la Gaîté.
13	Gare (quai de la)......	boul. de la Gare	boul. Masséna.
17	Gare (de la)..........	(Voy. r. *Tarbé*).	
18	Gareau, ...	du Vieux-Chemin....	Durantin.
20	Gasnier-Guy	ch. des Partants.....	ruelle des Oiseaux.
16	Gasté................	Basse-St-Pierre......	de Chaillot.
11	Gaudelet (imp.)........	Oberkampf, 116.....	
17	Gauthey..............	avenue de Clichy	ch. des Bœufs.
19	Gauthier (imp.)	Rébeval	
8	Gautrin (pass.)........	de Marignan.	Marbeuf.
5	Gay-Lussac..........	boul. Sébastopol.	d'Ulm.
13	Gaz-Ivry (du).........	boul. d'Ivry.........	aven. Fortin.
17	Geffroy-Didelot (pass.)..	boul. des Batignolles..	des Dames.
13	Génie-Gentilly (du)	route d'Italie.......	du Bel-Air.
12	Génie (pass. du).......	Fg-St-Antoine, 246...	boul. Mazas.
13	Gentilly (de)	Mouffetard.........	boul. des Gobelins.
14	Gentilly-Montr. (de)....	ch. des Prêtres......	de Tombe-Issoire.
12	Genty (pass.)...	quai de la Rapée....	de Bercy.
5	Geoffroy-St-Hilaire.	Fer-à-Moulin	de Lacépède.
4	Geoffroy-Langevin......	du Temple..........	Beaubourg.
4	Geoffroy-Lasnier.......	quai de la Grève....	St-Antoine.
9	Geoffroy-Marie........	Faub.-Montmartre...	Richer.
14	Géorama (du).........	chaussée du Maine...	Terrier-aux-Lapins.
13	Gérard-Gentilly........	boul. d'Italie.......	Butte-aux-Cailles.
11	Gerbier..............	de la Folie-Régnault.	de la Roquette.
16	Géricault	de la Fontaine......	du Chemin-de-Fer.
18	Germain-Pilon........	boul. Pigale........	de l'Abbaye.
5	Gerson (pl.)...........	St-Jacques.........	Gerson.
5	Gerson	pl. Gerson.........	pl. de la Sorbonne.
4	Gervais-Laurent.......	de la Cité..........	du M.-aux-Fleurs.
4	Gèvres (quai de).......	St-Martin..........	pl. du Châtelet.
	Gindre (du)	Vieux-Colombier.....	Mézières.
	Ginoux.	de Grenelle........	Traversière.
	Gironde (quai de la)....	de Flandre.........	gare circulaire.
	Gît-le-Cœur..........	q. Grands-Augustins.	St-André-des-Arts.
	Glacière (boul. de la)...	de la Glacière..	de la Santé.
	Glacière (de la).......	de Lourcine	boul. St-Jacques.
	Glacière-Gentilly (de la).	boul. d'Italie......	boul. Kellermann.

ARR.	RUES.	TENANTS.	ABOUTISSANTS.
18	Glacière-Montm. (de la).	d. Portes-Blanches...	boul. Ney.
16	Glacière-Passy (de la)..	(Voy. r. *Pajou*).	
4	Glatigny (de)..........	quai Napoléon.......	des Marmousets.
13	Gobelins (boul.)........	pl. de l. b. d'Italie....	de la Glacière.
13	Gobelins (des).........	Mouffetard..........	riv. de Bièvre.
13	Gobelins (ruelle des)...	de Croullebarde.....	des Gobelins, 21.
13	Godefroy..............	ch. de r. des Gobelins.	pl. d Italie.
8	Godot-de-Mauroy (cité).	av. Montaigne.......	Marbeuf.
9	Godot-de-Monroy......	Basse-du-Rempart...	N.-d.-Mathurins.
1	Gomboust.............	St-Roch	Marc.-St-Honoré.
1	Gomboust (imp.)......	March.-St-Honoré, 31.	
12	Gondi.................	Ch.-des-Meuniers....	chemin de Reuilly.
14	Gourdon (pass.).......	boul. d'Arcueil......	de la Tombe-Issoire.
18	Goutte-d'Or-Ch. (de la).	Charbonnière	des Poissonniers.
18	Goutte-d'Or (pass de la)	des Poissonniers	pl. Belhomme.
17	Gouvion-St-Gyr (boul.)..	porte de la Révolte ..	(av. de la Gr.-Armée).
6	Gozlin (pl.)...........	Buci	Gozlin.
6	Gozlin................	Buci	de l'Egout.
5	Gracieuse.............	d'Orléans...........	de Lacépède.
10	Graffart (pass.)........	quai de Valmy, 287..	de Lafayette.
2	Grammont (de)........	Nve-St-Augustin....	b. des Italiens.
2	Grand-Cerf (pass. du)..	St-Denis............	des Deux-Portes.
3	Grand-Chantier (du)..	Vieilles-Haudriettes .	d'Anjou.
10	Grand-St Michel (du)..	Faub.-St-Martin....	quai de Valmy.
14	Gr.-Montrouge (av. du)	(Voy. r. *Friant*).....	
11	Grand-Prieuré (du)....	r. Oberkampf.......	de la Tour.
16	Grande-armée (av. de la)	Place de l'Etoile.....	porte Neuilly.
6	Gr.-Chaumière (de la)..	N.-D.-des-Champs...	boul. Montparnasse.
16	Grande-Rue-Auteuil....	Boileau.............	boul Murat.
17-18	Gr.-Rue-Batignolles....	boul. des Batignolles.	avenue de Clichy.
12	Grande-Rue-Bercy.....	boul de Bercy.......	Grange-aux-Merciers.
18	Gr.-Rue-la-Chapelle...	boul. de La Chapelle.	boul. Ney.
20	Gr.-Rue-de-Montreuil..	boul. de Montreuil...	porte de Montreuil
16	Grande-Rue-Passy.....	Basse	de Boulainvilliers.
15	Grande-Rue-Vaugirard.	boul. de Vaugirard...	boul. Lefèvre.
1	Gr.-Truanderie (de la)..	boul. Sébastopol.....	Montorgueil
18	Gr.-Carrières (des).....	Chemin des Dames..	Chemin des Bœufs.
6	Gr.-Augustins (q. des)..	place St-Michel.....	Dauphine.
6	Grands-Augustins (des).	quai Gr.-Augustins..	St-André-des-Arts.
5	Grands-Degrés (des)....	pl. Maubert.........	du Haut-Pavé.
9	Grange-Batelière (de la).	Chauchat...........	Faub.-Montmartre.
10	Grange-aux-Belles......	quai Jemmapes......	b. de la Chopinette.
12	Gr.-aux-Merc. (de la)..	port de Bercy.......	de Charenton.
3	Gravilliers (pass. des)..	Chapon, 10.........	des Gravilliers, 19.
3	Gravilliers (des).......	du Temple	St-Martin.
8	Greffulhe (de).........	de Castellane	N.-des-Mathurins.
6	Grégoire-de-Tours.....	de Buci............	des Quatre-Vents.
15	Grenelle (boul. de).....	du Comm.-Grenelle..	de Grenelle.
15	Grenelle (pont de).....	port d'Auteuil.......	quai de Grenelle.
15	Grenelle (ch. d. r. de)..	barr. de Grenelle....	barr. de la Cunette.
7	Gren.-Gr.-Caillou (p. de).	pl. St-Dominique....	de Grenelle.
7	Gren.-St-Germ (pass. de)	de Grenelle, 59......	du Bac, 83.
6-7	Grenelle-St-Germ. (de).	car. Croix-Rouge....	av. Labourdonn.
1	Grenelle-St-Hon. (de)..	St.-Honoré.........	Coquillière.
15	Grenelle-Grenelle (de)..	boul. de Grenelle....	de Javel.

ARR.	RUES.	TENANTS.	ABOUTISSANTS.
15	Grenelle-Vaugirard (de).	Croix-Nivert.........	Grande-Rue.
16	Grenelle (pont de).....	quai de Passy.......	quai de Grenelle.
15	Grenelle (quai de).....	boul. de Javel.......	pont de Grenelle.
2-3	Grenéta...............	St-Martin...........	St-Denis.
4	Grenier-sur-l'Eau......	Geoffroy-Lasnier. ...	des Barres.
3	Grenier-St-Lazare......	Beaubourg...........	St-Martin.
5	Grès (des).............	St-Jacques..........	boul. de Sébastopol.
20	Grès (place des).......	St-Germain..........	Aumaire.
2	Grétry.................	Favart	de Grammont.
16	Greuze	boul. de Longchamps.	r. de la Croix.
4	Grève (quai de la).....	Geoffroy-Lasnier.....	pl. de l'Hôt.-de-Ville.
7	Gribeauval.	pl. St-Thom.-d'Aquin.	du Bac.
5	Gril (du)........	Censier.............	d'Orléans.
11	Griset (impasse).......	Oberkampf, 125 *b*.	
2	Grosse-Tête (imp. de la).	St-Spire, 4.........	
15	Groult-d'Arcy..........	Blomet	Gr.-Rue-Vaugirard.
18	Gué (du)...............	Gde-Rue-Chapelle ...	
4	Guéménée (impasse)...	St-Antoine, 183......	
6	Guénégaud............	quai de Conti.	Mazarine.
11	Guénot (cité)............	b. du Pr.-Eugène, 245	
4	Guépine (impasse).....	de Jouy, 10.........	
2-3	Guérin-Boisseau.......	de Palestro.........	St-Denis.
16	Guichard	Gde-Rue-Passy......	St-Georges.
20	Guignier..............	des Rigoles.........	des Cascades.
4	Guillaume	quai d'Orléans......	St-Louis.
14	Guilleminot-Plaisance .	de l'Ouest..........	St-Louis.
14	Guilleminot-Plais. (pl.).	de l'Ouest..........	Guilleminot.
4	Guillemites (des)......	Blancs-Manteaux....	de Paradis.
16	Guillou (de)..........	quai de Passy.......	Basse.
6	Guisarde..............	Mabillon.	des Canettes.
17	Gutin (passage)........	avenue de Clichy....	boul. Bessières.
10	Guy-Patin	Ambroise-Paré......	boul. de la Chapelle.
5	Guy-de-la-Brosse.......	de Jussieu..........	St-Victor.
17	Guyot-Batignolles......	de Courcelles.......	boul. de Neuilly.

H

ARR.	RUES.	TENANTS.	ABOUTISSANTS.
20	Haies (des)...........	Gde-R.-de-Montreuil.	r. Courat.
9	Halévy	boul. des Capucines.	Ferme-des-Mathurins.
5	Halle-aux-Veaux.......	de Pontoise.........	de Poissy.
1	Halles-Centrales (des)..	r. Berger...........	de Rambuteau.
1	Halles-St-Denis (des)...	St-Denis............	Lavand.-Ste-Opp.
8	Hambourg (de)........	d'Amsterdam	de Valois.
15	Hameau (du)..........	Notre-Dame.........	boul Victor.
2	Hanovre (de)..........	de Choiseul.........	Louis-le-Grand.
1	Harlay-du-Palais (de)..	quai de l'Horloge....	q. des Orfèvres.
3	Harlay-au-Marais (de)..	boul. Beaumarchais.	St-Claude.
5	Harpe (de la).........	de la Huchette	boul. St-Germain.
13	Harvey...............	rue Nationale.......	Château-des-Rentiers.
19	Hassard.	du Plateau	des Pet.-Chaumonts.
8	Haussmann (boul.).....	boul. Malesherbes...	du F.-St-Honoré.
6	Hautefeuille..........	place St-André......	l'Ecole-de-Médec.
5	Hautefort (impasse)....	Bourguignons, 14....	
10	Hauteville (d').........	boul. Bonne-Nouvelle.	de Lafayette.

l.	RUES.	TENANTS.	ABOUTISSANTS.
	Haut-Moulin (du)......	de Glatigny.........	de la Cité.
	Haut-Pavé (du)........	quai Montebello.....	de la Bûcherie.
	Haute-des-Ursins......	St-Landry..........	de Glatigny.
	Hautes-Gatines (des)...	des Champs.........	de Belleville.
	Hautes-Vignolles (des)..	boul. de Charonne...	pl. de la Réunion.
	Havre (passage du)....	de Caumartin.......	St-Lazare.
	Havre (pl. du)........	du Havre...........	St-Lazare.
	Havre-Batignolles (du).	Lebouteux..........	d'Orléans.
	Havre La-Villette (du).	de Flandre.........	quai de Seine.
0	Havre (du)............	St-Nicolas-d'Antin...	St-Lazare.
	Hazard (du)...........	Richelieu..........	Ste-Anne
	Hébert-Chapelle (place).	des Rosiers........	r. d'Aubervilliers.
	Helder (du)...........	boul. des Italiens....	Taitbout.
	Hélène................	Gde-Rue-Batignolles.	Lemercier.
	Hélène-Gentilly........	de la Santé.........	de la Glacière.
	Hennel (impasse)......	de Charenton, 142..	
	Henri.................	Bailly..............	Réaumur.
	Henri-Chevreau........	chauss. Ménilmont...	de la Mare.
	Henri IV (quai).......	boul. Morland.......	quai des Célestins.
	Henri IV (passage).....	des Bons-Enfants....	cour des Fontaines.
	Henrion-de-Pansey-Pl .	de la Procession.....	du M.-de-la-Vierge.
	Héraud...............	Gr.-Rue-Vaugirard. .	Pas.-R.-Procession.
	Héricart..............	quai de Grenelle.....	Rue-du-Théâtre.
	Hérold	Boulainvilliers......	r. Molière.
	Hert-Grenelle.........	de l'Eglise..........	de Javel.
	Hirondelle (de l')......	boul. St-André......	Gît-le-Cœur.
	Hoche.................	Kleber..............	r. Duguesclin.
	Holzbacher (cité).......	Fontaine-au-Roi.....	des Trois-Bornes.
	Homme-Armé (de l') ...	Ste-Cr.-de-la-Bretonn.	des Blancs-Mant.
	Honoré-Chevalier......	Bonaparte..........	Cassette.
3	Hôpital (boul. de l')....	pl. Walhubert......	pl. d'Italie.
	Hôpital-St-Louis (de l').	Grange-aux-Belles...	q. de Jemmapes.
	Hôpital (pl. de l')......	la Salpêtrière.......	boulev. de l'Hôpital.
	Hôpital-Ivry (de l').....	(Voy. r. *Harvey*).....	
	Horloge (cour de l')....	du Rocher, 40.......	
	Horloge (galerie de l')..	boul des Italiens....	passage de l'Opéra.
	Horloge (quai de l')... .	Pont-au-Change.....	pl. du Pont-Neuf.
	Hospitalières (imp. des).	Ch.-des-Minimes, 8..	
	Hospitalières-St-G (des).	des Rosiers.........	des F.-Bourgeois.
	Hôtel-Colbert (de l')....	quai Montebello.....	Galande.
	Hôtel-des-F. (pass. de l')	Grenelle-St-Honoré ..	du Bouloi, 24.
	Hôtel-de-Ville (pl. de l').	boul. des Batignolles.	des Batignollaises.
	Hôt.-de-V.-Vil. (pl. de l')	de Bordeaux........	
	Hôtel-de-Ville (pl. de l').	quai Pelletier.......	Rivoli.
	Hôtel-de-Ville (de l')...	de l'Etoile..........	Jacques-de-Brosse.
	Hôt.-de-Ville-Bat. (de l').	boul. des Batignolles.	de la Paix.
	Houdart..............	des Amandiers	Mogador.
	Houdon	boul. Pigalle........	de l'Abbaye.
	Huchette (de la).......	pl. du Petit-Pont....	pl. du P.-St-Michel.
	Hulot (passage)........	de Montpensier, 31..	Richelieu, 34.
	Humboldt.............	Faub.-St-Jacques....	r. de la Santé.

I

ARR.	RUES.	TENANTS.	ABOUTISSANTS.
16	Iéna (avenue d').......	Galilée.............	place de l'Etoile.
16	Iéna (pont d').........	quai de Billy........	quai d'Orsay.
7	Iéna (d').............	quai d'Orsay.........	de Grenelle.
4	Ile-Louviers de l')...•.	quai Henri IV........	boulev. Morland.
16	Impératrice (av. de l')..	place de l'Etoile	boul. Lannes.
18	Impératrice-Mont. (d. l')	Biron...............	la Butte-Chaumont.
12	Industrie (cour de l')...	de Charenton, 99....	
10	Industrie (pass. de l') ..	F.-St-Martin	F.-St-Denis.
20	Industrie (pass. de l')...	des Basses-Vignolles..	
15	Industrie-Vaug. (p. de l')	des Marais..........	de Sèvres.
13	Industrie-Gentill. (de l').	Mazagran	du Génie.
15	Industrie-Grenelle (de l').	(V. r. *Emériau*)	
16	Ingres (av.)...........	ch. de la Muette.....	Porte de Passy.
1	Innocents (des)........	St-Denis............	de la Lingerie.
7	Invalides (b. des).......	Grenelle-St-Germ....	de Sèvres.
7	Invalides (esplanade des)	la Seine	l'H.-des-Invalides.
8	Invalides (pont des)....	q. de la Conférence ..	q. d'Orsay.
5	Irlandais (des).........	Vieille-Estrapade....	des Postes.
18	Isly-Chapelle (imp. d')..	de Jessaint, 16......	
11	Isly (pass. de l').......	F.-du-Temple.......	de l'Orillon.
8	Isly (de l')............	de l'Arcade.........	du Havre.
19	Isly-Villette (pass. d')...	(V. r. *Kabylie.*)	
19	Isly-Villette (de l').....	(V. r. *Tanger.*)	
14	Issoire (imp.)	de Tombe-Issoire, 93	
15	Issy (b. d')............	ch. des Fourneaux...	Gde-Rue-Vaugirard.
13	Italie (b. d')...........	route d'Italie........	de la Glacière.
13	Italie (ch. de ronde d')..	d'Austerlitz	pl. d'Italie.
13	Italie (pl. d')...........	b. des Gobelins......	b. de l'Hôpital.
13	Italie (route d')........	b. d'Italie...........	b. Kellermann.
2-9	Italiens (b. des)........	Richelieu.	de la Ch.-d'Antin.
13	Ivry (b. d')	Nationale...........	route de Choisy.
13	Ivry (ch. de ronde d')...	barr. d'Ivry.........	barr. d'Italie.
13	Ivry (d')...............	(V. r. *Titien.*)	
13	Ivry (route d').........	route de Choisy......	b. Masséna.

J

ARR.	RUES.	TENANTS.	ABOUTISSANTS.
4	Jabach (pass.).........	St-Merri............	St-Martin.
5	Jacinthe...............	des Trois-Portes.....	Galande.
6	Jacob	de Seine............	des Sts-Pères.
11	Jacquart	Ternaux............	Oberkampf.
4	Jacques-de-Brosse.....	q. de la Grève.......	Pourtour-St-Gerv.
3	Japy	Réaumur...........	Bailly.
6	Jardinet (du)..........	Mignon.............	de l'Eperon.
12	Jardiniers (des)........	de Charenton	Meuniers.
16	Jardins (des)...........	de Chaillot..........	Ste-Geneviève.
14	Jardins (pass. des).....	Dareau.............	Tombe-Issoire.
4	Jardins-St-Paul (des)...	q. St-Paul..........	Charlemagne.
4	Jarente (de)...........	du Val-Ste-Catherine.	Cult.-Ste-Catherine.
15	Javel (b. de)...........	de Grenelle.........	q. de Grenelle.

ARR.	RUES.	TENANTS.	ABOUTISSANTS.
15	Javel (q. de)	pont de Grenelle	b. Victor.
15	Javel (de)	Croix-Nivert	q. de Javel.
6	Jean-Bart	de Vaugirard	de Fleurus.
4	Jean-Beausire	St-Antoine	b. Beaumarchais.
5	Jean-de-Beauvais	des Noyers	St-Hilaire.
16	Jean-Bologne	Gde-Rue-Passy	de l'Eglise.
12	Jean-Bouton (imp.)	Charbonniers, 20	
8	Jean-Goujon	av. d'Antin	av. Montaigne.
1	Jean-Jacques-Rousseau	Coquillière	Montmartre.
1	Jean-Lantier	St-Denis	Bertin-Poirée.
18	Jean-Robert-Chapelle	Doudeauville	Marcadet.
1	Jean-Tison	de Rivoli	Bailleul.
15	Jeanne	de la Procession	chem. des Fourneaux.
13	Jeanne-d'Arc	Place Jeanne-d'Arc	b. de la Gare.
13	Jeanne-d'Arc (pl.)	Lahire	Jeanne-d'Arc.
17	Jeanne-d'Asnières	d'Orléans	pl. des Fêtes.
1	Jeannisson	St-Honoré	Richelieu.
10	Jemmapes (q. de)	b. Richard-Lenoir	
18	Jessaint (de)	Gde-Rue-Chapelle	de la Goutte-d'Or.
2	Jeûneurs (des)	Montmartre	Poissonnière.
10	Joinville (pass.)	Faub.-du-Temple	Corbeau.
19	Joinville-Vill. (pass. de)	de Flandre	
19	Joinville (de)	de Flandre	q. de l'Oise.
14	Jolivet	Nve-du-Maine	b. de Vanves.
13	Jonas	b. d'Italie	Butte-aux-Cailles.
2	Joquelet	Montmartre	N.-D.-des-Victoires.
8-16	Joséphine (av.)	pont de l'Alma	pl. de l'Etoile.
11	Josset (pass.)	pass. du Bras-d'Or	de Charonne.
9	Joubert	Chaussée-d'Antin	Caumartin.
9	Jouffroy (pass.)	b. Montmartre	Grange-Batelière.
13	Jouffroy	q. d'Austerlitz	de la Gare.
17	Jouffroy	av. Wagram	Cardinet.
1	Jour (du)	Coquillière	Montmartre.
14	Jourdan (b.)	porte de Gentilly	porte d'Orléans.
16	Jouvenet	route de Versailles	Boileau.
4	Jouy (de)	Nonnains-d'Hyères	St-Antoine.
20	Jouye-Rouve	de Paris	Julien-Lacroix.
15	Juge	Violet	Lelong.
4	Juges-Consuls (des)	de la Verrerie	du Cloître-St-Merri.
4	Juifs (des)	de Rivoli	des Rosiers.
20	Juillet	ch. Ménilmontant	ch. de fer de Ceinture
20	Julien-Lacroix	de Paris-Belleville	square Napoléon.
13	Julienne	Pascal	de Lourcine.
2	Jussienne (de la)	Pagevin	Montmartre.
5	Jussieu (de)	Cuvier	pl. St-Victor.

K

ARR.	RUES.	TENANTS.	ABOUTISSANTS.
19	Kabylie	b. de la Villette	Tanger.
11	Keller	de Charonne	de la Roquette.
13	Kellerman (b.)	porte d'Italie	porte de Gentilly.
16	Keppler	Galilée	ruelle des Jardins.
15	Kléber	q. d'Orsay	av. de Suffren.
19	Kutzner (pass.)	Paris-Bellev.	Rébeval.

L

ARR.	RUES.	TENANTS.	ABOUTISSANTS.
18	Labat	des Poissonniers.....	ch. de Clignancourt.
17	Labie...............	av. des Ternes	Ste-Marie.
8	Laborde (pl. de).......	Malesherbes.........	de La Borde.
8	Laborde (de)..........	du Rocher..........	b. Haussmann.
7	Labourdonnaie (av. de).	q. d'Orsay..........	av. Lamothe-Piquet.
7	Labourdonnaie (de)....	av. Lowendall.......	av. de Tourville.
9	Labruyère (de)........	N.-D.-de-Lorette.....	Pigalle.
5	Lacépède (de)..........	Geoffroy-St-Hilaire...	Mouffetard.
7	La Chaise............	Grenell-St-Germain ..	Sèvres.
15	Lacretelle............	Gr.-Rue-Vaugirard...	les champs.
18	Lacroix (pass.)........	av. St-Ouen,........	des Carrières.
17	Lacroix	av. de Clichy........	Ste-Elisabeth.
12	Lacuée	pl. Mazas...........	de Bercy.
10	Lafayette (pass. de)....	de Strasbourg, 6.....	
10	Lafayette (place de)....	d'Hauteville.........	de Lafayette.
10	Lafayette (de).........	F.-Poissonnière......	quay de Valmy.
9	Laferrière (pass.)......	N.-D.-de-Lorette	Breda, 2.
1-2	Lafeuillade (de).......	pl. des Victoires.....	de la Vrillière.
9	Laffitte.	b. des Italiens.......	Ollivier.
17	Lafontaine (cité).......	Lemercier, 28.......	
18	Laghouat (de).........	Cinq-Moulins........	Léon.
18	Lagille	av. St-Ouen.........	les champs.
20	Lagny (de)...........	b. de Montreuil......	b. Davoust.
13	Lahire	ch. du Bac..........	pl. Jeanne-d'Arc.
5	La Harpe.............	Huchette	b. St-Germain.
14	Lalande	Champ-d'Asile.......	Larochefoucault.
9	Lallier...............	b. Rochechouart.....	av. Trudaine.
17	Lamande	St-Charles.	d'Orléans.
17	Lamarre-Ternes	de l'Arcade.........	de la Chaumière.
9	Lamartine.............	Cadet	F. Montmartre.
18	Lambert.............	Nicolet	Biron.
7-15	Lamothe-Piquet (av. de).	b. Latour-Maubourg..	b. de Meudon.
17	Lamoureux (cité)......	des Dames, 25......	de la Chaumière.
12	Lancette (de la)........	Charenton-Bercy	
16	Lancret...............	Galilée	de la Réunion.
10	Lancry (de)...........	de Bondy	q. de Valmy.
16	Lannes (b.)	av. de la Gr.-Armée.	porte de la Muette.
16	Lapérouse	Presbourg	Galilée.
5	Laplace..............	de la Montagne......	des Sept-Voies.
15	La Quintinie..........	de la Procession.....	des Tournelles.
1	Lard (imp. au)........	des Bourdonnais, 45..	
1	Lard (au)............	de la Lingerie.......	des Bourdonnais.
1	La Réale (de)	Rambuteau	Gr.-Truanderie.
1-4	La Reynie (de)........	St-Martin...........	St-Denis.
12	Laroche.	av. du Petit-Château.	Léopold.
14	La Rochefoucauld-Mont.	Boulard	Ch.-du-Maine.
9	La Rochefoucauld (de)..	St-Lazare...........	Pigalle.
6	Larrey...............	du Jardinet	de l'Ec.-de-Médecine.
6	Larrey (imp.).........	Larrey, 1...........	
7	Las-Cases............	Bellechasse	de Bourgogne.
19	Lassus	de Paris............	

RUES.	TENANTS.	ABOUTISSANTS.
Lathuile (pass.)	Gr.-Rue, 12	pass. St-Pierre.
La Tour-d'Auvergne	Rochechouart	des Martyrs.
Latour-Maubourg (b.)	q. d'Orsay	av. de Tourville.
Laugier	des Dames	route de la Révolte.
Lauriston	pl. de l'Arc-de-Tr.	de Longchamps.
Lauzin	Rébeval	les Buttes.
Laval (de)	des Martyrs	Pigalle.
Laval prolongée (de)	Rodier	des Martyrs.
Lavandières-St-Jacques.	pl. Maubert	b. St-Germain.
Lavandières-Ste-Op. (des)	q. de la Mégisserie	des Halles.
Lavoisier	d'Anjou-St-Honoré	d'Astorg.
La Vrillière (de)	Croix d.-P.-Champs	de la Feuillade.
Leblanc	q. de Javel	b. Victor.
Lebouis	de l'Ouest	de Vanves.
Lebouteux	de la Santé	de Lévis.
Lecante (pass.)	(V. *Richomme*).	
Le Chapelais	Gr.-Rue-Batign	Lemercier.
Leclerc	F.-St-Jacques	b. St-Jacques.
Lécluse	b. de Batignolles	des Dames.
Leconte	d'Orléans	Thérèse.
Lécuyer (pass.)	du Poteau	b. Ney.
Lécuyer	ch. Clignancourt	de l'Impératrice.
Lefebvre (b.)	ch. de fer de l'Ouest	porte de Versailles.
Legrand	b. du Combat	Asselin.
Legraverend	b. Mazas	Beccaria.
Lekain	de l'Eglise	Singer.
Lelong	(V. *Violet.*)	
Lemaire (pass.)	de Grenelle	Violet.
Lemarrois	route de Versailles	b. Murat.
Lemercier	des Dames	Cardinet.
Lemière (cité)	de Paris	des Bois.
Lemoine (pass.)	b. Sébastopol	St-Denis.
Lemoine-Plaisance (p.).	de la Procession	de Constantine.
Lenoir-St-Antoine	pl. du M.-Beauveau	du F.-St-Antoine.
Léon	Cavé	d'Oran.
Léonidas (passage)	chemin de Plantes	Ste-Eugénie.
Léonie	Boursault	Chaptal.
Léonie-Montmartre	des Acacias	des Trois-Frères.
Léopold	port de Bercy	de Bercy.
Le Pelletier (quai)	pl. de l'Hôtel-de-Ville.	St-Martin.
Le Pelletier	boul. des Italiens	Provence.
Lepeu	Erard	
Lepic	boul. Pigalle	du Vieux-Chemin.
Le Regrattier	quai d'Orléans	St-Louis.
Leroux	(Voy. r. de *Belleyme*)	
Lesage	Tourtille	Jouye-Rouve.
Lesdiguières (de)	de la Cerisaie	St-Antoine.
Lesueur	des Bouchers	av. de la Gr.-Armée.
Letellier	Croix-Nivert	Violet.
Letellier prolongée	de Grenelle	Lelong.
Levert (passage)	passage Vaucanson	Basfroi.
Levert-Belleville	de Paris	de la Mare.
Lévis (place de)	de Lévis	du Bac-d'Asnières.
Lévis-Belleville (de)	b. de Batignolles	route d'Asnières.
Lévisse-Montmartre	des Poissonniers	Labat.

ARR.	RUES.	TENANTS.	ABOUTISSANTS.
12	Libert	boul. de Bercy	du Commerce.
4	Licorne (de la)	des Marmousets	St-Christophe.
19	Lilas-Belleville (des)	du Pré	boul. Serrurier.
11	Lilas (cité des)	pass. Ménilmontant	
11	Lilas (ruelle des)	P.-Rue-St-Pierre	
7	Lille (de)	des Sts-Pères	de Bourgogne.
14	Lille-Montrouge (de)	b. de Montrouge	de la Pépinière.
19	Lille-Villette (de)	(Voy. r. de l'*Argonne*).	
19	Lille (place de)	(V. pl. de l'*Argonne*).	
1	Limace (de la)	des Déchargeurs	des Bourdonnais.
3	Limoges (de)	de Poitou	de Bretagne.
1	Lingerie (de la)	St-Honoré	Poterie.
15	Linois	des Entrepreneurs	pont de Grenelle.
4	Lions-St-Paul (des)	du Petit-Musc	St-Paul.
8	Lisbonne (de)	de Malesherbes	de Valois-du-Roule.
4	Lobau	quai de la Grève	de Rivoli.
6	Lobineau	de Seine	Mabillon.
19	Loire (quai de la)	d'Allemagne	de Marseille.
17	Lombard-Ternes	(Voy. r. *Rennequin*)	
1-4	Lombards (des)	St-Martin	St-Denis.
9	Londres (cité de)	St-Lazare, 100	
8-9	Londres (de)	de Clichy	pl. de l'Europe.
16	Longchamps (boul. de)	de Longchamps	Franklin.
16	Longchamps (de)	des Batailles	ch. de r. Longchamps
16	Longchamps-Passy (de)	b. de Longchamps	du Petit-Parc.
14	Longue-Avoine (imp.)	Faub.-St-Jacques, 70.	
8	Lord-Byron	de Châteaubriand	du Bel Respiro.
2	Louis-le-Grand	Nve-d.-Pts-Champs	b. des Italiens.
4	Louis-Philippe (pont)	quai de la Grève	quai Bourbon.
11	Louis-Philippe	de la Roquette	de Charonne.
5-8	Lourcine (de)	Mouffetard	de la Santé.
17	Louvain (de)	de la Chaumière	les Champs.
4	Louviers (Port)	Pont d'Arcole	Pont Louis-Philippe.
2	Louvois (pl. et square)	Richelieu	Louvois.
2	Louvois (de)	de Richelieu	Ste-Anne.
1	Louvre (pl. du)	égl. St-Germ.-l'Auxer.	le Louvre.
1	Louvre (quai du)	quai de l'Ecole	pont Royal.
1	Louvre (du)	quai de l'Ecole	St-Honoré.
7-15	Lowendall (av. de)	av. de Tourville	boul. de Sèvres.
16	Lubeck (de)	Croix-Boissière	av. du Trocadéro.
2	Lulli	Rameau	de Louvois.
2	Lune (de la)	b. Bonne-Nouvelle	Poissonnière.
19	Lunéville (de)	d'Allemagne	du Dépotoir.
1	Luxembourg (de)	de Rivoli	b. de la Madeleine.
12	Lyon (cité de)	de Lyon, 18	
12	Lyon (de)	boul. Mazas	pl. de la Bastille.
5	Lyonnais (des)	de Lourcine	des Charbonniers.

M

ARR.	RUES.	TENANTS.	ABOUTISSANTS.
6	Mabillon	Four-St-Germain	St-Sulpice.
19	Macdonald (boul.)	quai de l'Oise	ch. d'Aubervilliers.
12	Mâcon (de)	port de Bercy	de Bercy.
5	Maçons (des)	des Ecoles	pl. Sorbonne.

ARR.	RUES.	TENANTS.	ABOUTISSANTS.
6	Madame (de)..........	Mézières............	de l'Ouest.
20	Madame (de)..........	de Paris-Charonne....	r. St-Germain.
1-9	Madeleine (boul. de la).	de Luxembourg......	pl. de la Madeleine.
8	Madeleine (gal. de la)..	pl. de la Madeleine...	de la Madeleine.
8	Madeleine (pass. de la).	pl. de la Madeleine...	de l'Arcade.
8	Madeleine (pl. de la)...	Royale.............	b. de la Madeleine.
8	Madeleine (de la)......	Faub.-St-Honoré	b. Haussmann.
15	Mademoiselle (de).....	de l'Ecole-Vaugirard.	des Entrepreneurs.
8	Madrid (de)..........	pl. de l'Europe......	
16	Magdebourg (de).......	quai de Billy........	des Batailles.
10	Magenta (de)..........	boul. de Strasbourg..	b. des Poissonniers.
20	Magenta (rue).........	ch. Ménilmontant....	les Buttes.
16	Magenta-Auteuil (de)...	Molière............	de la Fontaine.
2	Mail (du)............	pl. des Petits-Pères..	Montmartre.
11	Main-d'Or (cour de la)..	F.-St Antoine.......	de Charonne, 60.
15	Maine (av. du)........	b. Montparnasse.....	b. du Maine.
15	Maine (boul.)..........	av. du Maine........	des Fourneaux.
15	Maine (imp. du).......	av. du Maine, 26....	
15	Mairie-Vaug. (pl. de la).	Grande-Rue.........	r. Blomet.
18	Mairie-Montm. (de la)..	de l'Abbaye........	des Trois-Frères.
18	Mairie Montm. (cité de).	de la Mairie	
20	Mairie-Char. (pl. de la).	de Paris.............	
15	Mairie Gr. (pl. de la)...	du Commerce........	la Mairie.
16	Mairie-Passy (pl. de la)	Grande-Rue.........	du Marché.
14	Maison-Dieu..........	de Vanves..........	chaussée du Maine.
5	Maître-Albert.........	quai de la Tournelle..	pl. Maubert.
6	Malakoff (av. de)......	b. de Longchamps....	av. de la Gr.-Armée.
15	Malakoff (impasse).....	ch. des Morillons...	
6	Malaquais (quai).......	de Seine............	des Sts-Pères.
7	Malar...............	quai d'Orsay........	St-Dominique.
8	Malesherbes (boul.)....	pl. de la Madeleine ..	porte d'Asnières.
9	Malesherbes (cité)......	des Martyrs.........	r. de Laval.
17	Malesherbes (pass.)....	Cardinet...........	route d'Asnières.
17	Malesherbes (pl.)......	boul. Malesherbes....	b. de Reuilly.
8	Malesherbes..........	pl. Laborde.........	Valois-du-Roule.
4	Malher..............	de Rivoli...........	Pavée.
13	Malmaisons (des)......	route de Choisy......	ruelle Gandon.
11	Malte (de)...........	r. Oberkampf........	du F.-du-Temple.
2	Mandar..............	Montorgueil.........	Montmartre.
18	Manoir (du)...........	Marcadet...........	des Portes-Blanches.
9	Mansart.............	de Douai...........	Blanche.
10	Marais (des).........	de la Douane........	du F.-St-Martin.
6	Marais-St-Germ. (des)..	(Voy. r. *Visconti*)....	
15	Marais-Grenelle (des)...	r. de Javel..........	b. Victor.
12	Marais (chemin des)....	(Voy r. *Michel-Bizot*)	
8	Marbeuf (avenue)......	Marbeuf...........	av. Ch.-Elysées.
8	Marbeuf..............	Bizet.......... ...	av. Ch.-Elysées.
18	Marcadet............	Gr.-Rue-La-Chap....	r. du Ruisseau.
18	Marché-Chapelle (du)..	de la Tournelle......	du Bon-Puits.
15	Marché-Grenelle (du)..	Croix-Nivert........	du Commerce.
16	Marché-Passy (du).....	r. de la Fontaine.....	pl. de la Mairie.
10	Marché (pass. du).....	du F.-St-Martin......	r. Bouchardon.
3	Marc. des Enf.-Rouges..	Bretagne, 39........	
8	Marc.-d'Aguesseau (du).	d'Aguesseau........	des Saussaies.
12	Marc.-Beauveau (p. du).	de Cotte............	Beauveau.

DICTIONNAIRE-INDICATEUR

ARR.	RUES.	TENANTS.	ABOUTISSANTS.
4	M.-d.-B.-Manteaux (du).	Hospital.-St-Gerv....	Vieille-du-Temple.
5	M.-aux-Chev. (av. du).	b. de l'Hôpital.......	du Marc.-aux-Chev.
5-13	Marc.-aux-Chev. (du)..	Poliveau...........	b. de l'Hôpital.
4	M.-Ste-Cather. (pl du)..	d'Ormesson	Caron.
6	Marché-St-Germain....	prés St-Sulpice.......	
1	M.-St-Honoré (pl. du)..	Marché-St-Honoré....	
1	Marché-St-Honoré (du)..	St-Honoré...........	N.-D.-des-P.-Champs.
4	Marché-St-Jean (pl. du).	de la Verrerie.......	St-Antoine.
5	Marché-des-Patr.(p. du).	des Patriarches......	Mouffetard.
5	Marché-des-Pat. (r. du).	Patriarches	r. d'Orléans.
10	Marché-de-la-P.-St-Mart.	Château-d'Eau........	Bouchardon.
10	M.-de-la-P.-St.M. (p. du)	Fg.-St-Martin........	Bouchardon.
11	Marché-Popinc. (du)....	Ternaux, 17.........	
20	Mare (de la)..........	de Paris-Belleville....	Oberkampf.
1	Marengo (de)..........	de Rivoli............	St-Honoré.
15	Marguerites (des)......	q. de Javel.........	St-Charles.
12	Marguettes (des).......	av. du Bel-Air.......	ch. de fer de ceinture.
4	Marie (pont)..........	q. des Ormes........	q. d'Anjou.
2	Marie-Stuart..........	des Deux-Portes.....	Montorgueil.
8	Marignan (de).........	av. Montaigne.......	av. des Ch.-Elysées.
8	Marigny (av. de).......	av. Gabriel..........	du F.-St-Honoré.
17	Mariotte	des Dames..........	de l'Hôtel-de-Ville.
2	Marivaux (de).........	de Grétry...........	boul. des Italiens.
15	Marmontel	du Transit..........	des Tournelles.
4	Marmousets (des)......	Chanoinesse.........	de la Cité.
13	Marmous.-St-Marc.(des)	des Gobelins	St-Hyppolyte.
19	Marne (q. de la).......	de Marseille.........	Gare circulaire.
19	Maroc (pl. du)........	Tanger	de Maroc.
19	Maroc (du)...........	de Flandre..........	des Vertus.
16	Maronniers (des).......	Basse..............	de Boulainvilliers.
10	Marqfoy	du G.-St-Michel.. ..	des Ecl.-St-Martin.
10	Marseille (de).........	de l'Entrepôt........	q. Valmy.
19	Marseille-Villette (de)...	q. de la Marne.......	d'Allemagne.
2	Marsollier...........	Méhul	Monsigny.
10	Martel..............	des Pet.-Ecuries.....	de Paradis.
7	Martignac (cité de).....	de Gren.-St-G., 111...	
7	Martignac (de)........	St-Dominique........	de Grenelle.
18	Martin-Chapelle.......	boul. des Vertus.....	du Département.
-18	Martyrs (boul. des).....	chauss. des Martyrs..	Pte-R.-Royal.
9	Martyrs (des).........	N.-D.-de-Lorette.....	ch. de r. d. Martyrs.
13	Masséna (boul.).......	q. de la Gare........	porte d'Italie.
7	Masseran............	Eblé...............	de Sèvres.
4	Massillon............	Chanoinesse.........	du Cl.-N.-Dame.
18	Massonnet (impasse)....	des Poissonniers, 139.	
4	Masure (de la)........	q. des Ormes........	de l'Hôt.-de-Ville.
5	Math.-St-Jacques (des)..	des Carmes..........	b. Sébastopol.
8	Matignon (av. de)	av. des Ch.-Elysées...	Matignon.
8	Matignon (de).........	av. de Matignon.....	de Penthièvre.
5	Maubert (pl.).........	des G.-Degrés........	b. St-Germain.
10	Maubeuge (de)........	de Dunkerque.......	ch. de ronde.
15	Maublanc	Blomet	Gr.-R.-Vaugirard.
4	Maubuée............	du Poirier...........	St-Martin.
1-2	Mauconseil...........	St-Denis............	Montorgueil.
2	Mauconseil (imp.)......	St-Denis, 271........	
3	Maure (du)...........	Beaubourg..........	St-Martin.

ARR.	RUES.	TENANTS.	ABOUTISSANTS
11	Maurice (pass.).........	des Amandiers.......	St-Maur.
4	Mauv.-Garçons (des)...	de Rivoli............	de la Verrerie.
6	Mayet	de Sèvres...........	du Cherche-Midi.
9	Mayran...............	Lafayette...........	Rochechouart.
10	Mazagran (imp.).......	Mazagran, 5.........	
13	Mazagran-Gentilly	route d'Italie........	du Bel-Air.
14	Mazagran-Plaisance....	de Constantine......	de l'Ouest.
10	Mazagran.............	b. Bonne-Nouvelle...	de l'Echiquier.
18	Mazagran-Chapelle.....	(Voy. r de *Laghouat*).	
6	Mazarine..............	de Seine............	de Buci.
12	Mazas (boul.).........	q. de la Râpée.......	pl. du Trône.
12	Mazas (pl)...........	q. de la Râpée.......	de la Contrescarpe
4	Mazure (r. de la)......	q. des Ormes........	Hôtel-de-Ville.
19	Meaux (de)...........	boul. du Combat.....	d'Allemagne.
14	Méchain	de la Santé..........	du F.-St-Jacques.
14	Médeah...............	de la Gaîté..........	de Constantine.
6	Médicis...............	de Vaugirard........	b. Sébastopol.
1	Mégisserie (q. de la)....	pont au Change.....	pont Neuf.
2	Méhul	Nve-des-Pet.-Champs.	pl. Vantadour.
2	Ménars	de Richelieu.........	de Grammont.
18	Menessier.............	Véron	r. de l'Abbaye.
11	Ménilmontant (boul.)...	Oberkampf..........	des Trois-Couronnes
20	Ménilmontant (chauss.).	boul. des Amandiers..	b. d. Trois-Couronn.
11	Ménilmontant	(Voy. r. *Oberkampf*).	
11	Ménilmontant (pass.)...	Oberkampf..........	ch. de r. d. Amand.
20	Ménilm.-Bellev. (pass.)..	chauss. Ménilmont...	Eupatoria.
20	Ménilm. (Chem.-Vicin.).	de Charonne........	vlle route de Bellev
16	Menou (boul.)..........	Galilée	route Militaire.
1	Mercier...............	de Viarmes..........	de Grenelle.
11	Merlin	de la Roquette.......	des Amandiers.
3	Meslay (de)...........	du Temple..........	St-Martin.
16	Mesnil................	St-Didier	rd-p. de la Plaine.
1	Messag.-Gén. (pass. des).	St-Honoré	de Grenelle.
2	Messag.-Imp. (pass. des).	Montmartre..........	N.-D.-des-Victoires.
10	Messageries (des).......	d'Hauteville.........	F.-Poissonnière.
8	Messine (de)...........	Plaisance...........	de Val.-du-Roule.
10	Metz (de)..............	de Strasbourg.......	de Nancy.
19	Metz-Villette (de)......	d'Allemagne.........	de Crimée.
15	Meudon (boul. de)......	pl. Cambronne......	du Commerce.
14	Meunier (av.)..........	de la Procession.....	du Transit.
12	Meuniers (des).........	Brèche-aux-Loups ...	
6	Mézières (de)..........	Bonaparte...........	Cassette.
16	Michel-Ange...........	boul Murat..........	Gr.-R.-Passy.
12	Michel-Bizot...........	boul. de Reuilly.....	au glacis.
3	Michel-le-Comte........	du Temple..........	Beaubourg.
2	Michodière (de la).....	Nve-St-Augustin.....	b. des Italiens.
6	Mignon...............	Serpente............	du Jardinet.
19	Mignottes (des)	des Solitaires........	Basse-St-Denis.
9	Milan (de)............	de Clichy...........	d'Amsterdam.
20	Milsent (imp.).........	des Cendriers.......	
4	Milieu-des-Ursins (du)..	q. Napoléon.........	Haute-des-Ursins.
12	Millaud (av.)..........	de Bercy............	de Lyon.
3	Minimes (des)..........	des Tournelles.......	St-Louis.
15	Miollis................	boul. de Sèvres......	Cambronne.
2	Miracles (cour des).....	des Forges..........	Damiette.

ARR.	RUES.	TENANTS.	ABOUTISSANTS.
16	Miracles (pass. des)....	(Voy. r. *Lancret*)....	
8	Miroménil (de).........	du Fg.-St-Honoré....	boul. de Monceaux.
9	Mogador (de)..........	Nve-des-Mathurins...	St-Nicolas.
20	Mogador-Bellev. (de)....	boul. des Amandiers..	Duris.
19	Mogador-Villette (de)...	(Voy. r. du *Maroc*)...	
1	Moineaux (des)........	des Orties..........	St-Roch.
17	Moines (des)..........	pl. de l'Eglise.......	ch. des Bœufs.
3	Molay	Porte-Foin	p. de la rot. du Te
16	Molière (aven.)........	av. Despréaux.......	imp. Racine.
3	Molière (pass.)........	St-Martin...........	Quincampoix.
6	Molière	pl. de l'Odéon.......	de Vaugirard.
16	Molière-Auteuil	route de Versailles...	Boileau.
8-17	Monceau (boul. de).....	(V. b. de la *R.-Hort.*).	
8-17	Monceau (de)...	du Fg.-St-Honoré....	de Courcelles.
9	Moncey..............	Blanche............	de Clichy.
17	Moncey-Batignolles....	av. de Clichy.......	pass. Moncey.
1	Mondétour	de Rambuteau.......	Mauconseil.
1	Mondovi (de).........	de Rivoli...........	du Mont-Thabor.
19	Monjol...............	Legrand	Asselin.
1	Monnaie (de la).......	pl. des Tr.-Maries...	de Rivoli.
7	Monsieur (de).........	de Babylone.........	Oudinot.
6	Monsieur-le-Prince.....	carf. de l'Odéon.....	b. Sébastopol, R. G.
2	Monsigny	Marsollier...........	Nve-St-Augustin.
16	Montagne (de la).......	(Voy. *Beethoven*).....	
5	Mont.-Ste-Gen. (de la)..	St-Victor...........	pl. du Panthéon.
20	Mont.-Belleville (des)...	boul. de Belleville....	des Couronnes.
17	Mont.-Ternes..........	av. des Ternes	b. Gouvion-St-Cyr.
8	Montaigne (av.)........	q. de Billy	av. d. Ch.-Elysées, 7
8	Montaigne (de)........	av. des Ch.-Elysées...	F.-St-Honoré.
20	Montebello (imp.)......	pass. de l'Industrie..	
5	Montebello (q.)........	p. de l'Archevêché...	Petit-Pont.
12	Montempoivre (chem. de)	Voûte-du-Cours	boul. Soult.
10	Monténégro (pass. du)..	de Vincennes........	de Romainville.
1	Montesquieu (pass.)....	Cl.-St-Honoré	Montesquieu.
1	Montesquieu...........	Cr.-des-P.-Champs...	des Bons-Enfants.
6	Montfaucon	Ecole-de-Médecine ...	Clément.
12	Montgallet	de Charenton........	de Reuilly.
3	Montgolfier...........	pl. M. St-Martin.....	de Vertbois.
9	Montholon (de)........	du F.-Poissonnière...	Rochechouart.
19	Montier (pass.)........	Allemagne	Marseille.
12	Montmartel	port de Bercy........	Grange aux-Meuniers.
2-9	Montmartre (boul.).....	Montmartre.........	Drouot.
9	Montm. (chem. de r. de).	pl. bar. Montmart....	Fontaine.
2	Montmartre (cité)......	Montmartre.........	Vieux-Augustins.
9	Montmartre (Faub.)....	boul. Montmartre....	Lamartine.
2	Montmartre (gal.)......	p. des Panoramas....	Montmartre.
9	Montm. (pl. de la bar.).	chemin de ronde.....	Pigale.
1-2	Montmartre	Halles-Centrales.....	boul. Montmartre.
3	Montmorency (de)......	du Temple..........	St-Martin.
16	Montmorency (boul. de).	de l'Assomption......	G.-Rue-Auteuil.
6	Montmorency-Auteuil...	(Voy. r. *Donizetti*)...	
2	Montorgueil..........	pointe St-Eustache...	Petit-Carreau.
	Montparnasse (boul. du).	de Sèvres..........	d'Enfer.
[illegible]	Montp. (ch. de r. du)...	du Montparnasse.....	av. du Maine.
	Montparnasse (du).....	N.-D. des-Champs ...	boul. Montrouge.

ARR.	RUES.	TENANTS.	ABOUTISSANTS.
1	Montpensier (de)........	Richelieu	de Beaujolais.
11-20	Montreuil (boul. de)....	cours de Vincennes...	Gr.-R. de Mont.
20	Montreuil-Char. (rue)...	b. de Charonne......	porte de Montreuil.
11	Montreuil (de).........	F.-St-Antoine	anc. barr. Montr.
14	Montrouge (boul de)...	route d'Orléans......	de la Gaîté.
1	Mont-Thabor (du)......	d'Alger.............	de Mondovi.
9	Montyon (de)..........	de Trévise..........	Geoffroy-Marie.
14	Montyon-Montrouge....	(V. *Mouton-Duvernet*)	
11	Morand...............	Trois-Couronnes.....	Orillon.
12	Moreau	de Bercy............	de Charenton.
14	Morère...............	Friant..............	av. de Châtillon.
11	Moret................	Oberkampf..........	des T.-Couronnes, 34.
15	Morillon (chem. des)...	chem. du Moulin.....	des Fourneaux.
4	Morland (boul.).........	boul. Bourdon.......	q. des Célestins.
9	Morlot...............	St-Lazare...........	de Clichy.
4	Mornay...............	de Crillon...........	de Sully.
11	Mortagne (imp.)........	de Charonne, 47.....	
20	Mortier (boul.).........	de Bagnolet.........	porte de Romainville.
8	Moscou (de)...........	de Berlin	St-Pétersbourg.
5-13	Mouffetard............	Fossés-St-Victor.	place d'Italie.
11	Moufle (passage).......	du Chemin-Vert.....	quai Jemmapes.
15	Moulin (chemin du)....	des Vignes..........	boul. Lefèvre.
12	Moulin (passage)..	de Châlons	imp. Jean-Bouton.
14	Moulin-de-Beurre (du)..	de la Gaîté..........	de l'Ouest.
15	Moulin-de-Javel (du)....	(Voy. r. *Leblanc*)....	
13	Moulin-de-la-Pointe (du)	route d'Italie........	du Génie.
13	Moulin-des-Prés (du) ...	boulevard d'Italie....	butte aux Cailles.
14	Moulin-Vert (du).......	chaussée du Maine...	Terrier-aux-Lapins.
14	Moulin-de-la-Vierge (du)	avenue Meunier	de Vanves.
13	Moulinet (passage).....	route d'Italie........	Moulin-des-Prés.
1	Moulins (des).	des Moineaux	Nve-des-P.-Champs.
16	Moulins-Passy (imp. des)	(Voy. r. *Pétrarque*)..	
18	Moulins-Batignolles (des)	Grande-Rue.........	
19	Moulins-Belleville (des).	de Paris............	Fessart.
18	Moulins-Montm. (des)..	du Vieux-Chemin....	ruelle des Brouillards
16	Moulins-Passy (des)....	(Voy. r. *Scheffer*)....	
12	Moulins-de-Reuilly (des).	de Reuilly.	Picpus.
4	Moussi (de)...........	Verrerie............	Ste-Cr.-de-la-Bretonn.
14	Mouton-Duvernet......	route d'Orléans.....	chaussée du Maine.
11	Muette (de la)..........	de Charonne	de la Roquette.
1	Mulets (des)...........	d'Argenteuil	des Moineaux.
2	Mulhouse (de).........	de Cléry............	des Jeûneurs.
19	Mulhouse-Villette (de)..	d'Allemagne	de Meaux.
18	Muller...............	ch. de Clignancourt..	la Butte-Montmartre
16	Municipalité (de la)....	de la Réunion.......	des Clos.
16	Murat (boul.)	porte d'Auteuil.....	quai d'Auteuil.
5	Murier (du)	St-Victor	Traversine.
11	Murs-de-La-Roqu. (des).	de la Roquette......	de la Muette.
16	Musset (de)	Jouvenet	Boileau.
18	Myrrha...............	des Poissonniers.....	ch. Clignancourt.

N

10	Nancy (de)............	du Faub.-St-Martin..	de Metz.
19	Nancy-Villette (de)....	de Marseille.........	d'Allemagne.

ARR.	RUES.	TENANTS.	ABOUTISSANTS.
19	**Nantes** (de)	**de Flandre**	quai de l'Oise.
8	Naples (de)	place d'Europe	boul. des Batignolles.
20	Napoléon	(Voy. r. *Pali-kao*)	
1	Napoléon (place)	square du Louvre	place du Carrousel.
12	Napoléon III (pont)	port de Bercy	quai de la Gare.
4	Napoléon (quai)	pont Louis-Philippe	pont Notre-Dame.
20	Napol.-Bellev. (square)	de la Montagne	de Pali-kao.
18	Nation (de la)	des Poissonniers	ch. Clignancourt.
13	Nationale	boul. d'Ivry	Château-d.-Rentiers.
9	Navarin (de)	des Martyrs	Bréda.
4	Necker	d'Ormesson	de Jarente.
11	Nemours (de)	Oberkampf	Angoul.-du-Temple.
1	Neuf (pont)	quai de la Mégisserie	quai des Gr.-August.
20	Neuf-de-Ménilm. (chem.)	Charonne	boul. Mortier.
17	Neuilly (boul. de)	boul. Monceaux	boul. Berthier.
13	Neuve-Gentilly	route d'Italie	route de Choisy.
16	Neuve-Passy	aven. de la Gr.-Armée	av. de l'Impératrice.
16	Neuve-Boislevent	(Voy. r. *Talma*)	
1	Neuve-des-Bons-Enfants	des Bons-Enfants	Nve-des-Pet.-Champs.
18	Neuve-du-Bon-Puits	Tournelle	Bon-Puits.
9	Neuve-Bossuet	de la Tour-d'Auvergne	Neuve-des-Martyrs.
11	Neuve-des-Boulets	des Boulets	
3	Neuve-Bourg-l'Abbé	St-Martin	boul. de Sébastopol.
9	Neuve-Bréda	(Voy. r. *Clausel*)	
3	Neuve-de-Bretagne	(Voy. r. *Froissard*)	
14	Neuve-Brézin	(Voy. r. *Niepce*)	
1	Neuve-des-Deux-Ecus	Prouvaires	Vauvilliers.
1-2	Neuve-des-Capucines	de la Paix	boul. des Capucines.
14	Neuve-du Ch.-d'Asile	(Voy. r. *Deparcieux*)	
9	Neuve-Coquenard	Lamartine	Tour-d'Auvergne.
13	Neuve-Désirée	pass. de Croulebarbe	butte de la Bièvre.
16	Neuve-de-l'Eglise	(Voy. *Jean Boulogne*)	
16	Neuve-de-l'Embarcadère	(Voy. r. *Poussin*)	
9	Neuve-Fénelon	de la Tour-d'Auvergne	Neuve-des-Martyrs.
9	Neuve-Font.-St-Georges	Duperré	ch. r. Montmartre.
18	Neuve-de-la-Goutte-d'Or	boul. de la Chapelle	de la Goutte-d'Or.
6	Neuve-Guillemin	du Four	Vieux-Colombier.
18	Neuve-Labat	(Voy. r. *Simart*)	
11	Neuve-de-Lappe	de Charonne	de la Roquette.
14	Neuve-du-Maine	de la Gaîté	chaussée du Maine.
13	Neuve-Maison-Blanche	route d'Italie	route de Choisy.
9	Neuve-des-Martyrs	des Martyrs	La Tour-d'Auvergne.
8-9	Neuve-des-Mathurins	Chaussée-d'Antin	de la Madeleine.
2	Neuve-des-Pet.-Pères	Neuve-des-Pet.-Ch.	pl. des Petits-Pères.
3	Neuve-Ménilmontant	(Voy. r. *Commines*)	
12	Neuve-Mongenot	boul. Soult	avenue du Bel-Air.
2	Neuve-Montmorency	Feydeau	St-Marc.
4	Neuve-Notre-Dame	pl. du Parvis-N.-Dame	de la Cité.
14	Neuve-d'Orléans	(Voy. r. *Ducouëdic*)	
16	Neuve-de-la-Pelouse	Bellevue	av. de la Gr.-Armée.
14	Neuve-de-la-Pépinière	(Voy. r. *Fermat*)	
14	Neuve-Pernetty	de l'Ouest	de Vanves.
1-2	Neuve-des-Pet.-Champs	Neuve-des-B.-Enfants	de la Paix.
18	Neuve-Pigalle	(Voy. *Germain-Pillon*)	
5	Neuve-des-Poirées	(Voy. r. *Toullier*)	

ARR.	RUES.	TENANTS.	ABOUTISSANTS.
11	Neuve-Popincourt	Oberkampf	passage Popincourt.
19	Neuve-Pradier	Pradier	
14	Neuve-de-la-Procession	(Voy. r. *Decrès*)	
12	Neuve-de-Reuilly	Erard	boul. Mazas.
2	Neuve-St-Augustin	Richelieu	boul. des Capucines.
4	Neuve-Ste-Catherine	Val-Ste-Catherine	Payenne.
3	Neuve-St-Denis	(Voy. r. *Blondel*)	
5	Neuve-St-Etienne-du-M.	Lacépède	Contrescarpe.
2	Neuve-St-Eustache	(Voy. r. *Eginhard*)	
3	Neuve-St-François	St-Louis-Marais	Vieille-du-Temple.
5	Neuve-Ste-Geneviève	(Voy. r. *Tournefort*).	
14	Neuve-St-Jacques	Ducouëdic	Dareau.
5	Neuve-St-Médard	Gracieuse	Mouffetard.
4	Neuve-St-Merri	Temple	St-Martin.
4	Neuve-St-Paul	(Voy. r. *Charles V*)	
3	Neuve-St-Pierre	St-Gilles	des Douze-Portes.
2	Neuve-St-Sauveur	Damiette	Petit-Carreau.
18	Neuve-de-Strasbourg	boul. des Vertus	de Chabrol.
14	Neuve-de-la-Tombe-Is.	de la Tombe-Issoire	av. du Commandeur
7	Neuve-de-l'Université	de l'Université	St-Guillaume.
15	Neuve-de-Vanves	du Transit	chem. des Morillons.
7	Neuve-de-la-Vierge	de Grenelle	av. Lamothe-Piquet.
18	Neuve-Véron	(Voy. r. *Audran*)	
6	Nevers (de)	quai de Conti	d'Anjou.
10	Neveux (passage)	boul. de Strasbourg	du Faub.-St-Denis.
16	Newton	avenue Bosquet	boul. de Passy.
18	Ney (boul.)	chem. d'Aubervilliers	route de St-Denis.
11	Nice (de)	Charonne	
4	Nicolas-Flamel	de Rivoli	des Lombards.
7	Nicolet	quai d'Orsay	de l'Université.
18	Nicolet-Montmartre	ch. de Clignancourt	Bachelet.
14	Nicot	quai d'Orsay	St-Dominique.
7	Niepce	Ouest-Plaisance	Vanves.
3	Noël (cité)	de Rambuteau, 22	
17	Nollet	des Dames	Cardinet.
4	Nonnains-d'Hyères (des)	quai des Ormes	Charlemagne.
19	Nord-Villette (pass. du)	du Dépotoir	
3	Normandie (de)	de Périgueux	Charlot.
17	Notre-Dame-Batignolles	(Voy. r. *Brochant*)	
18	Notre-Dame-Montm.	St-Denis	des Saussaies.
16	Notre-Dame-Passy	(V. *Desbordes-Valm*)	
15	Notre-Dame-Vaugirard	(Voy. r. *Desnouettes*)	
4	Notre-Dame (pont)	quai de Gèvres	quai Napoléon.
2	Notre-Dame-B.-Nouvelle	Beauregard	boul. Bonne-Nouv.
6	Notre-Dame-des-Ch.	de Vaugirard	carr. de l'Observat.
8	Notre-Dame-de-Grâce	de la Madeleine	d'Anjou-St-Honoré.
9	Notre-Dame-de-Lorette	St-Lazare	Pigale.
3	Notre Dame-de-Nazar.	du Temple	St-Martin.
2	Notre-Dame-de-Recouvr.	Beauregard	boul. Bonne-Nouv.
2	Notre-Dame-des-Vict.	pl. des Petits-Pères	Montmartre.
9	Nouvel-Opéra (pl. du)	boul. des Capucines	l'Opéra.
5	Noyers (des)	pl. Maubert	St-Jacques.

O

ARR.	RUES.	TENANTS.	ABOUTISSANTS.
11	Oberkampf............	b. des Filles-du-Calv..	boul. des Couronnes.
1	Oblin.................	de Viarmes.........	Coquillière.
14	Observatoire (avenue)..	boul. Montparnasse..	à l'Observatoire.
6	Observatoire (carr. de l')	jard. du Luxembourg.	boul. Montparnasse.
6	Odéon (carr. de l').....	l'Ecole-de-Médecine..	des Quatre-Vents.
6	Odéon (place de l').....	de l'Odéon..........	Molière.
6	Odéon (de l')...........	carrefour de l'Odéon.	place de l'Odéon.
14	Odessa (cité)..........	du Départ..........	boul. Montparnasse.
8	Odiot (cité)...........	de Berri............	de l'Oratoire.
19	Oise (quai de l').......	pl. de l'Hôtel-de-Ville.	le canal de l'Ourcq.
3	Oiseaux..............	marché Enf.-Rouges..	de Beauce.
15	Olier.................	Gr.-Rue-Vaugirard...	Desnouettes.
7	Olivet (d')............	Vanneau...........	Traverse.
9	Ollivier-St-Georges.....	Faub.-Montmartre...	St-Georges.
11	Omer-Talon...........	Sevran.............	Merlin.
9	Opéra (passage de l')...	boul. des Italiens....	Lepeletier.
9	Opéra (place de l').....	boul. des Capucines..	dev. le nouv. Opéra.
18	Oran (d')..............	Ernestine...........	des Poissonniers.
5	Orangerie (de l').......	d'Orléans...........	Censier.
8	Oratoire-du-Roule (de l')	av. des Ch.-Elysées..	du Faub.-St-Honoré.
1	Oratoire-St-Hon. (de l').	de Rivoli...........	St-Honoré.
1	Orfévres (quai des).....	pont St-Michel......	pont Neuf.
1	Orfévres (des).........	St-Germain-l'Auxerr..	Jean-Lantier.
12	Orient (passage d').....	de Bercy...........	de Lyon.
20	Orillon-Belleville (de l').	boul. de Belleville...	Tourtille.
11	Orillon (impasse de l')..	de l'Orillon.........	
11	Orillon (de l').........	St-Maur............	boul. de Belleville.
4	Orléans (quai d').......	pont des Tournelles..	quai Bourbon.
14	Orléans (rout. d')......	boul. d'Arcueil......	boul. Brune.
17	Orléans-Batignolles (d').	avenue de Clichy....	de Lévis.
12	Orléans-Bercy (d').....	port de Bercy.......	Gr.-Rue-de-Bercy.
1	Orléans-St-Honoré (d')..	St-Honoré..........	des Deux-Ecus.
5	Orléans-St-Marcel (d')..	(Voy. r. *Daubenton*)..	
15	Orléans-Vaugirard (d').	des Tournelles......	chemin du Moulin.
19	Orléans-Villette (d')....	quai de la Loire.....	Allemagne.
4	Orme (de l')...........	de Mornay..........	St-Antoine.
19	Orme.................	de Romainville......	
11	Ormeaux (avenue des)..	(Voy. av. de *Bouvines*)	
11	Ormeaux (des).........	place du Trône......	de Montreuil.
20	Ormeaux-Charonne (des)	boul. de Montreuil...	Gr.-Rue-de-Montreuil
20	Ormes (des)..........	(Voy. r. *Auger*)......	
4	Ormes (quai des)......	de l'Etoile..........	Geoffroy-Lasnier.
4	Ormesson (d').........	Val-Ste-Catherine....	Culture-Ste-Cather.
15	Orne (de l')...........	de la Procession.....	du Transit.
7-15	Orsay (quai d')........	du Bac.............	chemin de ronde.
1	Orties (des)..........	d'Argenteuil........	Ste-Anne.
3	Oseille (de l').........	St-Louis............	Vieille-du-Temple.
7	Oudinot..............	Vanneau...........	boul. des Invalides.
14	Ouest-Plaisance (de l').	chaussée du Maine...	du Transit.
6	Ouest (de l')...........	Vaugirard..........	car. de l'Observatoire.
19	Ourcq (place de l').....	Faub.-St-Denis......	d'Allemagne.
1-2-3	Ours (aux)............	St-Martin..........	St-Denis.

P

ARR.	RUES.	TENANTS.	ABOUTISSANTS.
1-2	Pagevin	Jean-J.-Rousseau	des Fos.-Montmartre
5	Paillet	Soufflot	St-Jacques.
2	Paix (de la)	pl. Vendôme	b. des Capucines.
17	Paix-Batignolles (de la)	avenue de Clichy	St-Etienne.
14	Paix-Montrouge (de la)	vieille route d'Orléans	de la Voie-Verte.
19	Paix-Villette (cité de la)	de Meaux, 72	
16	Pajou	des Vignes	de l'Assomption.
1-4	Palais (boulevard du)	Pont-au-Change	pont St-Michel.
7	Palais-Boubon (pl. du)	de Bourgogne	de l'Université.
1	Palais-Royal (pl. du)	de Rivoli	Palais-Royal.
1	Palais-Royal	St Honoré	Beaujolais.
6	Palatine	Garancière	pl. St-Sulpice.
2	Palestro (de)	de Turbigo	du Caire.
20	Pali-Kao	boul. de Belleville	des Montagnes.
13	Palmyre	Hélène	
1	Panier-Fleuri (pass. du)	imp. Bourdonnais, 8.	Tirechape.
2	Panoramas (pass. des)	St-Marc	boul. Montmartre.
20	Panoyaux (des)	boul. des Amandiers	des Amandiers.
5	Panthéon (place du)	Soufflot	le Panthéon.
19	Pantin	de Romainville	boul. Serrurier.
5	Paon-St-Victor (du)	St-Victor	Traversine.
4	Paon-Blanc (du)	quai des Ormes	de l'Hôtel-de-Ville.
9	Papillon	F.-Poissonnière	de Lafayette.
13	Papin	quai d'Austerlitz	de la Gare.
3	Papin	St-Martin	b. de Sébastopol.
10	Paradis-Poissonn. (de)	Faub.-St-Denis	du F.-Poissonnière.
3-4	Paradis-au-Marais (de)	Vieille-du-Temple	du Chaume.
15	Parc (du)	(Voy. r. *Beuret*)	
3	Parc-Royal (du)	St-Louis	pl. de Thorigny.
5	Parcheminerie (de la)	St-Jacques	de la Harpe.
17	Paris-Batignolles (de)	boul. de Monceau	route d'Asnières.
19-20	Paris-Belleville (de)	boul. de la Chopinette	de Romainville.
20	Paris-Charonne (de)	boul. de Charonne.	pl. de la Mairie.
9	Parme (de	de Clichy	d'Amsterdam.
11	Parmentier (avenue)	pl. du Prince-Eugène.	St-Ambroise.
10	Parmentier	Corbeau	Alibert.
20	Partants (r. des)	des Amandiers	de Belleville.
4	Parvis-N.-Dame (pl. du)	d'Arcole	Nve-Notre-Dame.
5-13	Pascal	Mouffetard	Ch.-de-l'Alouette.
16	Passy (quai de)	de la Montagne	pont de Grenelle.
17	Passy (r. de)	St-Ferdinand	av. de la Gr.-Armée.
3	Pastourel	Grand-Chantier	du Temple.
5	Patriarches (des)	d'Orléans	de l'Épée-de-Bois.
16	Patures-Auteuil (r. des)	Cuissard	route de Versailles.
2	Paul-Lelong	N.-D.-des-Victoires	de la Banque.
16	Pauquet-de-Villejust	de Chaillot	ch. ronde de l'Etoile.
1	Pauvre-Diable (pass. du)	Montesquieu	Cloître-St-Honoré.
4	Pavée-Marais	de Rivoli	Nve-Ste-Catherine.
6	Pavée-St-André	(Voy. *Séguier*)	
20	Pavillons (des)	de Calais	de Charonne.
15	Payen	de Javel	imp. Javel.

12.

ARR.	RUES.	TENANTS.	ABOUTISSANTS.
3	Payenne..............	Francs-Bourgeois.....	du Parc-Royal.
19	Péchouin..............	boul. du Combat.....	
15	Péclet...............	Cambronne.........	de la Vierge.
4	Pecquay (pass.)........	Blancs-Manteaux, 36.	de Rambuteau.
2	Peintres (imp. des).....	St-Denis, 218........	
11	Pelée (r elle)..........	P.-Rue-St-Pierre, 28.	
1	Pélerins-S-Jacques (des)	Cloitre-St-Jacques...	Mondétour.
1	Pélican (du)...........	Grenelle-St-Honoré..	Cr.-des-P.-Champs.
4	Pelleterie (de la).......	de la Cité..........	
16	Pelouse (de la)........	Nve-de-la-Pelouse...	av. Grande-Armée.
18	Penel (pass.)..........	de la Glacière.......	du Ruisseau.
8	Penthièvre (de)........	Ville-l'Evêque.......	du F.-St-Honoré.
8	Pépinière (de la).......	de l'Arcade.........	du F.-St-Honoré.
14	Pépinière-Montr. (de la)	route d'Orléans......	chaussée du Maine
4	Percée-St-Antoine......	Charlemagne........	St-Antoine.
14	Perceval-Plaisance.....	de la Gaîté.........	de l'Ouest.
16	Perchamps (des).......	de la Fontaine.......	Molière.
16	Perchamps (pl. des)....	des Perchamps......	de Magenta.
3	Perche (du)...........	Vieille-du-Temple....	Charlot.
8	Percier (avenue).......	de la Pépinière......	aven. de Munich.
9	Percier...............	(Voy. r. *Mansart*)....	
17	Pereire (boul.).........	pl. de Courcelles.....	av. de la Gr.-Armée.
7-15	Pérignon.............	aven. de Saxe.......	boul. de Sèvres.
3	Périgueux (de).........	de Bretagne.........	St-Louis.
3	Perle (de la)..........	de Thorigny.........	Vieille-du-Temple.
4	Pernelle..............	St-Bon............	b. de Sébastopol.
14	Pernetty-Plaisance.....	de Constantine......	de l'Ouest.
4	Perpignan (de)........	des Marmousets.....	des Trois-Canettes.
3	Perrée...............	Cafarelli...........	du Temple.
14	Perrel-Plaisance.......	de Constantine......	B[illegible]ttière.
15	Petel................	de Sèvres..........	B[illegible]net.
12	Pet.-Chât.-Bercy (a. du).	Laroche............	de Bercy.
2	Petit-Carreau (du).....	St-Sauveur.........	de Cléry.
13	Petit-Champ (du)......	Champ-de-l'Allouette.	de la Glacière.
2	Petit-Lion-St-Sauveur..	St-Denis...........	Montorgueil.
5	Petit-Moine (du).......	Scipion...........	Mouffetard.
4	Petit-Musc (du).......	quai des Célestins....	St-Antoine.
16	Petit-Parc (du)........	aven. d'Eylau.......	av. de la Gr.-Armée.
5	Petit-Pont (place du)...	quai St-Michel.......	du Petit-Pont.
4	Pet.-P.-de-l'Hôtel-Dieu.	quai du March.-Neuf.	quai St-Michel.
5	Petit-Pont (du)........	de la Bûcherie.......	St-Séverin.
13	Petite-Rue-Ste-Anne...	de la Glacière.......	de la Santé.
6	Petite-Rue-du-Bac.....	(Voy. r. *Dupin*).....	
13	Petite-Rue-du-Banquier.	du Banquier.........	b. de l'Hôpital.
6	P.-Bouch. (pass. de la)..	de l'Abbaye, 1.......	Gozlin, 6.
7	Petite-Rue-Chevert.....	(Voy. r. *Bougainville*)	
3	Petite-Corderie (de la).	pl. de la r. du Temple	pl. de la Corderie.
16	Petite-Fontaine (de la)..	(Voy. r. *Dangeau*)...	
19	Petite-Rue-d'Isly.......	boul. de la Villette...	r. Tanger.
18	Petite-Rue-St-Denis....	Marcadet...........	boul. Ney.
17	Petite-Rue-de l'Eglise..	(Voy. r. *Mariotte*)....	
20	Petite-Rue-de-Fontarab.	(Voy. r. *Galleron*)...	
18	Pet.-Rue-des-Moulins..	du Vieux-Chemin....	r. Lepic.
11	Petite-Rue-St-Pierre....	b. Beaumarchais.....	du Chemin-Vert.
13	Pet.-R.-du-Pot-au-Lait.	de la Glacière.......	du Pot-au-Lait.

ARR.	RUES.	TENANTS.	ABOUTISSANTS.
15	Pet.-R.-de-la-Procession	(Voy. r. *La Quintinie*).	
12	Pet.-Rue-de-Reuilly....	(Voy. r. *Erard*)......	
18	Petite-Rue-Royale.....	(Voy. r. *Houdon*)....	
6	Petite-Rue-Taranne....	(V. *Bernard-Palissy*).	
15	Pet.-R.-des-Tournelles..	(Voy. r. *Marmontel*).	
1	Pet.-Truanderie (de la).	Mondétour..........	Grande-Truanderie.
10	Pet.-Ecur. (cour et pas.)	du Faub.-St-Denis...	d'Enghien.
10	Petites-Ecuries (des)...	du Faub.-St-Denis...	F.-Poissonnière.
3	Petits-Champs (des)....	(Voy. r. *Brantôme*)...	
19	Petits-Chaumonts (des).	Hassard...........	des Allouettes.
10	Petits-Hôtels (des).....	place Lafayette......	boul. de Magenta.
2	Petits-Pères (pass. des).	de la Banque........	pl. des Petits-Pères.
2	Petits-Pères (pl. des)...	des Petits-Pères......	église des Pet.-Pères.
2	Petits-Pères (des)......	de la Banque........	pl. des Petits-Pères.
16	Pétrarque...........	Scheffer............	
9	Pétrelle..............	Faub.-Poissonnière..	Rochechouart.
13	Peupliers (chemin des).	ch. du Moul.-des-Prés	boul. Kellerman.
3	Phélipeaux...........	du Temple..........	Volta.
11	Philippe-Auguste (boul.)	pl. du Trône........	boul. Fontarabie.
20	Piat................	Paris-Belleville......	Vilin.
13	Picard..............	q. de la Gare........	du Chevaleret.
12	Picpus (boul. de)......	Picpus............	av. du Bel-Air.
12	Picpus (de)...........	Faub.-St-Antoine....	boul. de Picpus.
18	Piémontési (pas.)......	Houdon............	p. de l'Elys. B.-Arts.
13	Pierre-Assis..........	Mouffetard..........	St-Hippolyte.
4	Pierre-au-Lard.........	Nve-St-Merri.......	du Poirier.
11	Pierre-Levée..........	Trois-Bornes........	Fontaine-au-Roi.
5	Pierre-Lombard........	pl. de la Collégiale..	Mouffetard.
18	Pierre-Picard..........	ch. de Clignancourt..	pl. St-Pierre.
6	Pierre-Sarrazin........	b. Sébastopol.......	Hautefeuille.
18	Pigalle (boul.).........	pl. de la barr. Montm	pl. de la barr. Bl.
9	Pigalle (pl.)...........	ch. de r. de Montm..	Pigale.
9	Pigalle (cité).........	Pigalle, 43..........	
9	Pigalle..............	Blanche............	pl. de la b. Montm.
13	Pinel................	b. de l'Hôpital.......	pl. de la b. d'Ivry.
1	Pirouette............	de Rambuteau......	Mondétour.
11	Piver (pass.).........	F.-du-Temple.......	de l'Orillon.
19	Place-Bellev. (r. de la)..	Beaune.......... ..	r. Compans.
17	Plaine (de la)..........	av. des Ternes......	de l'Arc-de-Tr.
20	Plaine (de la)..........	des Quatre-Jardin...	les Champs.
8	Plaisance (av. de)......	av. de Munich.......	Messine.
16	Planchettes (r. des).....	de la Tour..........	du Moulin.
3	Planchette (imp. de la).	St-Martin, 326.......	
12	Planchette (de la)......	(Voy. r. *Biscornet*)...	
12	Planch. (ruelle de la)...	de Charenton, 210...	boul. de Bercy.
16	Planchette-Passy.......	(Voy. r. *Bellini*)....	
14	Plantes (chem. des)....	Bénard............	boul. Brune.
1	Plat-d'Etain (du).......	des Lavandières.....	des Déchargeurs.
19	Plateau (du)..........	Fessard............	des Alouettes.
4	Plâtre-au-Marais (du)..	de l'Homme-Armé...	du Temple.
5	Plâtre-St-Jacques (du)..	(Voy. r. *Domat*).....	
15	Plumet-Vaugirard......	de la Procession.....	
14	Poinsot.............	Nve-du-Maine.......	b. de Vanves.
16	Point-du-Jour (pl. du)..	route de Versailles...	Vile route de Sèvres.
1	P.-St-Eustache (pl. de la)	Montmartre.........	de Rambuteau.

ARR.	RUES.	TENANTS.	ABOUTISSANTS.
5	Poirées (des)...........	(V. r. *Gerson*).	
18	Poir.-Montmartre (du)..	Berthe..............	du Vieux-Chemin.
4	Poirier (du)...........	Nve-St-Merri........	Simon-le-Franc.
18	Poiriers (des)..........	G.-R.-Chap........	
20	Poiriers (des)..........	Richer..............	du Progrès.
17	Poisson................	av. de la G.-Armée..	rd. p. de Ferdinanv.
2	Poissonnière...........	de Cléry............	b. Bonne-Nouvelle.
2-9	Poissonnière (boul.)....	Poissonnière........	du F.-Montmartre.
9	Poissonnière (ch. de r.).	F.-Poissonnière.....	Rochechouart.
9-10	Poissonnière (du F.)....	b. Poissonnière......	anc. b. Poissonnière.
18	Poissonniers (des)......	b. La Chapelle......	boul. Ney.
18	Poissonniers (b. des)....	des Poissonniers.....	ch. de Clignancourt.
5	Poissy (de)............	q. de la Tournelle...	St-Victor.
6	Poitevins (des).........	Hautefeuille........	Serpente.
7	Poitiers (de)...........	q. d'Orsay..........	de l'Université.
3	Poitou (de)............	Vieille-du-Temple...	Charlot.
5	Poliveau...............	b. de l'Hôpital......	Geoffroy-St-Hil.
18	Polonceau..............	de Jessaint.........	des Poissonniers.
18	Pomp.-Momtm. (de la).	du Ruisseau........	les Champs.
16	Pompe-Passy (de la)....	Grande-Rue........	av. de la Gr.-Armée.
10	Pompe (de la)..........	(V. r. *Bouchardon*)..	
16	Pompe-à-Feu (pas. de la)	q. de Billy.........	de Chaillot.
2	Ponceau (pass. du).....	b. Sébastopol.......	St-Denis.
2-3	Ponceau (du)...........	St-Martin...........	St-Denis.
12	Poniatowski (boul.)....	q. de Bercy.........	porte de Picpus.
5	Pont-aux-Biches (du)...	Censier.............	Fer-à-Moulin.
3	Pont-aux-Choux (du)....	b. Beaumarchais....	St-Louis.
15	Pont-de-Gren. (pl. du)..	q. de Grenelle......	q. de Javel.
15	Pont-de-Grenelle (du)..	(V. r. *Linois*).......	
6	Pont-de-Lodi (du)......	Grands-Augustins...	Dauphine.
4	P. Louis-Philippe (du)..	q. de la Grève......	St-Antoine.
1-6	Pont-Neuf.............	q. de l'Ecole........	q. Conti
6	Pont-neuf (pass. du)....	Mazarine...........	de Seine.
1	Pont-Neuf (pl. du).....	sur le Pont-Neuf.....	
15	Pont-de-Turbigo (du)...	(V. r. *Brancion*).....	
8	Ponthieu (de)..........	av. de Matignon....	de Berri.
5	Pontoise (de)..........	q. de la Tournelle...	St-Victor.
11	Popincourt.............	de la Roquette......	r. Oberkampf.
11	Popincourt (cité).......	Popincourt, 70......	
11	Popincourt (pass.)......	Popincourt.........	Nve-Popincourt.
8	Portalis (av.)..........	de la Pépinière......	de la Bienfaisance.
3	Portefoin..............	Enfants-Rouges.....	du Temple.
12	Port-de-Bercy.........	q. de la Rapée.....	Grange-aux-Merciers.
2	Port Mahon (de).......	Nve-St-Augustin....	Louis-le-Grand.
17	Port-St-Ouen (du).....	av. de Clichy.......	chemin des Bœufs.
5-14	Port-Royal (de)........	du F.-St-Jacques....	d'Enfer.
16-17	Porte-Maillot (av. de la).	(V. av de la G.-Arm.)	
18	Portes-Blanches (des)...	des Poissonniers....	du Ruisseau.
16	Possoz (pl.)...........	Guichard...........	St-Clair.
5	Postes (pass. des)......	des Postes..........	Mouffetard.
5	Postes (des)...........	pl. de l'Estrapade...	de l'Arbalète.
5	Pot-de-Fer-St-Marcel...	Mouffetard.........	des Postes.
13	Pot-au-Lait (du).......	de la Glacière.......	b. Kellerman.
18	Poteau (du)............	du Ruisseau........	boul. Ney.
4	Poterie-des-Arcis.......	de Rivoli..........	de la Verrerie.

ARR.	RUES.	TENANTS.	ABOUTISSANTS.
1	Poterie-des-Halles (de la)	de la Lingerie.......	[illegible]onnellerie.
1	Potier (pass.)..........	de Mont[illegible]er......	d[illegible]elieu.
5	Poules (des)..........	Vieille Estrapade....	[illegible]i-Parle.
18	Poulet..............	des Poissonniers....	c[illegible]nancourt.
4	Poulletier............	q. de Béthune.......	q. [illegible]jou.
4	Pourtour-St-Gervais....	Église-St-Gervais....	pl. Beaudoyer.
15	Pourt.-Eglise-Gren.....	du Transit..........	des Entrepreneurs.
15	Pourt.-du-Th.-Gren....	Croix-Nivert........	de la Vierge.
16	Poussin...............	Lekain.............	b. Montmorency.
19	Pradier..............	r. Rébeval..........	Fessart.
19	Pré..................	de Paris-Belleville...	b. Serrurier.
18	Pré-Maudit (du).......	G.-R.-Chapelle......	
1	Prêcheurs (des)........	St-Denis...........	Halles-Centrales.
19	Prés-St-Gervais (des)...	du Dépotoir.........	b. Serrurier.
20	Pressoir (du)..........	de Constantine......	des Couronnes.
18	Pressoir (c. du)........	pl. du Tertre, 1.....	r. Compans, 2.
14	Prêtres (ch. des).......	Dareau.............	b. Jourdan.
5	Prêt.-St-Et.-du-Mont...	Descartes..........	Mont.-Ste-Genev.
1	Prêt.-St-Germ-l'Auxer..	pl. des Tr.-Maries...	pl. du Louvre.
5	Prêt.-St-Séverin (des)...	St-Séverin..........	Parcheminerie.
14	Prez-Plaisance (r. de)..	Constantine.........	Ouest.
11	Prince-Eug. (boul. du)..	pl. du Trône........	b. du Temple.
11	Prince-Eug. (pl. du)...	de la Roquette......	Mairie du 11e arr.
17	Prince-Jérôme (av. du).	pl. de l'Etoile.......	Acacias.
2	Princes (pass des).....	de Richelieu........	b. des Italiens, 7.
6	Princesse............	du Four............	Guisarde.
15	Procession (pass. de la).	ch. des Fourneaux...	pass. des Fourneaux.
14-15	Procession (de la).....	G.-R.-Vaugirard....	de Vanves.
14	Procession-Montr. (de la)	de Vanves.........	
20	Progrès (pass. du)......	Robineau...........	du Poirier.
17	Prony (de)...........	b. Monceaux........	b. Pereire.
17	Promenade (pl. de la)..	des Moines.........	du Cardinet.
18	Propriétaires (des).....	Marcadet...........	des Poissonniers.
1	Prouvaires (des)........	St-Honoré..........	les Halles-Centr.
1	Provençaux (imp. des)..	de l'Arbre-Sec, 16. .	
9	Provence (de).........	F.-Montmartre......	Chauss.-d'Antin.
19	Puebla...............	b. Butte-Chaumont..	de Paris-Bellev.
18	Puget...............	Lepic.............	b. Pigalle.
19	Puits (imp. du)........	Rébeval...........	
4	Puits-Blanc-Mant. (du)..	Ste-Croix-Bretonn...	des Bl.-Manteaux.
16	Puits-Artésien (du).....	av. d'Eylau.........	b. Lannes.
5	Puits-de-l'Ermite (pl. du)	Puits-de-l'Ermite...	prison de Ste-Pélagie
5	Puits-de-l'Ermite (du)..	du Battoir..........	Gracieuse.
5	Puits-qui-Parle (du)....	Tournefort..........	des Postes.
17	Puteaux.............	(V. r. d'*Arcet*)......	
8	Puteaux (pass.).........	de la Madeleine.....	de l'Arcade.
4	Putigneux (imp.)......	Geoffroy-Lasnier.....	
1	Pyramides (des)........	pl. de Rivoli.........	St-Honoré.

Q

ARR.	RUES.	TENANTS.	ABOUTISSANTS.
17	Quadrilatère-Batign. (p).	b. Malesherbes......	les Champs.
12	Quatre-Bornes (des)....	av. du Bel-Air.......	b. Soult.
12	Quatre-Chemins (des)..	de Reuilly..........	ch. de r. de Char.

ARR.	RUES.	TENANTS.	ABOUTISSANTS.
3	Quatre-Fils (des).......	Vieille-du-Temple...	Grand-Chantier.
20	Quatre-Jardiniers (des).	G.-R.-de-Montreuil...	de Lagny.
6	Quatre-Vents (des).....	de Condé..........	de Seine.
15	Quinault..............	Pourt.-du-Théâtre...	Mademoiselle.
3-4	Quincampoix..........	des Lombards.......	aux Ours.
12	Quinze-Vingts (pass. des)	de Lyon...........	Moreau.

R

ARR.	RUES.	TENANTS.	ABOUTISSANTS.
8	Rabelais...............	de Matignon........	de Montaigne.
6	Racine...............	b. Séba topol, r. g...	pl. de l'Odéon.
1	Radziwill (pass.).......	de Valois..........	Nve-desB.-Enfants.
16	Raffet................	de la Source........	sent. de la Glacière.
12	Rambouillet (de).......	de Bercy..........	de Charenton.
1-4	Rambuteau (de).......	du Chaume.........	Pointe-St-Eustache.
2	Rameau..............	de Richelieu........	Ste-Anne.
11	Rampon..............	Fossés-du-Temple...	q. Valmy.
16	Ranelagh (boul.).......	(V. av. *Raphaël*)....	
16	Ranelagh (du).........	q. de Passy.........	de la Glacère.
12	Raoul...............	ch. de Reuilly.......	ch. des Marais.
12	Rapée (boul. de la).....	port de Bercy.......	G.-R.-de-Bercy.
12	Rapée (q. de la).......	ch. de r. de la Rapée.	pl. Mazas.
16	Raphael (av.)..........	porte de la Muette...	porte de Passy.
7	Rapp (av.)...........	q. d'Orsay.........	av. de la Bourdonn.
20	Retrait (du)...........	chauss. Ménilmont...	des Partants.
20	Rats-Charonne (des)...	b. de Fontarabie.....	St-André.
11	Rats (des)............	Folie-Regnault......	b. des Amandiers.
1	Réale (de la)..........	de Rambuteau......	Grande-Truand.
2-3	Réaumur............	Volta..............	St.-Denis.
19	Rébeval (imp.).........	r. Rébeval.........	
19	Rébeval...............	r. de Paris........	b. du Combat.
10	Récollets (des)........	q. de Valmy........	F.-St-Martin.
6	Regard (du)..........	du-Cherche-Midi....	de Vaugirard.
6	Régnard.............	pl. de l'Odéon......	de Condé.
5	Reims (de)...........	des Sept-Voies......	Charretière.
8	Reine (cours la).......	pl. de la Concorde...	pont de l'Alma.
13	Reine-Blanche (de la),..	Fossés-St-Marcel....	Mouffetard.
1	R.-de-Hongrie (p. de la)	Montmartre.........	Montorgueil.
8	R.-Hortense (av. de la).	pl. de l'Etoile.......	de Courcelles.
1	Rempart (du)..........	St-Honoré..........	de Richelieu.
20	Remparts (des).........	b. Davoust.........	Vlle-R.-de-Montreuil.
19	Renard (pass. du)......	de Paris-Belleville...	Rébeval.
2	Renard (pass. du)......	St-Denis...........	du Renard.
4	Renard-St-Merri (du)...	de la Verrerie......	Nve-Ste-Merri.
2	Renard-St-Sauv. (du)..	St-Denis...........	des Deux-Portes.
17	Renaudes (des)........	b. de Courcelles.....	des Dames.
12	Rendez-vous (du)......	av. du Bel-Air......	b. St-Mandé.
17	Rennequin............	des Dames.........	de Louvain.
6	Rennes (de)..........	N.-D.-des-Champs...	b. Montparnasse.
16	Réservoirs-Passy (des)..	b. de Longchamps...	du Moulin.
16	Réservoirs (imp. des)...	de Chaillot, 31......	
5	Restaut.............	pl. Gerson.........	des Cordiers.
12	Reuilly (de)..........	F.-St-Antoine.......	anc. b. de Reuilly.
12	Reuilly (boul. de)......	ch. de Reuilly.......	Picpus.

ARR.	RUES.	TENANTS.	ABOUTISSANTS.
2	Reuilly (pass. de)......	Erard, 21..........	b. de Mazas.
1	Réunion-Aut. (de la)...	(V. r. *Jouvenet*).....	
	Réunion-Aut. (imp. de la)	de la Réunion.......	G.-R.-de-Mont.
	Réunion-Char. (de la)..	pl. de la Réunion....	
	Réunion (pass. de la)...	St-Martin..........	imp. des Anglais.
	Réunion-Char. (p. de la)	du Centre.........	de la Réunion.
	Réunion (villa de la)...	route de Versail., 20.	de la Réunion.
	Révolte (b. de la)......	porte de Sablonville.	porte de la Révolte.
	Révolte (route de la)....	b. Gouvion-St-Cyr...	au Glacis.
	Ribet (imp.)...........	Croix-Nivert, 29.....	
	Riblette..............	St Germain.........	de Vincennes.
	Ribouté...............	Bleue..............	de Lafayette.
	Rich.-Lenoir (boul.)....	pl. de la Bastille.....	F.-du-Temple.
	Richard-Lenoir........	de Charonne........	de la Roquette.
	Richelieu (de)........	St Honoré..........	b. Montmartre.
	Richepance...........	St-Honoré..........	Duphot.
	Richer (gal.)..........	Geoffroy-Marie......	Richer.
	Richer...............	F.-Poissonnière.....	F.-Montmartre.
20	Richer-Charonne.......	des Partants........	du Poirier.
10	Richerand (av.)........	q. Jemmapes........	Bichat.
18	Richomme...........	r. des Gardes........	des Couronnes.
20	Rigoles (des)..........	de Paris-Belleville...	de Calais.
8	Rigny (de)...........	b. Malesherbes......	St-Jean-Baptiste.
10	Riverin (cité)..........	de Bondy...........	Château-d'Eau.
20	Rivière (pass.).........	des Panoyaux.......	des Cendriers.
1	Rivoli (pl. de).........	de Rivoli..........	des Pyramides.
-5	Rivoli (de)............	Cult.-Ste-Catherine..	St-Florentin.
20	Rivoli-Bellev..........	Vilin..............	square Napoléon.
18	Robert (imp.)..........	du Poteau, 39.......	
18	Robert...............	Aubervilliers........	Nve-du-Bon-Puits.
20	Robineau............	Désirée...........	ruelle des Oiseaux.
20	Robinson............	des Champs.........	cour des Noues.
16	Roc-Passy (du)........	de Seine...........	Guillon.
9	Rochechouart..........	Lamartine..........	b. Rochechouart.
9-18	Rochechouart (boul.)...	chauss. de Clignanc..	ch. des Martyrs.
8	Rocher (du)...........	de la Pépinière......	b. de Monceau.
10	Rocroi (de)...........	d'Abbeville.........	b de Magenta.
9	Rodier...............	Tour-d'Auvergne....	av. Trudaine.
14	Roger...............	du Champ-d'Asile...	de la Pépinière.
6	Rohan (cour de).......	du Jardinet.........	c. du Commerce.
1	Rohan (de)...........	de Rivoli..........	St-Honoré.
3	Roi-Doré (du).........	St-Louis...........	St-Gervais.
16	Roi-de-Rome (av. du)..	pl. de l'Etoile.......	Galilée.
4	Roi-de-Sicile (du)......	St-Antoine.........	Vieile-du-Temple.
1	Rolin-Prend-Gage (imp.).	des Lavandières, 37..	
19	Romainville (de).......	de Paris-Bellev......	porte de Romainv
3	Rome (pass. de).......	des Gravilliers......	des Vertus.
20	Ronce-Char. (imp.).....	des Amandiers, 24...	
20	Ronce-Ménilm. (pass.)..	des Couronnes......	de Kabylie.
16	Rond-Point de St-Cloud.	av. de St-Cloud.....	av. de Malakoff.
15	Rond-P. des Tournelles.	(V. pl. d'*Alleray*)....	
8	Roquepine...........	d'Astorg...........	b. Malesherbes.
11	Roquette (av. de la)....	de Charonne........	de la Roquette.
11	Roquette (de la).......	pl. de la Bastille....	ch. de r. d'Aunay.
15	Rosière (de la).......	des Entrepreneurs....	de Javel.

ARR.	RUES.	TENANTS.	ABOUTISSANTS.
18	Rosiers-Chap. (des)....	Grande-Rue.........	pl. Hébert.
4	Rosiers (des)..........	Pavée..............	V.-du-Temple.
20	Rosiers (pass. des).....	des Panoyaux.......	des Cendriers.
16	Rossini (boul).........	(Voy. av. *Ingres*).....	
9	Rossini..............	Grange-Batelière.....	Laffitte.
3	Rotonde-du-T. (pl. de la)	Cafarelli...........	Dupetit-Thouars.
10	Roubaix (pl. de).......	St-Quentin..........	gare d. ch. d. f. d. N
11	Roubo...............	F.-St-Antoine........	de Montreuil.
15	Rouelle..............	de Grenelle..........	q. de Grenelle.
19	Rouen (de)...........	de Flandre..........	quai de Seine.
9	Rougemont (de).......	b. Poissonnière......	Bergère.
1	Roule (du)...........	de Rivoli...........	St-Honoré.
17	Roussel-Batignolles....	Cardinet............	
7	Rousselet............	Oudinot............	de Sèvres.
19	Rouvet..............	Flandre............	q. de la Gironde.
1	Royal (pont).........	q. des Tuileries......	quai d'Orsay.
4	Royale (pl.).........	de Birague..........	des Vosges.
4	Royale-St-Antoine.....	(Voy. r. de *Birague*).	
8	Royale-St-Honoré......	pl. de la Concorde...	pl de la Madeleine.
19	Royale-Villette........	de Flandre..........	d'Allemagne.
5	Royer-Collard........	St-Jacques..........	b. Sébastopol, r. g.
13	Rubens..............	du Banquier.........	b. de l'Hôpital.
18	Ruisseau (du)........	Marcadet...........	b. Ney.

S

ARR.	RUES.	TENANTS.	ABOUTISSANTS.
14	Sablière (de la)........	ch. du Maine........	Terr.-aux-Lapins.
15	Sablonnière (de la).....	de Mademoiselle.....	de Sèvres.
6	Sabot (du)...........	Bernard-Palissy......	du Four.
11	St-Ambroise (imp.).....	St-Ambroise.........	av. Parmentier.
11	St-Ambroise..........	Popincourt..........	St-Maur.
3	Ste-Anastase..........	St-Louis............	St-Gervais.
20	St-André-Charonne.....	b. de Fontarabie.....	
18	St-André-Montmartre..	ch. Clignancourt.....	pl. St-Pierre.
16	St-André............	(Voy r. *Cimarosa*)....	
6	St-André (boul.).......	pl. St-Michel........	pl. St-And.-des-Arts.
6	St-André-d.-Arts (pl. de)	St-André-des-Arts....	Hautefeuille.
6	St-André-des-Arts......	pl. St-André-des-Arts.	r. de l'Anc.-Comédie.
18	St-Ange (place).......	r. de la Charbonnière.	
16	St-Ange.............	(Voy. r. *Le Sueur*)....	
1-2	Ste-Anne............	Anglade............	N.-St-Augustin.
14	Ste-Anne (av.).........	(Voy. r. *Ferrus*).....	
11	Ste-Anne (pass.).......	St-Pierre...........	q. de Valmy.
2	Ste-Anne(pass).......	Ste-Anne...........	pass. Choiseul.
12	Ste-Anne............	av. du Petit-Château.	Léopold.
1-2	Ste-Anne............	d'Anglade..........	N.-St-Augustin.
11-12	St-Antoine (Faub.).....	pl. de la Bastille.....	pl. du Trône.
12	St-Antoine (ch. de)....	boul. de Picpus......	ch. des Marais.
11	St-Antoine (pass.)......	pass. Josset.........	de Charonne.
4	St-Antoine...........	pl. Beaudoyer.......	boul. Beaumarchais.
2-3	Ste-Appolline.........	St-Martin...........	St-Denis.
2	St-Arnaud...........	N.-des-Capucines....	N.-St-Augustin.
3	Ste-Avoie (pass.)......	Rambuteau.........	du Temple.

ARR.	RUES.	TENANTS.	ABOUTISSANTS.
17	Saussure	des Dames	b. Berthier.
19	Sauvage (p.)	d'Allemagne	de Meaux.
6	Savoie	Séguier	Gr.-Augustins.
7-15	Saxe (av. de)	pl. Fontenoy	de Sèvres.
7	Saxe (imp. de)	av. de Saxe, 21	
9	Say	Bochard-de-Saron	Beauregard.
16	Scheffer	Vineuse	Pompe.
4	Schomberg	b. Morland	de Sully.
14	Schomer-Plaisance	de Constantine	de Vanves.
5	Scipion (pl.)	Scipion	Fer-à-Moulin.
5	Scipion	Fer-à-Moulin	Francs-Bourg ois.
9	Scribe	b. des Capucines	Nv-des-Mathurins.
19	Sébastopol-Villette	d'Allemagne	de Meaux.
1-2-3-4	Sébastopol R.D. (boul.)	pl. du Châtelet	b. St-Denis.
5-6	Sébastopol R. G. (boul.)	pont St-Michel	carr. de l'Observat.
11	Sedaine	b. Richard-Lenoir	b. du Prince-Eugène.
19	Sédan (de)	d'Allemagne	q. de la Marne.
6	Séguier	q. des Gr.-Augustins	St-André-des-Arts.
17	Séguin	b. Pereire	b. Berthier.
7	Ségur (av. de)	pl. Vauban	av. de Saxe.
6	Seine (de)	q. Malaquais	St-Sulpice.
16	Seine-Auteuil (de)	(V. Wilhem.)	
16	Seine-Passy	q. de Passy	r. du Roc.
19	Seine-Villette (q. de)	de Flandre	de Bordeaux.
2	Sentier (du)	de Cléry	b. Poissonnière.
12	Sentier-St-Ant	b. Picpus	chem. des Marais.
5	Sept-Voies (des)	Ecole-Polytechnique	pl. du Panthéon.
6	Serpente	b. Sébastopol	de l'Eperon.
10	Serrurier (b.)	porte de Romainville	q. de la Sambre.
11	Servan	de la Roquette	des Amandiers.
6	Servandoni	Palatine	de Vaugirard.
15	Sèvres (b. de)	de Sèvres	pl. Cambronn.
6-7-15	Sèvres	carr. de la Croix-R.	b. de Sèvres.
15	Sèvres-Vaugirard (de)	b. Vaugirard	b. Victor.
15	Sèvres (p. de)	de Sèvres	b. de Sèvres.
9	Sèze (de)	Basse-du-Rempart	pl. de la Madeleine.
18	Simart	Labat	Marcadet.
4	Simon-le-Franc	du Temple	Beaubourg.
20	Simoniens (p. d. Sts-)	de la Duée	de Calais.
16	Singer	Basse-Passy	Boulainvilliers.
4	Singes (p. des)	Vieille-du-Temple	des Singes.
4	Singes (des)	Ste-Croix-Bretonn	des Blancs-Manteaux.
17	Soffroy	av. Clichy	Balagny.
19	Soissons (de)	de Flandre	q. de Seine.
1	Solférino (pont de)	q. des Tuileries	q. d'Orsay.
19	Solitaires (des)	de la Villette	de Beaune.
2	Soly	de la Jussienne	Vieux-Augustins.
5	Sorbonne (p.)	des Maçons	de Sorbonne.
5	Sorbonne (pl.)	de la Sorbonne	b. Sébastopol R. G
5	Sorbonne	des Mathurins	pl. Sorbonne.
5	Soufflot	pl. du Panthéon	b. Sébastopol R. G.
12	Soulages	port de Bercy	Gr.-Rue-Bercy.
12	Soult (b.)	porte de Picpus	porte de Vincennes.
20	Soupirs (p. des)	du Ratrait	de la Chine.

ARR.	RUES.	TENANTS.	ABOUTISSANTS.
2	Ste-Barbe............	Beauregard..........	b. Bonne-Nouvelle.
6	St-Benoit (carr.).......	St-Benoit............	Gozlin.
6	St-Ben.-St-Germ. (pass.)	St-Benoit............	pl. St-G.-des-Prés.
6	St-Benoit-St-Germ.. ...	Jacob..............	Gozlin.
11	St-Bernard (imp.)......	St-Bernard..........	
11	St-Bernard (pass.)... .	du F.-St-Antoine.....	Charonne.
5	St-Bernard (quai)......	pont d'Austerlitz.....	pont de la Tournelle.
11	St-Bernard	du F.-St-Antoine.....	de Charonne.
4	St-Bon	de Rivoli...........	de la Verrerie.
5	Ste-Catherine..........	Paillet.............	Royer-Collard.
9	Ste-Cécile............	F.-Poissonnière	Conservatoire.
1	Ste-Chapelle	q. des Orfévres.......	boul. de Palais.
15	St-Charles (av.).......	de Javel............	b. Lefèvre.
17	St-Charles-Batignolles..	(Voy. r. *Bridaine*)....	
18	St-Charles-Chapelle ...	de la Goutte-d'Or....	des Couronnes.
17	St-Charles-Ternes......	(Voy. r. *Vernier*)	
15	St-Charles-Vaugirard...	Blomet.............	de Vaugirard.
4	St-Christophe	parvis N.-Dame......	de la Cité.
16	Ste-Claire	pl. Possoz..........	de la Pompe.
3	St-Claude (imp.).......	St-Claude...........	
2	St-Cl.-Montmart. (imp.)	Montmartre	
17	St-Claude-Batignolles...	(Voy. r. *Galvani*).....	
3	St-Claude-Marais......	b. Beaumarchais.....	St-Louis.
2	St-Cl.-B.-Nouvelle.....	(Voy. r. *Chénier*)....	
16	St-Cloud (av. de)......	(Voy. av. d'*Eylau*)...	
4	Ste-Croix-Cité	St-Gervais-Laurent...	Constantine.
4	Ste-Cr.-de-la-Br. (pass.)	des Billettes.........	Ste-Croix.
4	Ste-Cr.-de-la-Bretonner.	Vieille-du-Temple....	du Temple.
16	St-Denis (av. de).......	(Voy. av. de *Malakoff*)	
2,3,10	St-Denis (boul.).......	St-Martin...........	St-Denis.
10	St-Denis (ch. de ronde).	du F.-St-Denis.......	du F.-Poissonnière.
10	St-Denis (faub.).......	boul. St-Denis..	anc. barr. St-Denis.
19	St-Denis-Belleville	de Paris	de la Villette.
18	St-Denis-Montmartre...	pl. du Tertre........	Marcadet.
1-2	St-Denis..............	pl. du Châtelet	b. Bonne-Nouvelle.
11	St-Denis-St-Antoine....	du F.-St-Antoine.....	de Montreuil.
19	St-Denis-Villette.......	de Flandre..........	ch. de St-Ouen.
16	St-Didier	av. de Malakoff......	av. d'Eylau.
5	St-Dominique (imp.)...	r. Royer-Collard	
7	St-Dominique (pass.)...	St-Dominique........	Gren.-St-Germain.
7	St-Dominique..........	des Sts-Pères.......	av. de la Bourdonnaie
3	Ste-Elisabeth..........	Font.-du-Temple.....	Vertbois.
17	Ste-Elisabeth-Batign....	(Voy. r. *Davy*)..	
17	St-Etienne............	(Voy. r. *Dulong*).....	
2	St-Et.-de-B.-Nouv......	Beauregard..........	b. de Bonne-Nouvelle.
5	St-Et.-des-Grès........	pl. du Panthéon	St-Jacques.
5	St-Et.-du-Mont	Lacépède...........	de la Contescarpe.
15	Ste-Eugénie (av.)......	des Vignes	en Impasse.
14	Ste-Eugénie...........	du Géorama	du Moulin-Vert.
1	St-Eustache (place)....	dev. l'égl. St-Eustac..	égl. St-Eustache.
20	St-Fargeau	de Charonne.........	boul. Mortier.
17	St-Ferdinand..........	av. des Ternes.......	aven. de la Gr.-Armée.
2	St-Fiacre.............	des Jeûneurs	boul. Poissonnière.
15	St-Fiacre-Vaugirard ...	(Voy. r. *Miollis*)......	
1-8	St-Florentin..........	pl. de la Concorde....	St-Honoré.

ARR.	RUES.	TENANTS.	ABOUTISSANTS.
2	**Ste-Foy**	des Filles-Dieu	St-Denis.
12	St-François	r. Moreau	
16	Ste-Geneviève (pl.)	Wilhem	
5	Ste Geneviève (pl.)	Égl.-St-Et.-du-Mont	Panthéon.
13	Ste-Geneviève	(Voy. r. *Keppler*)	
19	Ste-Geneviève	des Prés	de Beaune.
8	Ste-Geneviève	de Chaillot	Galilée.
9	St-Georges (pl.)	St-Georges	
17	St-Georges	av. de Clichy	Ste-Elisabeth.
9	St-Georges	de Provence	pl. St-Georges.
16	St-Georges	(Voy. r. *Delaroche.*)	
18	St-Georges-Passy	pl. Possoz	Vital.
5-6	St-Germain (boul.)	q. St-Bernard	Hautefeuille.
17	St-Germain	(Voy. r. *Berzélius.*)	
20	St Germain	pl. de la Mairie	b. Davoust.
6	St-Germ. des-Prés (pl.).	dev. l'Église	
1	St-Germ.-l'Auxerrois	des Lavandières	pl. des Trois-Maries.
3	St-Gervais	des C.-St-Gervais	Nve-St-François.
3	St-Gilles	boul. Beaumarchais	St-Louis.
9	St-Guillaume (cour)	Nve-Coquenard, 11	
1	St-Guill. (cour et pass.).	r. Richelieu	de la Font.-Molière.
7	St-Guillaume	des Sts-Pères	de Gren.-St-Germ.
5	St-Hilaire	des Sept-Voiles	Charretière.
13	St-Hippolyte (pass.)	route de Choisy	route d'Italie.
13	St-Hippolyte	Pierre-Assis	de Lourcine.
16	St-Hippolyte-Passy	de la Tour	pl. Possoz.
8	St-Honoré (Faub.)	Royale	anc. barr. du Roule.
1-8	St-Honoré	des Déchargeurs	Royale.
1	St-Hyacinthe	de la Sourdière	du March.St-Honoré.
5	St-Hyacinthe	(Voy. r. *Paillet*)	
5-14	St-Jacques (boul.)	de la Glacière	d'Enfer.
13	St-Jacques (Faub.)	Port-Royal	anc. barr. St-Jacques
5	St-Jacques	Galande	des Capucins.
4	St-Jacques (square)	Rivoli	av. Victoria.
18	St-Jean-Montmartre	(Voy. r. *Cortot*)	
17	St-Jean-Batignolles	av. de Clichy	Moncey.
7	St-Jean-Gros-Caillou	(Voy. r. *Nicot*)	
8	St-Jean-Baptiste	de la Pépinière	St-Michel.
5	St-Jean-de-Latran	Jean-de-Beauvais	des Ecoles.
11	St-Joseph (cour)	F.-St-Antoine, 59	
2	St-Joseph	du Sentier	Montmartre.
5	St-Julien-le-Pauvre	de la Bûcherie	Galande.
15	St-Lambert	de Sèvres	Notre-Dame.
4	St-Landry	quai Napoléon	des Marmousets.
19	St-Laurent (imp.)	(Voy. imp. *Rébeval*).	
19	St-Laurent	(Voy. r. *Rébeval*).	
10	St-Laurent	du F.-St-Martin	b. Magenta.
9-8	St-Lazare	Bourdaloue	de l'Arcade.
14	Ste-Léonie (imp.)	en face r. Léonie	
14	Ste-Léonie	Terrier	Vanves.
20	St-Louis (pass.)	des Amandiers	Chaudron.
4	St-Louis (pass.)	Saint-Paul	
11	St-Louis-St-Maur (pass.)	St-Maur	Chopinette.
11	St-Louis (pass.)	du F.-St-Antoine	Louis-Philippe.
17	St-Louis	(Voy. r. *Nollet*).	

ARR.	RUES.	TENANTS.	ABOUTISSANTS.
12	**St-Louis**	av. du Petit-Château.	Léopold.
15	**St-Louis**	boul. de Javel	de Javel.
14	**St-Louis**	de Constantine	de l'Ouest.
3	**St-Louis-Marais**	de l'Echarpe	Charlot.
4	**St-Louis-en-l'Isle**	q. de Béthune	q. d'Orléans.
12	St-Mandé (avenue)	de Picpus	boul. St-Mandé.
12	St-Mandé (boul.)	av. de St-Mandé	av. du Trône.
2	St-Marc	Montmartre	Favart.
13-14	St-Marcel (boul.)	b. de l'Hôpital	d'Enfer.
13	St-Marcel	pl. de la Collégiale	Mouffetard.
3	St-Marcoul	Bailly	Conté.
6	Ste-Marguerite (pl.)	(Voy. pl. *Gozlin*).	
6	Ste-Marguerite	(Voy. r. *Gozlin*).	
11	Ste-Marguerite	Faub.-St-Antoine	Charonne.
17	Ste-Marie-Batignolles	(Voy. r. *Lamande*).	
18	Ste-Marie-Blanche	imp. Cauchois	Lepic.
16	Ste-Marie-Chaillot	des Batailles	Lubeck.
15	Ste-Marie-Grenelle	St-Charles	en plaine.
18	Ste-Marie-Montm. (pl.)	pl. du Tertre	pass. du Calvaire
18	Ste-Marie-Montmartre	Feutrier	Muller.
14	Ste-Marie-Montrouge	(Voy. r. *Lalande*).	
14	Ste-Marie (avenue)	de Vanves	en impasse.
11	Ste-Marie (pass.)	Charonne	Roquette.
7	Ste-Marie-St-G. (pass.)	Bac	Visit. des D.-Ste-Mar.
7	Ste-Marie-St-Germain	(Voy. r. *Allent*).	
10	Ste-Marie-du-T. (pass.)	St-Maur	Chopinette.
17	Ste-Marie-Ternes	Av. de la Gr.-Armée.	boul. Pereire.
4	Ste-Marine (imp.)	Arcole	
6	Ste-Marthe	pass. St-Benoit	Childebert.
3-10	St-Martin (boul.)	du Temple	St-Martin.
10	St-Martin (faub.)	boul. St-Denis	anc. b. de La Villette
20	St-Martin	de la Mare	de l'Ermitage.
4-3	St-Martin	quai de Gèvres	boul. St-Martin.
11-10	St-Maur-Popincourt	de la Roquette	Grange-aux-Belles.
6	St-Maur-St-Germain	de Sèvres	de Vaugirard.
5	St-Médard (r. Nve-)	Gracieuse	Mouffetard.
14	St-Médard	de l'Ouest	de Vanves.
4	St-Merri (rue Nve-)	du Temple	St-Martin.
5-6	St-Michel (pl.)	de la Harpe	
4-6	St-Michel (pont)	pl. du p. St-Michel	quai des Orfèvres.
5	St-Michel (quai)	pl. du Petit-Pont	pl. du P.-St-Michel.
8	St-Michel	(Voy. r. de *Rigny*).	
15	St-Nicolas	(Voy. r. *Baussel*).	
9-8	St-Nicolas-d'Antin	de la Ch.-d'Antin	de l'Arcade.
3	St-Nicolas-des-Ch. (pl.)	Aumaire	
5	St-Nicolas-du-Chard	St-Victor	Traversine.
12	St-Nicolas-St-Antoine	de Charenton	du F.-St-Antoine.
10	Ste-Opportune (pass)	Lancry	des Vinaigriers.
1	Ste-Opportune (pl.)	des Fourreurs	Courtalon.
1	Ste-Opportune	pl. Ste-Opportune	de la Ferronnerie.
17-18	St-Ouen (aven.)	Gr.-Rue de Clichy	Porte de St-Ouen.
4	St-Paul (q.)	q. des Célestins	quai des Ormes.
15	St-Paul	Virginie	Aven. St-Charles.
14	St-Paul	anc. route d'Orléans.	du Chemin-Vert.
4	St-Paul	q. St-Paul	St-Antoine.

ARR.	RUES.	TENANTS.	ABOUTISSANTS.
3	St-Paxent	Bailly	Conté.
6-7	Sts-Pères	quai Voltaire	Grenelle-St-Germain.
8	St-Pétersbourg (de)	pl. d'Europe	boul. des Batignolles.
[illegible]	St-Philippe	Bourbon-Villeneuve	de Cléry.
[illegible]	St-Ph.-du-Roule (cour)	F.-St-Honoré	Angoulême.
[illegible]	St-Ph.-du-Roule (pass.)	F.-St-Honoré	Courcelles.
[illegible]	St-Pierre (pass.)	St-Antoine	St-Paul.
[illegible]	St-Pierre (pass.)	(Voy. r. *Danville*).	
[illegible]	St-Pierre	des Carrières	de la Pompe.
[illegible]	St-Pierre-Montmartre	Montmartre	N.-D.-des-Victoires.
[illegible]	St-Pierre-Popinc. (pass.)	St-Pierre-Popincourt	quai de Valmy.
11	St-Pierre-Popincourt	St-Sébastien	Oberkampf.
11	St-Pierre-du-T. (pass.)	Orillon	F.-du-Temple.
6	St-Placide	de Sèvres	de Vaugirard.
10	St-Quentin	b. de Magenta	pl. de Roubaix.
1	St-Roch (pass.)	St-Honoré	d'Argenteuil.
1	St-Roch	St-Honoré	Nve-des-Pet.-Champs.
6	St-Romain	de Sèvres	du Cherche-Midi.
11	St-Sabin	de la Roquette	du Chemin-Vert.
2	St-Sauveur	St-Denis	Montmartre.
11	St-Sébastien (imp.)	St-Sébastien, 30	
11	St-Sébastien (pass.)	St-Pierre-Popincourt	quai Valmy.
11	St-Sébastien	b. des Filles-du-Calv.	Popincourt.
5	St-Séverin	St-Jacques	boul. Sébastopol, R.G.
20	Sts-Simoniens (pass. des)	Calais	De la Duée.
2	St-Spire	des Filles-Dieu	Ste-Foy.
6	St-Sulpice (place)	St-Sulpice	du Vieux-Colombier.
6	St-Sulpice	de Condé	pl. St-Sulpice.
17	Ste-Thérèse-Batignolles	av. de Clichy	Lemercier.
7	St-Thomas-d'Aquin (pl.)	dev. l'ég. St-Th.-d'A.	
7	St-Thomas-d'Aquin	pl. St-Thomas-d'Aq.	St-Dominique.
5	St-Thomas-d'Enfer	St-Hyacinthe	boul. Sébastopol.
5	St-Victor (pl.)	St-Victor	de Jussieu.
5	St-Victor	Lacépède	boul. St-Germain.
18	St-Vincent	de la Bonne	des Brouillards.
10	St-Vincent-de-Paul	de Belzunce	Ambroise-Paré.
3	Saintonge (de)	du Perche	boul du Temple.
6-7	Saints-Pères (des)	quai Voltaire	de Grenelle.
17	Salneuve	de la Santé	d'Orléans.
3	Salomon de Caus	St-Martin	b. de Sébastopol.
19	Sambre (quai de la)	Gare circ. de la Vill.	b. Macdonald.
13	Samson	du Moulin-des-Prés	Butte-aux-Cailles.
9	Sandrié (imp.)	pass. Sandrié, 1	
9	Sandrié (pass.)	Basse-du-Rempart	Nve-des-Mathurins.
14	Santé (aven. de la)	de la Tombe-Issoire	Nve-d'Orléans.
14	Santé (boul. de la)	de la Santé	de la Tombe-Issoire.
13-14	Santé	des Capucins	barr. de la Santé.
17	Santé-Batignolles	(Voy. r. *Saussure*).	
14	Sarrazin	des Artistes	de Tombe-Issoire.
1	Sartine (de)	de Viarmes	Coquillière.
9	Saulnier (pass.)	Richer	de Lafayette.
20	Saumon-Ménilm. (imp.)	des Amandiers, 95.	
2	Saumon (pass. du)	Montorgueil	Montmartre.
8	Saussaies (des)	F.-St-Honoré	Ville l'Evêque.
18	Saussaye-Montr. (de la)	Traînée	Marcadet.

ARR.	RUES.	TENANTS.	ABOUTISSANTS.
—	—	—	—
16	Source (de la).........	des Vignes..........	de la Croix.
1	Sourdière (de la).......	St-Honoré...........	de la Corderie.
3	Sourdis............	Charlot.............	d'Anjou.
6	Stanislas	N. D.-d.-Champs.....	b. Montparnasse.
6	Stanislas (p.)...........	N.-D.-des-Champs....	Bréa.
19	Stemler (cité)	b. du Combat, 14....	
8	Stokhelm (de..........	de Londres..........	de Vienne.
10	Strasbourg (b.)........	b. St-Denis..........	gare de l'Est.
10	Strasbourg (pl.)	b. Strasbourg	gare de l'Est.
10	Strasbourg (de.........	F. St-Martin........	F.-St-Denis.
18	Strasbourg-Chap. (de...	du Département.....	de la Tournelle.
16	Suchet (b.)...........	porte de la Muette...	porte d'Auteuil.
7-15	Suffren (av. de)........	q. d'Orsay	av. Lowendall.
6	Suger.................	pl. St-André-des-Arts.	de l'Eperon.
4	Sully (de).....	Mornay..............	du Petit-Musc.
8	Surène (de)	pl. Madeleine	b. Malesherbes.

T

ARR.	RUES.	TENANTS.	ABOUTISSANTS.
4	Tacherie (de la)	q. Le Peletier.......	Rivoli.
4	Taille-Pain	Cloître-St-Merri.....	Brise-Miche.
11	Taillebourg (av. de) ...	pl. du Trône........	av. Daumesnil.
9	Taitbout............. ..	b. des Italiens.......	d'Aumale.
16	Talma.	Bois-le-Vent.........	Singer.
19	Tanger...............	b. de la Villette.....	du Maroc.
6	Taranne	de l'Egout..........	Sts-Pères.
17	Tarbé	de la Santé..........	Cardinet.
20	Télégraphe (du).......	Paris-Bellev........	St-Fargeau.
18	Télégraphe (du)	Léonie-Montm.	Berthe.
16	Télégraphe-Passy (du)..	b. de Passy	du Bel-Air.
3-4	Temple (du)...........	Rivoli.	b. du Temple.
3-11	Temple (b. du)	Filles-du-Calv.	F.-du-Temple.
10-11	Temple (Faub.-du-)....	b. du Temple.........	anc. barr. de Bellev.
14	Tenailles (imp.).......	ch. du Maine, 99....	
11	Ternaux...............	Popincourt..........	Jacquart.
17	Ternes (av. des)	av. de Wagram......	b. Gouvion-St-Cyr.
17	Terrasse (de la)	de Lévis............	b. Malesherbes.
12	Terres-Fortes (des)....	b. Contrescarpe......	Moreau.
14	Terrier-aux-Lapins ...	du Château..........	du Moulin-Vert.
18	Tertre (pl. du)........	St Denis............	Traînée.
20	Théâtre-Belleville (du)..	(V. *Lesage.*)	
15	Théâtre-Grenelle (du)...	Croix-Nivert.........	q. de Grenelle.
18	Théâtre-Montmart. (du).	b. Rochechouart.....	pl. du Théâtre.
14	Théâtre-Montrouge.....	de la Gaîté..........	ch. du Maine.
18	Théâtre-Montm. (av. du)	du Théâtre..........	
15	Théâtre-Gren. (p. du)...	pourtour du Théâtre.	Mademoiselle.
18	Théâtre-Montm. (pl. du).	(V. pl. *Dancourt.*)	
15	Théâtre-Gr. (pourt. du).	Croix-Nivert	Ne-du-Théâtre.
5	Thénard..............	des Noyers..........	des Ecoles.
1	Thérèse...............	Ste-Anne.	Ventadour.
14	Thermopyles (p. des)..	ch. des Plantes......	de Vanves.
2	Thévenot	St-Denis............	du Petit-Carreau.
14	Thibaud..............	route d'Orléans......	ch. du Maine.
15	Thiboumery...........	ch. des Tournelles...	Haute-du-Transit.

ARR.	RUES.	TENANTS.	ABOUTISSANTS
11	Thierré (p.)...........	de Charonne.........	de la Roquette.
19	Thierry...............	du Pré...............	St-Denis.
19	Thionville (de)..........	de Marseille.........	le canal de l'Ourcq.
18	Tholozé	de l'Abbaye	Lépic.
3	Thorigny (pl.)...........	de la Perle...........	du Parc.
3	Thorigny (de)	de la Perle...........	St-Gervais.
13	Tiers..................	Gérard	Butte-aux-Cailles.
18	Tilleuls (av. des).......	Lépic..................	
8	Tilsitt	av. Champs-Elysées..	av. Wagram.
15	Tiphaine..............	du Commerce	Violet.
2	Tiquetonne...........	Montorgueil	Montmartre.
1	Tirechape.............	Rivoli	St-Honoré.
13	Titien	du Banquier..........	b. de l'Hôpital.
9	Tivoli (pass. de).......	St-Lazare............	de Londres.
9	Tivoli (pl. de)	de Londres..........	de Tivoli.
9	Tivoli (de).............	de Clichy............	d'Amsterdam.
12	Tocanier (pass.).......	b. Mazas.............	F.-St-Antoine.
14	Tombe-Issoire (de la) ..	b. d'Arcueil.........	b. Jourdan.
1	Tonnellerie (de la).....	St-Honoré............	Halles-Centrales.
5	Toullier	des Grès.............	Soufflot.
16	Tour-Passy (de la).....	Gr.-Rue	b. Lannes.
11	Tour (de la)...........	(V. *Rampon.*)	
9	Tour-d'Auvergne (de la).	Rochechouart	des Martyrs.
9	Tour-des-Dames (de la).	La Rochefoucauld ...	Blanche.
14	Tour-de-Vanves (pass.).	ch. du Maine....... ..	du Château.
20	Tourelles (des)	de Vincennes........	b. Mortier.
18	Tourlaque	Lépic	des Dames.
5	Tournefort............	de Fourcy	des Postes.
4	Tournelle (pont de la)..	q. de la Tournelle....	q. de Bethune.
5	Tournelle (q. de la)	Fossés-St-Bernard....	Maître-Albert.
18	Tournelle (de la)......	des Vertus	de Chabrol.
15	Tournelles (r.-p. des)...	(V. pl. *d'Alleray.*)	
16	Tournelles-Passy (des)..	(V. *David.*)	
15	Tournelles-Vaug. (des)..	Gr-Rue-Vaugirard...	ch. des Tournelles.
3-4	Tournelles (des)	St-Antoine...........	b. Beaumarchais.
12	Tourneux (ruelle des)..	ch. de Reuilly.........	ch. des Marais.
6	Tournon (de)..........	St-Sulpice	de Vaugirard.
15	Tournus (pass.)........	Fondary..............	du Théâtre.
20	Tourtille (de)	Paris-Bellev..........	Napoléon.
7	Tourville (av. de)......	b. des Invalides	av. Lamothe-Piquet.
13	Toussaint-Féron (pass.).	route d'Italie........	route de Choisy.
6	Toustain..............	de Seine.............	Félibien.
13	Toutay (impasse)......	boul. d'Italie, 31. ...	
20	Touzet (impasse)......	des Amandiers, 83...	
2	Tracy (de)	boul. de Sébastopol..	St-Denis.
18	Traëga (cité)..........	des Poissonniers, 117.	
18	Traînée................	place du Tertre.....	du Vieux-Chemin.
14	Transit-Montrouge (du).	route de Châtillon...	de Vanves.
15	Transit (Haute du).....	Grande-Rue.........	de Vanves.
7	Traverse...............	Oudinot.	de Sèvres.
15	Traversière-Grenelle...	(Voy. r. *Héricart*) ...	
12	Traversière (passage)..	Traversière, 83......	de Charenton, 67.
12	Traversière-St-Antoine..	quai de la Rapée.....	Faub.-St-Antoine.
5	Traversine............	Montagne-Ste-Genev.	d'Arras.
6	Treille (passage de la)..	l'Ecole-de-Médecine .	Clément.

ARR.	RUES.	TENANTS.	ABOUTISSANTS.
9	Trévise (cité)..........	Richer	Bleue.
9	Trévise (de)..........	Bergère.............	Bleue.
17	Trezel...............	avenue de Clichy.....	Ste-Elisabeth.
2	Trinité (passage de la)..	de Palestro.........	St-Denis.
9	Trinité...............	de Clichy...........	Blanche.
11	Triomphes (avenue des).	(Voy. av. *Taillebourg*)	
5	Triperet..............	de la Clef..........	Gracieuse.
7	Triperie (de la)........	(Voy. r. *Combes*)	
16	Trocadero (du)........	avenue Ste-Marie....	aven. de Longchamps.
11	Trois-Bornes (des)......	Folie-Méricourt......	St-Maur.
4	Trois Canettes (des)....	St-Christophe.	de la Licorne.
12	Trois-Chandelles (des).	Montgallet..........	des Quatre-Chemins.
12	Tr.-Chand. (ruelle des).	boul. de Charenton..	ruel. Brèche d. Loups.
20	Tr.-Communes (pl. des).	de Paris-Belleville ...	boul. Mortier.
20	Tr.-Couronnes (b. des).	des Couronnes.......	chaussée Ménilmont.
11	Tr.-Couronnes (p. des).	des Trois-Couronnes.	de l'Orillon.
11	Trois-Couronnes (des)..	St-Maur............	anc. barr. d. T.-Cour
13	Tr.-Couronnes-St-Marcel	Mouffetard..........	St-Hippolyte.
18	Trois-Frères (des)......	de la Mairie........	du Vieux-Chemin.
15	Trois-Frères	de Sèvres...........	Blomet.
1	Trois-Maries (place des).	quai de l'Ecole......	de la Monnaie.
13	Trois-Ormes (des).....	de la Croix-Rouge...	boul. de la Gare.
3	Trois-Pavillons (des)...	Francs-Bourgeois....	de Thorigny.
5	Trois-Portes (des)......	place Maubert.......	Hôtel-Colbert.
12	Trois Sabres (des)......	Quatre-Chemins.....	ch. de r. de Reuilly.
14	Trois-Sœurs (des)......	Deprez..............	de la Procession.
11	Trois-Visages (imp. des).	des Bourdonnais, 28.	
8	Tronchet	place Madeleine.....	Nve-des-Mathurins.
11-12	Trône (pl. du)........	du Faub.-St-Antoine.	aven. du Bel-Air.
9	Trudaine (avenue de)..	Rochechouart........	des Martyrs.
17	Truffaut......	des Dames..........	Cardinet.
11	Truillot (cour).........	Popincourt, 61......	
16	Tuilerie (de la)........	de Boulainvilliers....	de la Fontaine.
1	Tuileries (quai des)....	pont Royal.........	pont de la Concorde.
2-3	Turbigo (de).........	St-Martin...........	Saint-Denis.
6	Turenne (villa)........	b. du Montparn., 25.	
9	Turgot...............	Rochechouart.	av. Trudaine.
9	Turgot (cité).........	Turgot, 5	
8	Turin (de)............	de Berlin...........	de Hambourg.

U

5	Ulm (d').............	place du Panthéon...	des Ursulines.
15	Universelle (cité)......	Croix-Nivert, 55.....	
7	Université (de l').......	des Saints-Pères.....	av. Labourdonnaie.
5	Ursulines (des)	d'Ulm..............	St-Jacques.

V

11	Vacquerie (la).........	de la Folie-Regnault .	de la Roquette.
4	Val-Ste-Catherine (du)..	St-Antoine.........	Nve-Ste-Catherine.
5	Val-de-Grâce (du)......	St-Jacques..........	de l'Est.
7	Valadon (cité).........	de Grenelle, 165.....	du Champ de-Mars
18	Valence-Chapelle......	des Cinq-Moulins....	Alfie.

ARR.	RUES.	TENANTS.	ABOUTISSANTS.
5	Valencé (de)	Mouffetard	Pascal.
10	Valenciennes (place de)	de Lafayette	boul. Magenta.
10	Valenciennes (de)......	St-Quentin..........	boul. Magenta.
19	Valenciennes-Vill. (de).	de la Chapelle.......	boul. Macdonald.
12	Vallée-de-Fécamp(de la)	de la Lancette.......	de la Croix.
10-11	Valmy (quai)..........	Faub.-du-Temple	anc. barr. de Pantin.
8	Valois-du-Roule (de)...	de Courcelles	du Rocher.
1	Valois-Palais-Royal (de)	St-Honoré...........	de Beaujolais.
4	Val-Ste-Catherine......	St-Antoine..........	Nve-Ste-Catherine.
14	Vandal...............	de Vanves	boul. Brune.
13	Vandrezanne..........	route d'Italie........	butte aux Cailles.
7	Vanneau.............	de Varenne..........	de Sèvres.
1	Vannes (de)..........	Vauvilliers	de Viarmes.
14	Vanves-Plaisance (de)..	chaussée du Maine...	boul. Brune.
14	Vanves (boulevard de).	de la Gaîté..........	chaussée du Maine.
7	Varennes (de).........	de la Chaise........	boul. des Invalides.
1	Varennes............	des Deux-Ecus......	de Viarmes.
2	Variétés (galerie des)...	Vivienne...........	
7	Vauban (place)........	avenue Tourville....	av. de Breteuil.
11	Vaucanson (passage)...	de Charonne	de la Roquette.
3	Vaucanson...........	Breteuil	du Vertbois.
6-15	Vaugirard (boulev. de)..	des Fourneaux......	de Sèvres.
6-15	Vaugirard (de)........	Monsieur-le-Prince...	ch. de ronde de Vaug.
5	Vauquelin	des Postes..........	des Feuillantines.
1	Vauvilliers...........	St-Honoré..........	Coquillière.
6	Vavin (avenue)........	de l'Ouest, 56.......	boul. du Montparn.
6	Vavin...............	de l'Ouest	
5	Veaux (pl. et march. aux)	Pontoise...........	de Poissy.
3	Vendôme (passage)	Béranger	boul. du Temple.
1	Vendôme (place).......	St-Honoré..........	Nve-Petits-Champs.
3	Vendôme............	(Voy. r. *Béranger*)...	
4	Venise (de)	Beaubourg..........	Quincampoix.
2	Ventadour (place).....	Dalayrac...........	Méhul.
1	Ventadour	Thérèse	Nve-Pet.-Champs.
9	Verdeau (passage).....	Grange-Batelière	Faub.-Montmartre.
1	Verderet.............	Grande-Truanderie...	Mauconseil.
16	Verderet-Auteuil.......	place d'Aguesseau...	du Buis.
14	Verel (impasse)........	de Vanves..........	chemin de fer.
8	Vernet	Chaillot	de Presbourg.
7	Verneuil (de).........	des Sts-Pères.......	de Poitiers.
17	Vernier..............	Laugier............	route de la Révolte.
1	Véro-Dodat (passage)...	Grenelle-St-Honoré. .	du Bouloi.
18	Véron (cité)..........	boul. de Clichy, 18..	
18	Véron..............	pl. de l'Elysée-B.-Arts	Lépic.
4	Verrerie (de la).......	pl. Marché-St-Jean..	St-Martin.
5	Versailles (de).........	Traversine, 7.......	
5	Versailles (imp. de)....	(Voy. r. *Fresnel*)....	
16	Versailles (route de)...	pont de Grenelle. ...	boul. Murat.
3	Vertbois (passage du)..	du Vertbois	N.-D.-de-Nazareth.
3	Vertbois (du)..........	du Temple..........	St-Martin.
11	Verte (allée)........	Pte-Rue-St-Pierre....	
10-18	Vertus (boul. des).....	des Vertus..........	Gr.-Rue-Chapelle.
10	Vertus (ch. de ronde des)	des Vertus..........	Faub.-St-Denis.
18-19	Vertus-Chapelle (des)...	boul. de la Villette...	boul. Ney.
3	Vertus (des)..........	des Gravilliers......	Phélipeaux.

ARR.	RUES.	TENANTS.	ABOUTISSANTS.
8	Vezelay (passage)......	de Lisbonne.........	de Hambourg.
15	Viala..................	boul. de Javel.......	de l'Entrepôt.
11	Viallet (cité)..........	de la Roquette, 138.	
1	Viarmes (de)..........	Varennes-St-Honoré..	Oblin.
10	Vicq-d'Azir............	Grange-aux-Belles...	boul. du Combat.
9	Victoire (de la)........	Faub.-Montmartre...	Joubert.
1-2	Victoires (place des)...	Cr.-des Pet.-Champs.	Vide-Gousset.
15	Victor (boul.)..........	porte de Versailles...	quai de Javel.
4	Victoria (avenue)......	pl. de l'Hôtel-de-Ville.	place du Châtelet.
5	Victor-Cousin.........	pl. de la Sorbonne...	Soufflot.
2	Vide-Gousset..........	pl. des Victoires.....	du Mail.
5	Vieille-Estrapade (de la)	de Fourcy..........	Fossés-St-Jacques.
20	Vieille-R.-de-Montreuil.	Gr.-Rue-de-Montm...	boul. Davoust.
5	Vieille-Notre-Dame....	Censier............	d'Orléans.
3-4	Vieille-du-Temple......	St-Antoine..........	des Filles-du-Calv.
20	Vieille-Route-de-Bellev..	de Belleville.........	Ch.-Neuf-de-Ménilm.
16	Vieille-Route-de-Sèvres.	(Voy. r. *Lemarrois*)..	
1	Vieilles-Etuves-St-Hon..	St-Honoré..........	des Deux-Ecus.
4	Vieilles-Etuves-St-Mart.	Beaubourg..........	St-Martin.
3	Vieilles-Haudriettes....	Grand-Chantier......	du Temple.
8	Vienne (de)...........	du Rocher..........	place de l'Europe.
7	Vierge (de la).........	quai d'Orsay........	St-Dominique.
18	Vierge-Chapelle (de la).	des Francs-Bourgeois.	des Rosiers.
15	Vierge-Vaugir. (de la)..	Croix-Nivert........	de Sèvres.
1-2	Vieux-Augustins (des)..	Coquillière..........	Montmartre.
18	Vieux-Chemin-Montm..	de l'Abbaye.........	Traînée.
6	Vieux-Colombier (du)..	Bonaparte..........	carref. Croix-Rouge.
3	V.-Marché-St-Mart. (pl.)	rue Réaumur........	marché St-Martin.
2	Vigan (passage).......	Fossés-Montmartre..	Vieux-Augustins.
16	Vignes-Auteuil (des)....	de la Fontaine......	de la Source.
18	Vignes-Montm. (des)...	chem. de fer de ceint.	les Champs.
6	Vignes-Passy (des).....	Basse..............	de Boulainvilliers.
15	Vignes-Vaugirard (des).	(Voy. r. *Dombasle*)...	
5	Vignes (imp. des)......	des Postes, 32.	
8	Vignes-Ch.-Elysées (des)	(Voy. r. *Vernet*).....	
13	Vignes-St-Marcel (des).	(Voy. r. *Rubens*).....	
20	Vilin.................	des Couronnes.......	des Envierges.
16	Villa-de-la-Réunion....	route de Versailles, 20	
16	Villa-Montmorency....	Neuve..............	boul. Montmorency.
14	Villa-Ste-Alice........	de la Maison-Dieu..	du Château.
15	Villa-Thiboumery (de la)	Transit.............	des Tournelles.
6	Villa-Turenne.........	b. Montparnasse, 25.	
7	Villars (avenue de)....	place Vauban.......	boul. des Invalides.
1	Villedo...............	de Richelieu........	Ste-Anne.
8	Ville-l'Evêque (de la)..	de la Madeleine......	boul. Haussmann.
3	Villejuif (de).........	Pinel...............	barrière des Gobelins.
6	Villejust (de).........	boul. de Passy......	avenue de St-Denis.
-19	Villette (boul. de la)...	de Flandre..........	des Vertus.
19	Villette (de la)........	de Paris-Belleville...	boul. de Belleville.
17	Villiers (de)...........	avenue des Ternes...	boul. Gouvion-St-Cyr.
12	Villiot................	quai de la Râpée....	de Bercy.
10	Vinaigriers (des)......	de Marseille........	Faub.-St-Martin.
18	Vinaigriers-Montm.....	(Voy. r. *Christiani*)..	
19-20	Vincennes-Belleville....	ch. de Ménilmontant.	de Romainville.
11	Vincennes (ch. ronde de)	place du Trône......	de Montreuil.

ARR	RUES.	TENANTS	ABOUTISSANTS.
12-20	Vincennes (cours de)...	boul. de Montreuil...	boul Soult.
19	Vincent-Belleville......	de Paris........	Rébeval.
18	Vincent-Compoint......	du Poteau........	Cloys-Montmartre.
1	Vindé (cité)...........	boul. Madeleine, 17.	
16	Vineuse-Passy.........	Grande-Rue.........	boul. de Longchamps
1	Vingt-Neuf-Juillet (du)..	de Rivoli...........	St-Honoré.
9	Vintimille (place)......	de Douai	de Calais.
9	Vintimille (de)........	place Vintimille.....	de Clichy.
15	Violet	boul. de Grenelle....	des Entrepreneurs.
20	Violet-Belleville (imp.)..	des Arts.	
10	Violet (passage).......	d'Hauteville........	Faub.-Poissonnière.
15	Violet-Grenelle (place)..	Violet..............	des Entrepreneurs.
15	Virginie-Grenelle......	de Javel..	St-Paul.
18	Virginie-Montmartre ...	boul. Rochechouart..	place St-Pierre.
6	Visconti	de Seine...........	Bonaparte.
6	Visit.-des D.-Ste-Marie.	Grenelle............	pass. Ste-Marie.
16	Vital	Grande-Rue-Passy ..	des Carrières.
20	Vitruve...............	pl. de la Réunion....	St-Germain.
2	Vivienne (galerie)......	Nve-des-Pet.-Champs.	Vivienne.
2	Vivienne...	de Beaujolais........	boul. Montmartre.
14	Voie-Verte (de la)......	de la Tombe-Issoire..	boul. Jourdan.
15	Volontaire (ruelle).....	Gr.-Rue-Vaugirard..	chem. des Fourneaux.
3	Volta................	Aumaire............	N.-D.-de-Nazareth.
7	Voltaire (quai de)......	des Sts-Pères........	du Bac.
6	Voltaire (de)	(V. r. *Cas.-Delavigne*)	
18	Vosges (des)...........	des Poissonniers.....	les Champs.
3-4	Vosges (rue des).......	boul. Beaumarchais..	St-Louis.
12	Voûte-du-Cours (de la)..	avenue du Bel-Air...	boul. Soult.

W

ARR	RUES	TENANTS	ABOUTISSANTS
8-17	Wagram (avenue de)...	place de l'Etoile.....	boul. Malesherbes.
17	Wagram (place de).....	boul. de Neuilly.....	avenue de Wagram.
5	Walhubert (place)	pont d'Austerlitz.....	jardin des Plantes.
13	Watt........	quai d'Austerlitz.....	de la Gare.
10	Wauxhall (cité du).....	Château-d'Eau, 10...	des Marais.
16	Wilhem	quai de Passy.......	du Roc.

X

ARR	RUES	TENANTS	ABOUTISSANTS
13	Xaintrailles...........	de la Croix-Rouge...	pl. Jeanne-D'Arc.

Y

ARR	RUES	TENANTS	ABOUTISSANTS
12	Yonne (de l')..........	port de Bercy.......	Gr.-Rue-de-Bercy.
15	Yvart................	des Tournelles.......	imp. Fondary

Z

ARR	RUES	TENANTS	ABOUTISSANTS
5	Zacharie..............	quai St-Michel......	St-Séverin.

FIN DES RUES DE PARIS

MAISONS RECOMMANDÉES

AGENT MARITIME.

H. Laroully, 31, rue des Petites-Ecuries. Expéditions et passages pour toutes destinations par navires à voiles et steamers, affrétements, assurances, transit et renseignements.

APPAREILS RESPIRATEURS.

Galibert, breveté en France s. g. d. g. et à l'étranger, appareils respirateurs permettant de pénétrer dans la fumée et d'approcher au foyer même de l'incendie, boul. Sébastopol, 111, précédemment même boulevard, 73 (voir p. 235).

APPAREILS A EAU DE SELTZ.

Appareil gazo-saturateur, **Lejeune** fils, rue Saint-Maur, 222; passage Sainte-Marie, 4 (voir p. 238).

ARMES ET BIJOUX HISTORIQUES.

Leblanc-Granger, successeur de Granger, boul. Magenta, 11 (voir p. 236).

BROSSERIE EN TOUS GENRES.

G. Deligny, rue d'Anjou-au-Marais, 8 (voir p. 240).

CAFÉ CONCERT.

Grand café de l'Europe, boul. Beaumarchais, 10 (voir p. 230).

CARTONNAGES.

Lospied, fabrique et magasin de cartonnages en tous genres, spécialité de mignonnettes et boîtes de fantaisie pour confiserie, cartons de bureaux, de magasins, cuvettes et cartes d'échantillon, cartons d'emballage pour robes, châles, crêpes de Chine, soieries, lingeries, coiffures, plumes, fleurs, etc., boîtes à gants, à éventails, à jeux, etc., cartonnages de fantaisie pour étrennes, cartonnages en tous genres pour parfumeurs, rue Quincampoix, 34.

CIRES A CACHETER.

Maurin (Adrien) (Ve Adrien Maurin et Gustave Toiray, notab. comm., succ.), manufacture d'encres, pains et cire à cacheter, spécialité pour les pays chauds, fabrique de registres, maison spéciale pour l'exportation, rue Vieilles-Haudriettes, 4 et 6 ; usine à Jouy-sur-Morin (Seine-et-Marne) (voir les pages de garde en tête et à la fin du volume).

COFFRES-FORTS.

Delarue, rue des Amandiers, 63 (voir p. 241).

EAUX-DE-VIE ET SPIRITUEUX.

David fils aîné, rue Castex, 9 (voir p. 236).

ENCRES.

Maurin (Ve Adrien) et Gustave Toiray, notab. comm., ancienne maison Adrien Maurin, manufact. d'encres, pains et cire à cacheter, fab. de registres; maison spéciale pour l'exportation, rue des Vieilles-Haudriettes, 4 et 6 ; usine à Jouy (Seine-et-Marne), encres noires de bureaux, indélébiles, à copier, de couleurs, à tampons, carmins supérieurs, etc., encriers universels, encre syrienne communicative violette, noire, au griffon, donnant trois copies très-nettes et copiant au bout de plusieurs semaines, encre persane instantanément noire et inaltérable ; grand choix de modèles spéciaux pour l'exportation (voir, pour les autres articles, les pages de garde au commencement du volume).

INSTRUMENTS DE PRÉCISION.

Charles (L.·.) (Lasselannes, successeur), breveté s. g. d. g., fabricant d'instrum. de mathématiques théodolites et cercle répétiteur, niveaux d'Egault, de Lenoir, de Chezy, de Charles, de Cuisset, d'eau; graphomètres, équerres divisées, octogones et sphériques, poche de mineur, et boussoles de toutes constructions, cassettes de mathématiques de tous modèles; longimètre donnant les angles, le nivellement et la mesure exacte des distances, instantanément et sans chaîne. *Ruban lecteur* remplaçant la chaîne ⓄⒶⒹ, échelle à profils pour le rapport des plans, rue des Rosiers-Marais, 42 (voir p. 244).

JOUETS.

Victor Pérot, rue du Faubourg-Poissonnière, 14 (voir p. 236).

LAMPES MAGNIN.

Magnin, rue des Trois-Bornes, 9 (voir p. 237).

LINGERIE.

Maison **Drouville**, rue Saint-Honoré, 161 (voir p. 242).

MACHINES A COUDRE.

Cambray et Bouche, rue du Faubourg-Saint-Martin, 235 (voir p. 237).

Hurtu et Hautin, boul. Sébastopol, 33 (voir p. 239).

Leconte père et fils, rue des Singes, 9 (voir p. 247).

Ricbourg (Albert), mécanicien *constructeur* breveté s. g. d. g., *délégué des mécaniciens de la ville de Paris à l'exposition de Londres en* 1862. Machine cousant à un et deux fils (*à volonté*) et à navette; la simplicité du mécanisme et leur rapidité permettent d'exécuter en *un jour, sans fatigue* et sans bruit, le travail de vingt ouvrières avec une *perfection* et une *solidité de couture supérieures* au travail à la main, depuis 100 fr., 350 fr. et au-dessus; machines spéciales pour tailleurs, cordonniers, confectionneurs, rue de la Verrerie, 56, près l'Hôtel-de-Ville (voir p. 229).

MONTRES ASTRONOMIQUES.

Magot, rue des Mauvais-Garçons, 10 (voir p. 240).

OPTIQUE.

Voyez *Instruments de précision.*

PAPETERIE ET REGISTRES.

Maurin (Ve ADRIEN) et **G. Toiray** (Notable comm.), (ancienne maison *Adrien Maurin*); manufacture de cires, pains à cacheter et encres; fabrique de registres brevetés, réglures, reliure étrangères, copies de lettres, supérieurs et ordinaires; spécialité de registres imprimés en toutes langues pour administration; — maison spéciale pour l'exportation, rue des Vieilles-Haudriettes, 4, usine à Jouy-sur-Morin (Seine-et-Marne). Voyez les pages de garde en tête et à la fin du volume.

ROBES.

Maison Drouville, 161, rue Saint-Honoré. (V. page 242.)

SOMMIER ORIENTAL.

Massé, fournisseur des hôpitaux et de plusieurs départements, sommier oriental, brev. s. g. d. g., ressorts sans fin, garnissant toute la surface. Ce nouveau système lui donne une élasticité sans égale et est toujours supérieur sous tous les rapports à ce qui s'est fabriqué jusqu'à ce jour, solidité garantie 20 années; étant tout à jour, les insectes ne peuvent s'y loger; hygiène, propreté, élégance, bon marché incontestable, rue du Faub.-Saint-Martin, 33. (Voyez page 232).

TAILLEUR.

Durif, 15, rue Fontaine-Molière. (Voyez p. 243).

TAPIS BROSSE.

G. Deligny, 8, rue d'Anjou. (Voyez page 246).

VANNERIE.

Mohrenwitz et Hellmann, rue Meslay, 22, et boulevard Saint-Martin, 31. (Voyez page 234).

VINS.

David fils aîné, rue Castex, 9. (Voir page 236.)

La Maison A. Ricbourg, par traité, vient de joindre à sa fabrication spéciale le privilège de la vente pour la France et toute l'Europe des véritables Machines Elias Howe Frères, d'Amérique.

PRIX RÉDUIT

HOUSE MASSÉ

PURVEYOR TO PARIS HOSPITALS

To several French hospitals, colleges, schools and seminaries.

The advantage of a good bedding was recognized by the board of Public assistance as one of the essential conditions of health. This system has therefore been preferred for providing the hospitals with it.

These mattresses being iron ones with open work are as flexible as India Rubber.

ENDLESS SPRINGS FIT THE WHOLE SURFACE

This new system imparts it an un parallelled elasticity and is superior under every respect to all was has been made up to the present day.

HEALTH, NEATNESS, ELEGANCE.

It is healthy because the air, by being continually renowed, prevents the formation of miasmata. The man's parasites cannot lodge themselves there no deposit their eggs: in one word this mattress combines every desirable advantage.

SOLIDITY WARRANTED 20 YEARS

UNQUESTIONABLE CHEAPNESS.

HAUS MASSE

LIEFERANT DER HOSPITAELER VON PARIS

Mehrer Hospitaeler in Frankreich, Collegien, Instituten u. Kloestern.

Die Vortheile von gutem Bettzeug sind von der oefentlichen Wohlthaetigkeitsverwaltung als eine der Hauptbedingungen für die Gesundheit anerkannt woreen. Deswegen wurde dieses System für die Lieferung in die Hospitaeler vorgezogen.

Diese Springmatratzen sind ganz aus Eisen, durchbrochen und so weich wie Kautschuk.

Springfedern ohne Enden beschützen die ganze Oberflaeche.

GESUNDHEIT, REINHEIT UND ELEGANZ

Für die Gesundheit zutraeglich weil die Luft sich fortwaehend erneuern kann und also keine schaedlichen Ausdünftungen sich ansammeln koennen. Die Inseckten die dem Menschen belaestigen koennen sich weder darin aufhalten noch ihre Eier ablagen; mit einem Wort diese Matratze vereinigt alle erwünschten Vortheile.

DIE SOLIDITAET FUR 20 JAHRE GARANTIERT

UNBESTREITBARE WOHLSELHEIT.

CASA MASSÉ

PROVEEDOR DE LOS HOSPITALES DE PARIS

de varios otros de Francia, Colegios, Instituciones y casas religiosas

Las ventajas de una buena cama han sido reconocidas por la administracion de la asistencia publica como una condicion esencial para la salud. Esta es la razon porque ha sido preferida para los hospitales.

Estos colchones son todo de hierro hueco de modo que son tan ligeros como de goma elastica.

MUELLES SIN FIN QUE SOSTIENEN LA SUPERFICIE

Este sistema dá una elasticidad sin igual, haciéndole superior á cuanto se ha fabricado hasta hoy.

HIGIENE, LIMPIEZA Y ELEGANCIA

Higiénico, porque el aire que se renueva continuamente no puede contener miasma alguna, porque los insectos no pueden ocultarse ni criar en él, y por último, porque reune todas las ventajas que se pueden desear.

SOLIDEZ ASEGURADA POR 20 ANOS

BARATURA INCONTESTABLE.

HURTU ET HAUTIN

CONSTRUCTEURS-INVENTEURS BREVETÉS S. G. D. G.

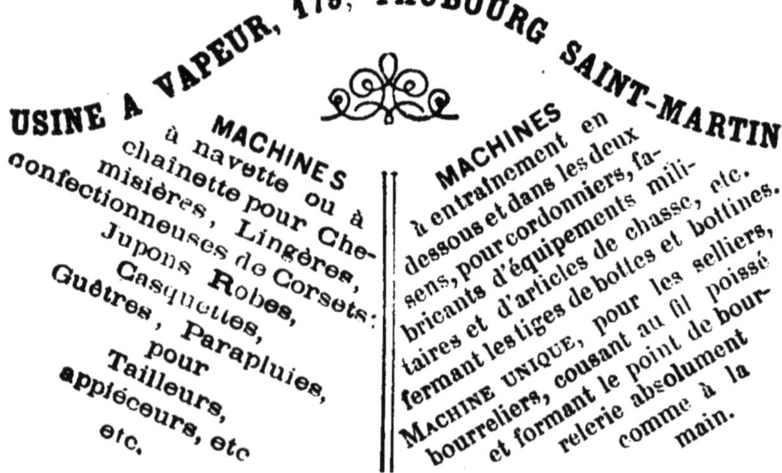

DE 200 FRANCS ET AU-DESSUS

MAISON DE VENTE, 33, BOULEVARD SÉBASTOPOL

Especial Manufacture of water-levels of Lenoir, Egault, Chezy, Charles, Cuisset, etc., octagonal, spherical and italian forms; all kinds of dividing squares. Manufacture of graphometers of all sizes, plain an complicadet repeating circles. Decameterchains of steal called reading-ribbons. All kinds of boxes and trusses, with assorted sizes and patterns.

CONSTRUCTION ACCORDING TO DESSIGNS

OF SCIENTIFICAL INSTRUMENTS OF ALL KINDS.

Thread-needles. — This instrument the name of which indicates its use threads needles of all sizes with the most surprising facility. Its usefulness is unquestionable and is proved besides by the sale of more than 200,000 of them.

Thread-needle with pasteboard box........ **1** fr. **50** c.
— — mahogany-box .... **2** fr. »

Spezialfabrik für Wasserwagen von Lenoir, Egault, Chezy, Charles, Cuisset, u. s. w. achteckige, kugelfoermige und italienische Formen, und alle Arten Eintheilungs-Winkelmasse. Fabrik Graphometern in allen Groessen, Repetions-Ringen, einfach und vielfach. Decameterketten aus Stahl, Lesebaender genannt. Schachteln und Bestecke von allen Groessen in assortirten Modellen.

BAU NACH ZEICHNUNGEN

ALLER WISSENSCHAFTLICHEN INSTRUMENTEN.

Nadeleinsaedler. — Dieses Instrument dessen Gebrauch der Namen anzeigt dient dazu die Nadeln jeder Groesse mit einer überraschenden Leichtigkeit einzusaedeln. Seine unzweifelhafte Nützlichkeit wierd durch den Verkauf von 200,000 derselben bewiesen.

Nadeleinsaedler in Kartenschachtel........ **1** fr. **50** c.
— in Mahagonischachtel..... **2** fr. »

Especialidad de Niveles de agua de Lenoir, Egault, Chezy, Charles, Cuisset, etc., de formas octogonas, esféricas, á la italiana, y toda clase de escuadra divisora. Fábrica de Grafometros de todas dimensiones, circulos repetidores, sencillos y complicados; Cadenas de decametros de acero llamadas cintas lictoras. Cajas y neceseres de todos tamaños, modelos surtidos.

CONSTRUCCION SOBRE DIBUJO

DE TODA CLASE DE INSTRUMENTOS PARA LAS CIENCIAS.

Enhebra agujas. — Este instrumento cuyo nombre indica su empleo sirve para enhebrar las agujas de todos tamaños con una facilidad sorprendente. Su utilidad queda probada con solo decir que hemos vendido mas de 200,000.

Enhebra agujas con caja de carton........ **1** fr. **50** c.
— — — de caoba......... **2** fr. »

Paris. — Typ. de Rouge frères, Dunon et Fresné, r. du Four-St-Germain, 43.

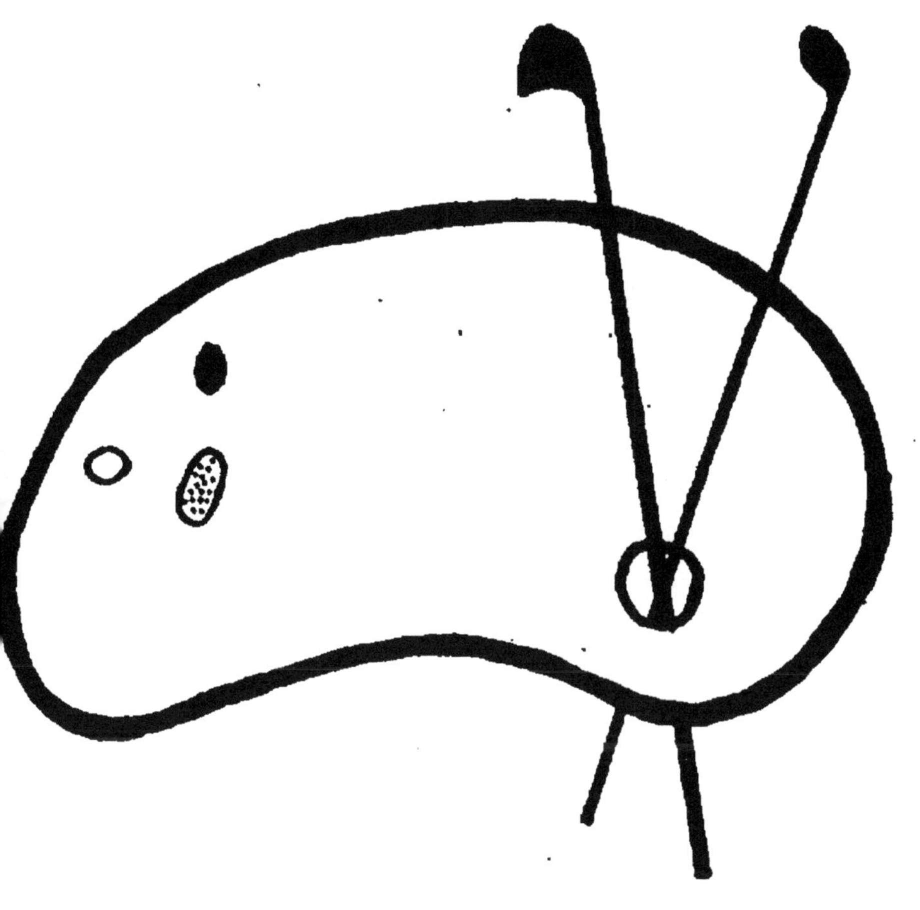